铸造数字化信息化智能化技术丛书

铸造熔炼过程模拟与炉料优化配比技术

周建新　编著

机械工业出版社

本书系统阐述了铸造熔炼过程模拟与炉料优化配比的理论方法、软件系统及应用案例。本书分上、下两篇：上篇铸造熔炼过程模拟仿真技术及应用，主要介绍了冲天炉熔炼成分预测数学建模、热力学建模、参数约束处理、系统开发，以及感应电炉熔炼数学建模、数值模拟求解技术、模拟算例与分析；下篇计算机炉料优化配比技术及应用，主要介绍了计算机炉料优化配比数学建模、系统的设计与实现，以及华铸 FCS 炉料配比软件系统的主要功能模块、操作使用方法和实际应用案例。本书是对我国铸造行业从数字化走向智能化的思考与探索，以期为我国铸造行业由大变强奠定好数字化的基础，并为我国铸造行业走向智能化铸造提供铸造熔炼工艺与成分优化配比方法指导、国产铸造熔炼过程模拟与炉料配比软件系统支持以及典型应用案例借鉴。

本书可供铸造行业工程技术人员、管理人员使用，也可供相关专业的在校师生及研究人员参考。

图书在版编目（CIP）数据

铸造熔炼过程模拟与炉料优化配比技术/周建新编著. —北京：机械工业出版社，2021.5

（铸造数字化信息化智能化技术丛书）

ISBN 978-7-111-67830-4

Ⅰ.①铸…　Ⅱ.①周…　Ⅲ.①铸造-炉料-利用-研究　Ⅳ.①TG21

中国版本图书馆 CIP 数据核字（2021）第 057290 号

机械工业出版社（北京市百万庄大街 22 号　邮政编码 100037）
策划编辑：陈保华　责任编辑：陈保华　王海霞
责任校对：张　薇　封面设计：马精明
责任印制：张　博
三河市国英印务有限公司印刷
2021 年 6 月第 1 版第 1 次印刷
184mm×260mm · 13.25 印张 · 326 千字
0001—2500 册
标准书号：ISBN 978-7-111-67830-4
定价：69.00 元

电话服务　　　　　　　　　　网络服务
客服电话：010-88361066　　机　工　官　网：www.cmpbook.com
　　　　　010-88379833　　机　工　官　博：weibo.com/cmp1952
　　　　　010-68326294　　金　　书　　网：www.golden-book.com
封底无防伪标均为盗版　　机工教育服务网：www.cmpedu.com

前言

21 世纪以来，数字化、信息化、智能化技术在制造业广泛应用，制造系统集成式创新不断发展，成为新一轮工业革命的主要驱动力。在当前的数字化时代，“云计算、大数据、物联网、移动互联网”正在深刻地影响着每个人的生活方式和每个企业的运营方式。《中国制造 2025》明确提出，要以新一代信息技术与制造业深度融合为主线，以推进智能制造为主攻方向。

作为装备制造业的基础，我国铸造业积极向智能制造转型升级，不断寻求采用数字化、网络化、信息化、智能化技术来提升自身效率和核心竞争力，向高质量发展。在此背景下，经过较长时间的数字化应用和转型升级，我国铸造行业取得了长足的进步，铸造熔炼过程元素烧损模拟与炉料计算机优化配比在实际生产中变得日益重要。作者结合自己近二十年来从事铸造熔炼过程模拟、炉料优化配比方面的技术研究与实践工作撰写了本书。

本书分上、下两篇，系统阐述了铸造熔炼过程模拟与炉料优化配比的理论方法、软件系统及应用案例。上篇介绍了铸造熔炼过程模拟仿真技术及应用，主要内容包括：熔炼工艺模拟仿真技术概述、冲天炉熔炼成分预测数学建模、冲天炉熔炼成分预测热力学建模、冲天炉熔炼成分预测参数约束处理、冲天炉熔炼成分预测系统开发、感应电炉熔炼数学建模、感应电炉熔炼数值模拟求解技术、感应电炉熔炼模拟算例与分析；下篇介绍了计算机炉料优化配比技术及应用，主要内容包括：计算机炉料优化配比数学建模、计算机炉料优化配比求解方法、计算机炉料配比系统的设计与实现、计算机炉料配比系统应用功能、计算机炉料配比系统数据库、计算机炉料配比系统主要功能、铸造过程炉料配比应用实例、模具钢炉料配比应用实例、炉料配比常见问题。本书是华铸软件中心把铸造充型凝固过程模拟扩展到铸造熔炼过程模拟，以及计算机炉料优化配比的科研与实践工作的成果总结，是对我国铸造行业从数字化信息化走向智能化的思考与探索，以期为我国铸造行业由大变强奠定好数字化的基础，并为我国铸造行业走向智能化铸造提供铸造熔炼工艺与成分优化配比方法指导、国产铸造熔炼过程模拟与炉料配比软件系统支持以及典型应用案例借鉴。

鉴于作者水平有限，本书在广度与深度上还有待扩展，疏漏和不足之处还请读者批评指正。

周建新

目 录

下篇 计算机炉料优化配比技术及应用

上　篇

铸造熔炼过程模拟仿真技术及应用

第1章

熔炼工艺模拟仿真技术概述

1.1 铸造熔炼工艺简介

熔炼是铸件生产的首要环节，其任务是提供温度和成分均符合要求的金属液，也是决定铸件质量的重要因素之一。目前主流合金熔炼方法包括冲天炉熔炼、感应电炉熔炼、冲天炉-电炉双联熔炼、非焦化铁炉熔炼、反射炉熔炼以及坩埚炉熔炼等。下面以铸铁熔炼为例，对最常用的三种熔炼方法进行介绍。

1.1.1 冲天炉熔炼

冲天炉是熔炼铸铁最常用的设备，其雏形是我国宋代开始使用的竖炉，迄今已有1000余年的历史；近代冲天炉最早出现在1794年，由英国人John Wilkinson首次取得冲天炉发明专利；1867年，美国人F. M. Root和P. H. Root合作发明的罗茨鼓风机为近代冲天炉熔炼技术的发展奠定了基础；随着1870年带有前炉的H. Krigar式冲天炉的出现，冲天炉便成为世界各国熔炼铸铁的主要设备并沿用至今。

1. 冲天炉的典型结构

冲天炉按炉衬材料、炉膛形状、风口大小及排数、送风位置、送风温度以及炉龄等方面可分为多种类型。典型的冲天炉结构示意图如图1-1所示，它主要由炉身、前炉、烟囱、火花扑灭器、送风系统、炉底及支撑和加料机构这六大部分组成。

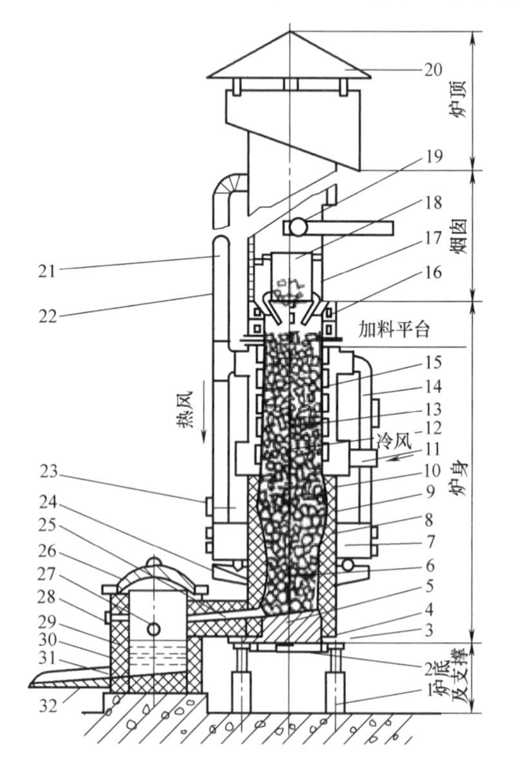

图1-1 冲天炉结构示意图

1—炉脚 2—炉门闩架 3—炉底板 4—炉底门 5—炉底 6—底焦 7—风带 8—风口 9—炉身外壳 10—炉衬 11—进风管 12—层焦 13—金属炉料 14—热风管 15—密筋炉胆 16—铁砖 17—加料口 18—加料筒 19—加料机 20—火花扑灭器 21—放风管 22—放风阀 23—调节阀 24—风口窥视孔 25—过桥 26—前炉盖 27—出渣口 28—过桥窥视孔 29—前炉炉衬 30—前炉炉壳 31—出铁口 32—出铁槽

虽然冲天炉的炉型较多，但影响冲天炉工作效能的主要结构参数大致相同，冲天炉主要结构参数的相关定义与作用见表1-1，其他结构参数的具体设计方法请查阅相关手册。

表 1-1　冲天炉主要结构参数的相关定义与作用

结构名称	定义与作用
炉膛内径	冲天炉炉膛内径，直接表征冲天炉工作区域的大小，是冲天炉结构的基本参数之一，对于曲线型炉膛，炉膛内径是由最大直径、风口直径和平均直径组成的
炉壳内外径	炉壳内径=炉膛内径+2(炉衬厚度+绝热层厚度)；炉壳外径由炉壳内径和炉壳厚度共同决定
炉身高度	炉身高度=炉底厚度 +炉缸深度+有效高度
炉底厚度	炉底板到炉底表面中心之间的厚度；若过薄则易漏铁液，若过厚则打炉困难
炉缸深度	第一排风口中心线到炉底表面中心之间的高度；与炉子结构、熔化率和含碳量有关
有效高度	从第一排风口中心线向上到加料口下缘之间的区域；若过高则易产生棚料，压碎焦炭，增大进风阻力；若过低则预热效果差，热效率低
前炉内径	前炉内径与铁液存储量有关，一般为 0.8~1.1 倍炉膛内径
前炉高度	前炉高度=1.2~1.5 倍前炉内径
前炉炉底厚度	与熔化率相关
出渣口	主要有出渣口高度、出渣口至过桥下沿高度和出渣口直径等参数
出铁口	主要有出铁口直径和出铁口斜度等参数
风口	主要有风口大小、排数、排距、每排风口数和风口斜度等参数
风管风箱	主要有风管截面积、风箱容积、风箱外径和风箱高度等参数
烟囱	烟囱包含烟囱直径、高度以及因烟囱抽力不够而设置的其他通风措施
除尘器	除尘器包含排放标准及除尘方法等参数

2. 冲天炉熔炼铸铁的基本原理

冲天炉熔炼过程是利用焦炭与鼓风机吹入的空气发生燃烧反应所放出的热量进行炉料熔化，本质上是金属炉料、焦炭和炉衬等材料之间发生复杂物理化学变化的过程。在冲天炉熔炼中存在三个重要的过程：底焦燃烧、热量传递和冶金反应。

(1) 底焦燃烧　底焦是指从第一排风口中心线到底焦顶面这一部分的焦炭。冲天炉中底焦的燃烧状态称为层状燃烧，并分为两个区域：

1) 从空气与焦炭接触开始，到空气中氧含量最低、CO_2 含量最高截止，这一区域称为氧化带。氧化带主要进行放热反应，至氧化结束时，炉温达到最高值。

2) 从氧化带向上，到炉气成分基本不变的区域称为还原带。还原带主要进行 CO_2 与焦炭之间的还原反应。

标准状态下（25℃、101kPa）碳在氧气中燃烧的相关数据见表 1-2。

表 1-2　标准状态下（25℃、101kPa）碳在氧气燃烧的相关数据

反应式	热效应 $\Delta H^{\ominus}/(\mathrm{kJ/mol})$	吉布斯自由能 $\Delta G^{\ominus}/(\mathrm{kJ/mol})$	平衡常数的 K 对数 $\lg K$	主要区域
$C+O_2=CO_2$	-408.841	$-394.40-0.0008T$	$0.044+20586/T$	氧化带
$C+1/2O_2=CO$	-123.218	$-223.60-0.1754T$	$9.156+11670/T$	
$CO+1/2O_2=CO_2$	-285.623	$-565.25+0.1738T$	$-9.069+29502/T$	
$C+CO_2=2CO$	162.375	$170.83-0.1746T$	$9.113-8916/T$	还原带

(2) 热量传递　冲天炉炉内的热量主要来源于焦炭燃烧、热风带入的热量以及元素的

氧化放热，这些热量主要消耗在炉料的预热、熔化、过热以及各种热损失上。图 1-2 所示为冲天炉的热平衡示意图。冲天炉熔炼过程中的传热方式有热传导、热对流和热辐射。其中，热传导发生在固体中，如炉料预热段以及高温炉衬向炉壳的热传导；热对流主要发生在冲天炉内部炽热的炉气与炉料之间以及炽热焦炭与铁液之间；热辐射则发生在熔炼过程的各个区域。冲天炉过热区内各种传热方式的传热系数及其所占的比例见表 1-3。

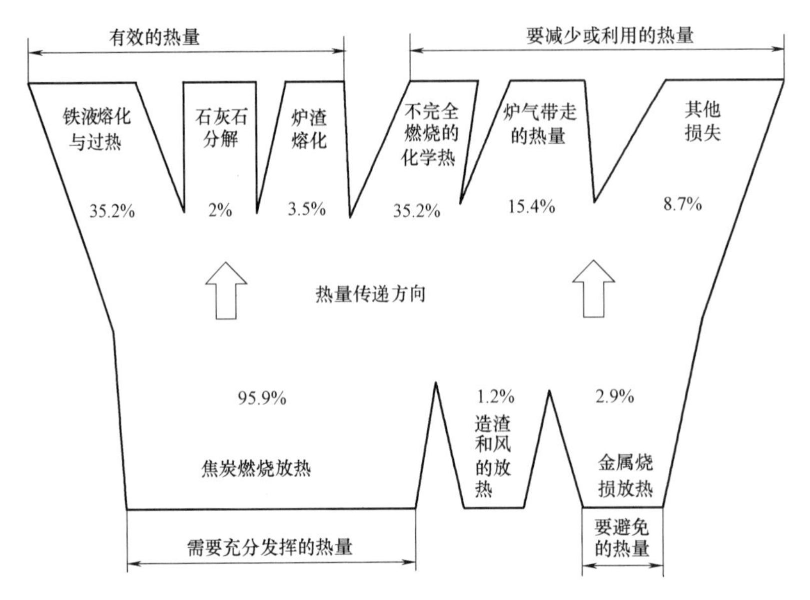

图 1-2　冲天炉的热平衡示意图

表 1-3　冲天炉过热区内各种传热方式的传热系数及其所占比例

传热方式	传热系数/[W/(m^2·℃)]	所占比例(%)
焦炭对铁液的热传导	3397.0~3804.8	74.91
焦炭对铁液的热辐射	815.1~950.9	18.38
炉气对铁液的热对流	76.4~340.6	6.36
炉气对铁液的热辐射	11.6~20.4	0.35

(3) 冶金反应　冲天炉熔炼过程是一个涉及气、液、固相之间相互反应的复杂多元体系，炉内反应是导致炉气成分变化、形成炉渣以及铁液成分变化的根本原因。其中，炉型结构、主要组元含量和温度等参数均影响着相关冶金反应的进行。能够自发进行的冶金反应存在一个共同的特点，即逆向过程不能自动进行，且它们最后总是趋于平衡状态。

3. 冲天炉的优缺点及其发展趋势

目前，在铸铁件的生产中，同时存在冲天炉熔炼、感应电炉熔炼等多种熔炼方式。不同的熔炼方式有着各自独特的优点与缺点，在选用熔化设备时，需要从多方面综合考虑。

(1) 冲天炉熔炼的优点

1) 熔化速率快，且可以连续出铁。

2) 适合于各种批量和生产规模的需要。

3) 设备费用低。

4）存在冶金反应，且对通过高温焦炭层的铁液有净化作用，可提供优质铁液。

5）铁液品质稳定，特别是高牌号铸件。

（2）冲天炉熔炼的缺点

1）灰尘和废气排放量大，除尘设备昂贵。

2）铁液增硫明显，不利于生产球墨铸铁。

3）铁液化学成分和温度波动大，且铁液供应量不易改变。

4）操作复杂，且熔炼质量与操作技术密切相关。

5）货物运输量较大。

（3）国内外铸铁熔炼的发展趋势

1）熔炼设备大型化、冲天炉与电炉双联熔炼、熔炼过程的自动化。

2）对于大批量生产的工厂，冲天炉向着热风、水冷、大型以及连续熔炼的方向发展。

3）对于小批量生产用小型冲天炉，可通过采取预热送风、加氧送风以及脱湿送风等措施来达到提高铁液质量的目的。

目前，我国冲天炉熔炼技术整体水平不高，资源浪费和环境污染问题仍比较严重，铸造厂大中小规模并存的格局仍长期存在，5t/h 以下的中小型冲天炉仍有较大占比。因此，提高冲天炉操作技术，开发并推广低能耗和少污染的冲天炉及其熔炼工艺是我国冲天炉发展的总体趋势。

1.1.2 感应电炉熔炼

感应电炉是目前加热效率最高、加热速度最快、低耗节能的环保型金属材料加热熔炼设备。感应电炉利用交流电产生交变磁场，使得处于这个交变磁场中的金属内部产生感应电动势和感应电流，由于金属表面层存在电阻而发热，从而促使金属炉料熔化。

1. 感应电炉熔炼铸铁的特点

（1）优点　相较于冲天炉熔炼而言，感应电炉熔炼铸铁具有如下优点：

1）成分精确。由于感应电炉熔炼过程中不存在冶金反应，金属烧损少，铁液成分精确。

2）铁液温度成分均匀。感应电炉熔炼时存在强烈的电磁搅拌作用，因此铁液的成分和温度均匀。

3）铁液性能好。易获得纯净的低硫铁液，所得铸件的力学性能好。

4）操作简便。电炉控制参数少，便于操作。

5）经济环保。熔炼原料来源广泛，熔炼成本低，且熔炼过程所产生的烟尘和炉渣较少。

6）适应性强。适用于各种批量和规模的生产需要。

（2）缺点　相较于冲天炉熔炼而言，感应电炉熔炼存在如下缺点：

1）铁液白口倾向大。熔炼过程有脱碳增硅倾向，易于产生过冷石墨，使铸件强度和硬度上升。

2）设备维护成本高。感应电炉设备投资大，维修复杂。

3）炉料要求严格。铁液中的杂质不容易上浮，炉料清洁度要求高。

4）受电能使用限制。电能的使用可能需要避开生活用电高峰，限制了生产。

2. 感应电炉的发展趋势

随着现代机械制造和冶金工业的飞速发展，感应电炉技术也在不断提升，以满足铸造生产优质、精化和节能的要求，主要体现在：

(1) 中频感应电炉的应用日趋扩大　中频感应电炉功率大，速度快，能耗低，是金属熔炼的理想设备，其应用场合日益广泛。

(2) 坩埚式感应电炉将广泛用于铁液保温　由于具有强力电磁搅拌作用，且对铁液成分、温度控制方便，使得坩埚式感应电炉逐渐成为一种常用的铸铁保温炉。

(3) 具有感应加热装置的浇注炉应用范围迅速扩大　由于具有能够精确控制温度以及操作流程容易实现自动化的特点，感应加热式浇注炉已广泛应用于铸造流水线生产。

(4) 计算机智能化控制的应用　计算机在感应电炉自动作业控制、炉况监控以及故障诊断等方面应用不断扩大，在保证熔炼质量的同时大大提高了电炉作业的可靠性，还能减轻劳动强度，降低生产成本。

1.1.3　冲天炉-电炉双联熔炼

面对世界能源危机的冲击，提高熔炼过程能源利用率是熔炼工艺发展的趋势所在。从20世纪后期开始，许多国家开始采用冲天炉-电炉双联熔炼工艺，即结合冲天炉和电炉的不同特点，将冲天炉和电炉组成双联熔化体系，利用感应电炉或电弧炉作为第二熔炼设备或铁液保温炉，以弥补冲天炉过热效率低、成分不稳定的弊端，发挥两种熔炼设备各自的优势，从而提高能源的综合利用效率。

一般情况下，冲天炉-电炉双联熔炼是指利用大吨位冲天炉为熔炼炉熔炼铸铁，大吨位感应电炉对铁液进行缓冲、保温及成分均匀化，以满足大量流水线生产的需要。冲天炉-电炉双联熔炼的主要特点有：

(1) 铁液供求方面　能可靠地实现铁液供求平衡，把停工损失减少到最小，可最大限度地发挥熔化炉的熔化能力。

(2) 铁液成分和温度方面　铁液成分稳定，波动范围较小，并能进行成分调整、合金化和脱硫，还能补偿运输和浇注过程中所造成的温度损失。

(3) 冶金特性方面　铁液经过电炉后，晶核数量减少，过冷度增加，白口倾向加大，生成枝晶状石墨和点状石墨的倾向加大，石墨尺寸小。

(4) 能源和材料利用方面　炉子热效率利用充分，并可回收利用冷铁液或浇注剩余铁液，提高金属材料利用率，降低生产成本。

(5) 生产适应性方面　适用于多种工作制度和多种牌号的铸铁，对各种类型的铸造生产都有较强的适应性。

需要指出的是，由于冲天炉-电炉双联熔炼常用于大量流水线生产，所以设备吨位较大，一次性投资比较大，耗费高；此外，设备的运行状况对熔化工艺影响较大，对操作人员的技术水平要求高。因此，冲天炉-电炉双联熔炼通常适用于专业化的铸造厂或主机厂的铸造厂。

除上述冲天炉-电炉双联熔炼外，还有感应电炉-感应保温炉双联熔炼等多种双联熔炼形式，双联熔炼的主要形式见表1-4。

表 1-4 双联熔炼的主要形式

熔化用炉	过热精炼或保温储存铁液用炉	炉的连接方式
冲天炉	有心感应电炉	直接或间接
	无心感应电炉	直接或间接
	电弧炉	间接
感应电炉	有心感应电炉	间接
	无心感应电炉	间接
	电弧炉	间接
高炉	有心感应电炉	间接
	无心感应电炉	间接

1.2 铸造熔炼计算机技术发展现状及趋势

1.2.1 铸造冲天炉熔炼模拟与控制

1. 计算机技术在熔炼控制方面的应用

冲天炉熔炼过程不但具有非线性、强扰动以及大时滞等特性，同时存在底焦燃烧、热量传递和冶金反应三种复杂过程。冲天炉的熔炼作为一个生产过程，其对控制的要求是比较高的。鉴于其复杂性，人们早期提出的用经典和现代控制理论控制冲天炉的思想对冲天炉未得到根本性改进，在熔炼工作标准化之前一直未能取得理想效果。

计算机有着迅速响应的能力，能够结合事先设定的响应模式，针对输入信号的变化快速改变相应输出信号，因此在控制调节方面有着得天独厚的优势；随着各种传感器的研究开发，越来越多的生产信息可以处理为计算机用信号，使得计算机技术在生产控制上得到了越来越广泛的应用，铸造熔炼也不例外。

由于冲天炉熔炼机理复杂，控制参数众多，其自动控制系统设计难度较大。美国密苏里大学在 1994 年尝试研制冲天炉控制专家系统，但仅能对铁焦比、风量、熔化速度和出炉温度进行控制。国内研究冲天炉控制的学者也很多，如祝光荣等人通过分析冲天炉熔炼过程特点，探讨冲天炉熔炼过程计算机控制方案的要点；兰州理工大学（原甘肃工业大学）的王智平进行了实际冲天炉熔炼智能优化控制系统的设计开发。针对传统方法无法满足冲天炉非线性、干扰波动大的特点，神经网络技术以其能逼近任意复杂非线性系统的能力而备受青睐，如美国的 E. D. Larson 等人设计了一个用于冲天炉熔炼过程控制的神经网络智能化控制系统，太原科技大学的刘素清等人成功地将神经网络自适应控制方法用于冲天炉铁液温度控制。

2. 熔炼过程数值模拟方面

数值模拟也叫计算机模拟，该过程以计算机为辅助工具，采用数值计算和图像显示的方法，从而达到对各种工程问题展开研究的目的。由于熔炼过程涉及高温下的物理化学变化，熔炼过程的直接观测和相关数据的测量难度很大，因此数值模拟是进行熔炼过程相关研究的有效方法。

1.2.2 铸造感应电炉熔炼模拟

20世纪70年代以来，感应电炉被更加广泛地应用到了铸造熔炼过程中。在感应电炉熔炼计算机技术方面，国内外学者在不同感应电炉用于不同的物理过程中的电磁场分析和电磁热流耦合模拟等方面进行了广泛的研究。

1. 国内研究现状

上海大学的朱守军等人对感应钢包炉的等效电路进行分析，构建了感应钢包炉的漏磁场、空载磁场和负载磁场的数学模型，并采用有限元法，给出了感应钢包炉等效电路及其电磁参数算法，同时分析了感应钢包炉的工作特性。武汉工程大学基础教育部的金晓昌从正弦变化的电场出发，研究了感应线圈的电磁场问题和趋肤效应。上海大学的邓康等人研究了感应钢包炉的电磁模型，分析了其磁场、感生电流和电磁力分布，并以此探讨了感应钢包炉包壳结构设计。

南京理工大学的杨阳博士以时域有限差分方法为基础，对多种复杂结构的电磁特性进行了仿真分析。大连交通大学的叶辉对铝包钢丝感应加热控制模型进行研究，利用MATLAB软件对感应加热过程温度场进行模拟，得出感应加热有用功率和线速度、要求的加热温度呈近似线性关系，与钢丝呈二次抛物线关系。内蒙古科技大学的张红霞等人利用ANSYS软件，对电磁搅拌问题中的旋转磁场和洛伦兹力进行模拟计算，分析了频率和通电电压与磁感应强度的关系。沈阳航空航天大学的朱翠玉建立了圆柱形工件的磁热耦合有限差分数学模型，讨论了加热参数对工件温度场的形成和分布的影响规律。华中农业大学的肖新棉研究了感应加热线圈中的电磁场和电流密度分布，为感应加热设备中线圈设计提供了一种思路。

浙江工业大学的吴金富利用ANSYS软件，对圆坯件感应加热过程中不同工艺参数条件下的涡流场和温度场进行了数值模拟，并就感应加热在透热和淬火方面对实际工况进行了模拟。大连理工大学的储乐平对船体外板水火成形工艺中的电磁感应加热过程进行了数值模拟和实验分析，探讨了电流密度、电流频率和加热时间对钢板温度的影响，解释了钢板局部加热的温度分布规律，得出其回归模型。大连理工大学的杨玉龙对船舶曲度外钢板感应加热过程温度场进行了数值模拟和实验研究，磁热耦合模拟采用COMSOL Multiphysics（软件），得出了加载电流、频率、感应器间距和加热速度对钢板温度分布的影响规律。华北电力大学的赵前哲博士对PC钢棒的生产过程，以基于非线性铁磁性材料数值计算为基础，系统地研究了其热处理生产线感应加热过程，并对其工艺参数和加热炉结构参数进行了优化设计。

天津大学的程亦晗采用有限元法，对平板移动感应加热过程进行了磁热耦合分析，探讨了不同工艺条件下温度场形成与分布规律。燕山大学的牟进发和龚国江采用理论分析和数值模拟相结合的办法，分析了常见旋转电磁场，探讨了电磁场结构、电流和频率等参数对磁场强度分布的影响，并对电磁铸造过程温度场和金属液流动场进行数值分析，通过实验分析了洛伦兹力对电磁铸造过程铸锭表面质量的影响。江南大学的张月红对感应加热器内的钢坯温度分布进行了数值模拟研究，利用ANSYS软件，采用顺序耦合方法，对45钢样件进行磁热耦合分析，并对结果进行了实验验证。

东北大学的金玉龙利用ANSYS/COMSOL Multiphysics软件，对电渣炉夹具感应加热进行了磁热和热力耦合数值模拟研究，用直接磁热耦合法模拟夹具感应加热后的温度场分布，用瞬态热分析法模拟喷射冷却液后的温度场和空冷后的温度及残余应力场。中南大学的罗晓春对工频有心感应炉熔锌过程，从理论分析、数值仿真和验证测试的角度，分析了电磁场和温度场。该研究表明，磁感应强度在感应体熔沟处呈漩涡分布，且中心与两侧的方向相反，熔沟内部温度分布较为均匀。

哈尔滨工业大学的郭景杰建立了水冷铜坩埚感应熔炼过程的温度场模拟计算模型，并推导了炉料半径方向上单个网格功率计算模型。他的学生对矩形模具内 Ti-Al 合金熔体在正弦频率磁场条件下进行了磁流耦合模拟。

昆明理工大学的吕国强等人利用 COMSOL Multiphysics 软件，定量研究了工业硅真空感应精炼过程的电磁场和熔体流动行为。该研究表明，磁感应强度在径向由外向内衰减，输入电流的频率和大小对流场都会有影响，且电流大小的影响更为显著，炉内流场内部呈现两个流动漩涡，有利于传热和杂质的表面迁移。

重庆大学的朱寿礼对中频无心感应熔炼炉的熔化过程和中断后的温度特性进行数值模拟研究，建立该物理过程的数学模型，计算炉内金属炉料在不同时刻的温度分布和熔化相界面的移动特性，讨论内热源与趋肤效应对数值结果的影响，并对熔化过程中断后的降温和凝固过程进行数值计算，研究了熔化中断后的相界面变化、温度分布与变化规律。

大连理工大学的薛冠霞对感应凝壳熔炼过程耦合温度场和流动场进行了数值模拟，基于 C 语言建立了 ANSYS 与 Fluent 软件的数据接口，联合实现电磁场、温度场与流动场耦合数值计算，研究了感应线圈加载电流、频率、坩埚缝数、线圈位置和炉料种类对感应凝壳熔炼过程中悬浮驼峰形状、温度场和流动场的影响规律。

中南大学的周乃君等人对铝熔炼炉内电磁搅拌磁场进行了数值模拟研究，利用 ANSYS 软件建立三维有限元模型，结果表明电磁搅拌器在其周围空间产生交变磁场，并以行波方式向右呈波浪式移动。中南大学的袁林伟对电磁搅拌作用下铝熔炼炉内多物理场进行了耦合分析，探讨了工艺参数优化，并利用 ANSYS 软件建立 50t 铝熔炼炉三维有限元模型，对炉内铝液的电磁场、温度场和流动场进行了数值模拟，并优化了工艺参数，研究结果表明合适的频率范围为 1.2~1.8Hz，电流范围为 700~750A。

2. 国外研究现状

计算电磁学从 20 世纪 70 年代开始迅速发展，其理论基础为 Maxwell 方程组，围绕 Maxwell 方程组，国外学者对其解法进行了大量研究，诸多方法（如 FMM 方法、FDTD 方法等）被提出，计算电磁学的方法得到迅速发展。国内电磁学自 20 世纪 80 年代开始，通过 30 多年的发展在电磁成形的快速计算上取得了一些成绩，一些新的求解方法被提出并得到了行业专家的认可，现在这些新的方法也被应用到工业领域中。

20 世纪 70 年代，J. Szekely 和 K. Nakanishi 对 ASEA-SKF 炉内电磁搅拌和铝合金还原进行研究，以 Maxwell 方程组和 N-S 方程为基础，构建描述炉内湍流和示踪剂的数学模型。以 50t 炉为研究对象，输入电流为 1300A，对炉内流动现象进行数值模拟，数值计算结果与报道的示踪结果吻合。

20 世纪 80 年代，N. Ei-Kaddah 等人对 4t 工业搅拌炉内的低碳钢液进行了流动和传质行为预测，并将模拟结果与实验结果进行对比，以 Maxwell 方程组和 N-S 方程为基础，构建数学控制方程，探讨了改善搅拌行为的电磁参数，发现了熔化速率与湍流能量耗散率的关系。

20 世纪 90 年代，剑桥大学的 H. K. Moffatt 教授对电磁搅拌进行详细论述，归纳了电磁学的发展历程，总结了常用的计算模型。N. Saluja 等人对连铸过程中的电磁场进行数值模拟研究。Sang-lk, Chung 等人对 ASEA-SKF 炉精炼过程中的湍流行为和气泡搅拌行为进行数值研究，构建该过程的三维算例和描述物理过程的数学控制方程，研究结果表明气泡搅拌对熔体流动行为更为有效。N. Ei-Kaddah 等人对水平磁场下连铸钢坯的电磁搅拌行为进行数值模拟研究，研究结果表明改变电磁搅拌输入的电流与频率大小可以改变磁场分布和流体的湍流特性。E. Baake 对感应坩埚炉内的液体湍流进行模拟研究，构建三维数值计算模型、扩展方程，通过实验结果与模拟结果的对比证明了扩展模型的正确性。在他的后期研究工作中，还发表了感应加热领域其他的研究成果。

进入 21 世纪后，相关的研究越来越多。V. Fireteanu 对磁性和非磁性材料进行横向磁通感应加热研究，建立描述电磁场强度的模型。A. Kermanpur 等人对金属悬浮熔炼进行了磁热耦合模拟，构建描述金属悬浮熔炼过程的磁热耦合数学模型，评估了线圈参数、样品重量和样品位置等对温度的影响。

M. Pal 对钢液的感应搅拌过程进行建模和数值模拟研究，构建描述钢液感应搅拌的三维物理模型，提出磁热流耦合数学模型，采用有限元法进行数值计算，预测钢液流速和磁通密度，分析电流密度对流速的影响。

Y. Favennec 对感应加热过程的优化进行研究，基于有限元方法，提出了一种普遍适用的优化方法。A. Bermudez 对工业硅感应炉提纯进行数值模拟研究，将对称的感应炉模型简化为二维模型，提出了一种有限元求解方法。A. Umbrasko 对冷坩埚感应炉的熔化过程进行数值模拟，采用大涡模拟方法建模，结果表明高度直径比越大，熔化效率越高。Matej Kranjc 对感应加热过程进行数值分析，以圆柱形钢材为研究对象，对热物理现象进行磁热耦合建模，使用有限元求解，并用热探测相机结果证明了数值模拟结果的正确性。S. Hansson 对圆形棒材感应加热和挤压过程进行耦合模拟及实验测量。Kee-Hyeon Cho 对一个移动方坯的感应加热过程进行了磁热耦合模拟，获得了磁场与温度场分布。

第 2 章

冲天炉熔炼成分预测数学建模

本章在分析冲天炉熔炼过程物质变化和相关反应的基础上，利用物理化学知识，设计了一组合适的独立组元，对其用分子式矩阵进行描述，并通过独立反应计量系数矩阵的求解，得到该组独立组元下的独立反应，成功地对冲天炉熔炼过程进行了数学描述，以为后续的建模求解过程打下坚实的基础。

2.1 熔炼过程的物质变化

与其他熔炼炉相比，冲天炉的优点是能够连续操作，连续出铁。如图 2-1 所示，冲天炉底部是一定高度的底焦，底焦上是一层层分批加入的炉料（包括铁料、溶剂以及层焦等），炉料自上而下运动；由鼓风机带来的空气经风口吹入炉内，自下而上流动使焦炭燃烧，所产生的热量将炉料预热、熔化，并最终获得过热铁液。

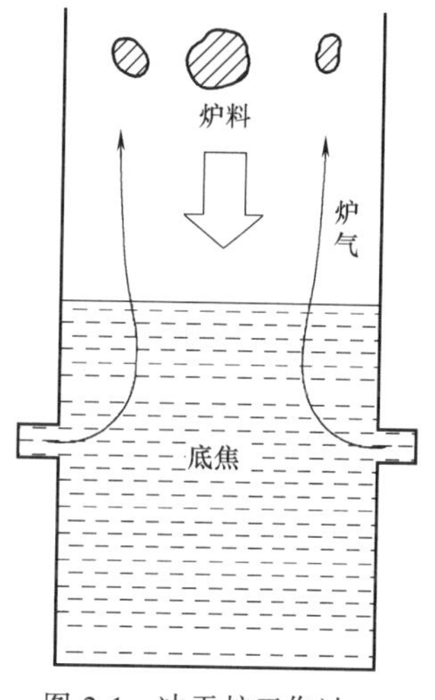

图 2-1 冲天炉工作过程的物流示意图

其中，进入冲天炉的物质主要包括铁料、层焦、溶剂、干燥空气或富氧空气。铁料的成分可由配料单得到，主要由 Fe、C、Si、Mn、P 和 S 这六种元素组成；层焦的主要成分是固定碳（C）、硫（S）、水分（H_2O）和灰分；溶剂的主要成分是碳酸钙（$CaCO_3$）；空气的主要成分为 N_2、O_2、CO_2 和惰性气体。

流出冲天炉的物质主要包括炉气、铁液和炉渣。其中，炉气的主要成分为 N_2、CO_2、CO、H_2O 和 SO_2 等；铁液的主要成分为 Fe、C、Si、Mn、P 和 S；炉渣主要来源于燃料燃烧后的灰分、被侵蚀的炉衬（主要成分为 SiO_2 和 Al_2O_3）、炉料表面的附着物（泥沙等）和溶剂（石灰石）。酸性冲天炉炉渣的常见成分范围见表 2-1。

表 2-1 酸性冲天炉炉渣的常见成分范围

名称	质量分数(%)	熔点/℃	密度/(g/cm^3)	颜色
SiO_2	42~50	1710	2.26	无色
CaO	15~30	2570	3.45	白色
Al_2O_3	7~20	2050	3.9	无色
FeO	5~15	1380	5.7	黑色
MnO	2~10	1585	5.4	橄榄绿
MgO	1~8	2800	3.65	白色
P_2O_5	0.1~0.5	580	2.39	白色
S	0.05~0.3	119	1.96	黄色

如图 2-2 所示，在冲天炉连续熔炼过程中，熔炼区域主要分为预热区、熔化区、过热区和炉缸区。由于不同区域的熔炼功效不同，各相的物质组成呈不均匀分布。下面将按冲天炉的各个功能区域介绍物质变化过程，并将其中涉及的化学反应进行汇总，冲天炉各区域的主要反应见表 2-2。

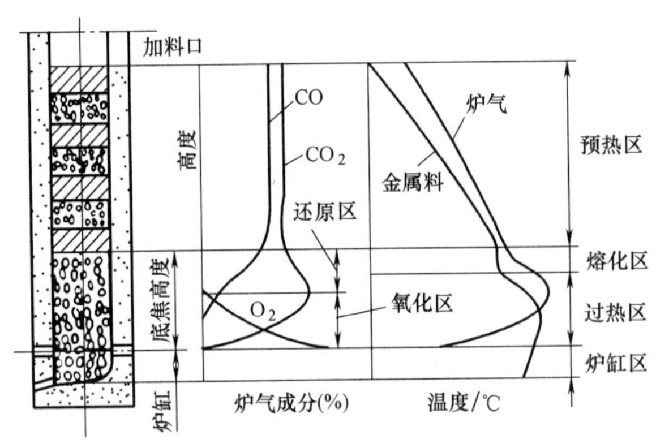

图 2-2　冲天炉的功能区域划分示意图

表 2-2　冲天炉各区域的主要反应

编号	反应式	描述	主要发生区域
1	$CaCO_3(s) \rightarrow CaO(s)+CO_2(g)$	溶剂分解	预热区
2	$H_2O(l) \rightarrow H_2O(g)$	水分蒸发	
3	$2S(s) \rightarrow S_2(g)$	挥发物蒸发	
4	$Fe(s) \rightarrow Fe(l)$	铁料熔化	熔化区
5	$C(s) \rightarrow [C]$	碳元素溶解	
6	$FeO(s) \rightarrow [FeO]$	氧元素溶解	
7	$FeS(s) \rightarrow [FeS]$	硫元素溶解	
8	$P(s) \rightarrow [P]$	磷元素溶解	
9	$Si(s) \rightarrow [Si]$	硅元素溶解	
10	$Mn(s) \rightarrow [Mn]$	锰元素溶解	
11	$C(s)+O_2(g) \rightarrow CO_2(g)$	焦炭燃烧	过热区
12	$2C(s)+O_2(g) \rightarrow 2CO(g)$		
13	$C(s)+CO_2(g) \rightarrow 2CO(g)$		
14	$S(s)+O_2(g) \rightarrow SO_2(g)$	硫燃烧	
15	$[FeO]+CO(g) \rightarrow Fe(l)+CO_2(g)$	FeO 还原	还原区
16	$[FeO]+[Mn] \rightarrow MnO(l)+Fe(l)$		
17	$SiO_2(s)+2C(s) \rightarrow [Si]+2CO(g)$	SiO_2 还原	
18	$[Si]+O_2(g) \rightarrow SiO_2(s)$	元素直接烧损	氧化区
19	$2[Mn]+O_2 \rightarrow 2MnO(l)$		
20	$2Fe(l)+O_2 \rightarrow 2FeO(l)$		
21	$[Si]+2CO_2(g) \rightarrow SiO_2(s)+2CO(g)$		

（续）

编号	反应式	描述	主要发生区域
22	$[Mn]+CO_2(g) \rightarrow MnO(l)+CO(g)$	元素直接烧损	氧化区
23	$Fe(l)+CO_2(g) \rightarrow FeO(l)+CO(g)$		
24	$[Si]+2[FeO] \rightarrow 2Fe(l)+SiO_2(s)$	元素间接烧损	
25	$[Mn]+[FeO] \rightarrow Fe(l)+MnO(l)$		
26	$C(s) \rightarrow [C]$	增碳反应	炉缸区
27	$[C]+O_2(g) \rightarrow CO_2(g)$	脱碳反应	
28	$2[C]+O_2(g) \rightarrow 2CO(g)$		
29	$[C]+[FeO] \rightarrow Fe(l)+CO(g)$		
30	$3Fe(l)+SO_2(g) \rightarrow FeS(l)+2FeO(l)$	增硫反应	
31	$[FeS]+(CaO) \rightarrow (CaS)+(FeO)$	脱硫反应	
32	$[FeS]+2FeO(l) \rightarrow 3Fe(l)+SO_2(g)$		
33	$[FeS]+3H_2O(g) \rightarrow FeO(l)+3H_2(g)+SO_2(g)$		
34	$2[P]+5FeO(l) \rightarrow P_2O_5(l)+5Fe(l)$	磷的变化	

1. 预热区物质变化

从加料口下沿到铁料开始熔化之间的区域称为预热区。预热区内，焦炭不燃烧，炉料从炉气中吸热而升温，导致炉气温度下降。预热区底部炉气温度约为1200℃，而加料口附近炉气温度为400~500℃。预热区内主要的物质变化是溶剂（石灰石等）的受热分解，生成的CaO与其他氧化物一起进入炉渣内。预热区焦炭不燃烧，只发生水分和挥发物的蒸发。

2. 熔化区物质变化

铁料的熔化始终是在底焦顶面进行的，铁料一边熔化一边下降，直至熔化完毕。一批铁料从开始熔化到熔化完毕所占据的炉身高度称为熔化区。熔化区内主要发生铁料的熔化与相关物质的溶解。

3. 过热区物质变化

从熔化区结束线到第一排风口平面之间的区域称为过热区，它又分为还原区和氧化区。过热区是焦炭燃烧和冶金反应发生的主要区域，过热区相关反应的进行程度直接影响着铁液的最终温度和成分。

4. 炉缸区物质变化

第一排风口以下至炉底的区域称为炉缸区。该区正常情况下由于没有氧气存在，焦炭不发生燃烧反应，仅起短时间存储铁液的作用；若进行了开渣口操作，则空气进入炉缸区，使得炉缸区焦炭得以燃烧，能够提高炉缸内温度，相对提高出铁温度。

2.2　熔炼成分的数学建模

2.2.1　熔炼体系的相与组分

冲天炉内的反应体系非常复杂，涉及的组元和相众多，在进行成分计算之前，需要对冲天炉熔炼体系进行科学的数学描述。

若忽略灰分等不参与熔炼反应的物质，则冲天炉熔炼体系涉及的元素有 Fe、C、Si、Mn、S、P、O、H、Ca 和 N，元素种类数 $m=10$。冲天炉熔炼过程的相及其参与反应的组元种类见表 2-3。

表 2-3 冲天炉熔炼过程的相及其参与反应的组元种类

相名称	代号	参与反应的组元种类	数目	备注
铁料	—	Fe、C、Si、Mn、S、P	6	熔炼开始时的相组分
焦炭	—	C、S、H_2O	3	
溶剂	—	$CaCO_3$	1	
空气	—	N_2、O_2、CO_2	3	
炉衬	—	SiO_2	1	
铁液	aq	Fe、FeO、C、Si、Mn、FeS、P	7	熔炼结束时的相组分
炉气	g	O_2、N_2、CO、CO_2、H_2、H_2O、SO_2、S_2	8	
炉渣	sl	SiO_2、CaO、FeO、MnO、P_2O_5、CaS、FeS	7	

由此可见，冲天炉熔炼过程实际就是熔炼体系从开始组分演变为最终组分的过程。其中，熔炼开始时的相组分与熔炼结束时的相组分应满足质量守恒定律，且最终铁液的成分与熔炼结束时的体系组成相关。通过对熔炼结束时熔炼体系组成规律进行相关研究分析就可以达到预测铁液成分的目的。

2.2.2 多相多组分体系的数学建模

建立熔炼体系科学的数学描述是进行成分计算的基础，熔炼体系是一个多相、多组分的体系，因此涉及对组分和化学反应的数学描述。下面介绍多相多组分体系组元与化学反应式的数学表示方法。

1. 分子式矩阵

若体系的组元数为 c，元素种类数为 m，且用 a_{ki} 表示第 i 个组元中第 k 种元素的原子数，则体系的所有组元可构成一个 $m\times c$ 的矩阵，称为分子式矩阵，即

$$\boldsymbol{A}=\begin{pmatrix} a_{11} & a_{12} & \cdots & a_{1c} \\ a_{21} & a_{22} & \cdots & a_{2c} \\ \vdots & \vdots & & \vdots \\ a_{m1} & a_{m2} & \cdots & a_{mc} \end{pmatrix} \tag{2-1}$$

$$\boldsymbol{A}=(\boldsymbol{A}_1 \quad \boldsymbol{A}_2 \quad \cdots \quad \boldsymbol{A}_c) \tag{2-2}$$

分子式矩阵中每一个列向量对应于一个分子式，因此又称为分子式向量，用 $\boldsymbol{A}_i$ 表示。则在分子式矩阵中，一定存在一组线性无关的分子式向量 $\boldsymbol{A}_i$（$i=1, 2, \cdots, k$），使得其他分子式向量可由这组线性无关的分子式向量线性表示。这组线性无关的分子式向量表示的组分称为独立组分，其余组分称为从属组分。

独立组分的选取可按照如下原则：

1）独立组分的分子式向量之间线性无关。

2）全部独立组分应包含体系中的所有元素。

3）若某组元的浓度（如固态纯物质）在平衡常数表达式中未表达出来，应将该组元选作独立组分。

分子式矩阵的秩总是等于矩阵的行数 m，即有 m 个独立组分。若无额外约束条件，一般情况下 m 就是元素种类，可将独立组分的分子式矩阵 $\boldsymbol{A}_m$ 表示为

$$\boldsymbol{A}_m=(\boldsymbol{A}_1 \quad \boldsymbol{A}_2 \quad \cdots \quad \boldsymbol{A}_m) \tag{2-3}$$

2. 化学计量系数矩阵

设体系中存在 c 种成分，分别为 $\boldsymbol{A}_1$，$\boldsymbol{A}_2$，…，$\boldsymbol{A}_c$，其中第 j 个化学反应可表示为

$$v_{j1}\boldsymbol{A}_1+v_{j2}\boldsymbol{A}_2+\cdots+v_{jc}\boldsymbol{A}_c=\boldsymbol{0} \tag{2-4}$$

其中 v_{j1}，v_{j2}，…，v_{jc} 分别为化学计量系数。

若存在 s 个反应，则可写成如下形式：

$$\begin{cases} v_{11}\boldsymbol{A}_1+v_{12}\boldsymbol{A}_2+\cdots+v_{1c}\boldsymbol{A}_c=\boldsymbol{0} \\ v_{21}\boldsymbol{A}_1+v_{22}\boldsymbol{A}_2+\cdots+v_{2c}\boldsymbol{A}_c=\boldsymbol{0} \\ \vdots \\ v_{s1}\boldsymbol{A}_1+v_{s2}\boldsymbol{A}_2+\cdots+v_{sc}\boldsymbol{A}_c=\boldsymbol{0} \end{cases} \tag{2-5}$$

其系数矩阵 $\boldsymbol{S}$ 为

$$\boldsymbol{S}=\begin{pmatrix} v_{11} & v_{12} & \cdots & v_{1c} \\ v_{21} & v_{22} & \cdots & v_{2c} \\ \vdots & \vdots & & \vdots \\ v_{s1} & v_{s2} & \cdots & v_{sc} \end{pmatrix} \tag{2-6}$$

则式（2-4）可用矩阵形式表述为

$$\boldsymbol{AS}^{\mathrm{T}}=\boldsymbol{O} \tag{2-7}$$

同理，化学计量系数矩阵中存在一组线性无关的向量，使得其他反应式可由这组向量线性表示，由这组向量表示的反应就称为独立反应。系数矩阵 $\boldsymbol{S}$ 的秩为 r（即独立反应的个数）。

独立反应应该满足：体系中各独立反应间线性无关；描述每一独立反应的反应进程均可以独立地变化；由一组独立反应式可以描述整个体系的组成变化。对于有 m 种元素、c 个组分（其中 k 个独立组分，$k=m$）、r 个独立反应的体系，一般存在如下关系：

$$r=c-m \tag{2-8}$$

反应可利用 Brinkley 算法所定义的规范化反应的形式来表达。在确定了体系的一组独立组分后，每一个从属组分都能用独立组分之间的线性组合来表示，如第 $j+m$ 个从属组分可表示为

$$\sum_{i=1}^{m} v_{ji}\cdot\boldsymbol{A}_i=\boldsymbol{A}_{j+m},j=1,2,\cdots,r \tag{2-9}$$

确定了一组独立组分后，就唯一地确定了一组规范化反应，规范化反应的计量系数写成一般形式为

$$
\boldsymbol{V}=\begin{pmatrix} 1 & & & -v_{11} & -v_{12} & \cdots & -v_{1m} \\ & 1 & & -v_{21} & \cdots & \cdots & -v_{2m} \\ & & \ddots & \vdots & & & \vdots \\ & & 1 & -v_{r1} & \cdots & \cdots & -v_{rm} \end{pmatrix}=(\boldsymbol{I}_r,\ -\boldsymbol{V}_m) \tag{2-10}
$$

定义 $\boldsymbol{A}_m$ 为原子矩阵 $\boldsymbol{A}$ 中与独立组分相对应的 $m \times m$ 非奇异子矩阵，$\boldsymbol{B}_r$ 为剩下的 $m \times r$ 子矩阵，则所有的规范化反应可表示为

$$
\boldsymbol{A}_m \boldsymbol{V}_m^{\mathrm{T}}=\boldsymbol{B}_r \tag{2-11}
$$

$$
\boldsymbol{V}_m^{\mathrm{T}}=\boldsymbol{A}_m^{-1} \boldsymbol{B}_r \tag{2-12}
$$

利用式（2-12）即可求解一组独立组分所确定的一组独立反应。独立组分和独立反应是能够描述一组体系组成的最佳组合，也是后续进行多相多组分平衡计算的数学基础。

若以 Fe、C、Si、Mn、S、P、O、H、N、Ca 顺序为矩阵的行顺序，以表 2-3 中铁液、炉气、炉渣中各组元依次出现的顺序为矩阵的列次序，则铸铁冲天炉熔炼体系的分子式矩阵可表示为

$$
\boldsymbol{A}=\begin{pmatrix}
1 & 1 & 0 & 0 & 0 & 1 & 0 & 0 & 0 & 0 & 0 & 0 & 0 & 0 & 0 & 0 & 0 & 1 & 0 & 0 & 0 & 1 \\
0 & 0 & 1 & 0 & 0 & 0 & 0 & 0 & 0 & 1 & 1 & 0 & 0 & 0 & 0 & 0 & 0 & 0 & 0 & 0 & 0 & 0 \\
0 & 0 & 0 & 1 & 0 & 0 & 0 & 0 & 0 & 0 & 0 & 0 & 0 & 0 & 0 & 1 & 0 & 0 & 0 & 0 & 0 & 0 \\
0 & 0 & 0 & 0 & 1 & 0 & 0 & 0 & 0 & 0 & 0 & 0 & 0 & 0 & 0 & 0 & 0 & 0 & 1 & 0 & 0 & 0 \\
0 & 0 & 0 & 0 & 0 & 1 & 0 & 0 & 0 & 0 & 0 & 0 & 0 & 1 & 2 & 0 & 0 & 0 & 0 & 0 & 1 & 1 \\
0 & 0 & 0 & 0 & 0 & 0 & 1 & 0 & 0 & 0 & 0 & 0 & 0 & 0 & 0 & 0 & 0 & 0 & 0 & 2 & 0 & 0 \\
0 & 1 & 0 & 0 & 0 & 0 & 0 & 2 & 0 & 1 & 2 & 0 & 1 & 2 & 0 & 2 & 1 & 1 & 1 & 5 & 0 & 0 \\
0 & 0 & 0 & 0 & 0 & 0 & 0 & 0 & 0 & 0 & 0 & 2 & 2 & 0 & 0 & 0 & 0 & 0 & 0 & 0 & 0 & 0 \\
0 & 0 & 0 & 0 & 0 & 0 & 0 & 0 & 2 & 0 & 0 & 0 & 0 & 0 & 0 & 0 & 0 & 0 & 0 & 0 & 0 & 0 \\
0 & 0 & 0 & 0 & 0 & 0 & 0 & 0 & 0 & 0 & 0 & 0 & 0 & 0 & 0 & 0 & 1 & 0 & 0 & 0 & 1 & 0
\end{pmatrix} \tag{2-13}
$$

其中，若以 Si（l）、Mn（l）、FeS（l）、N_2（g）、CO（g）、H_2（g）、SO_2（g）、CaO（sl）、FeO（sl）、P_2O_5（sl）依次为独立组分的顺序，以 Fe（l）、FeO（l）、C（l）、P（l）、O_2（g）、CO_2（g）、H_2O（g）、S_2（g）、SiO_2（sl）、MnO（sl）、CaS（sl）、FeS（sl）依次为从属组分的次序，则 $\boldsymbol{A}_m$ 和 $\boldsymbol{B}_r$ 可表述如下：

$$
\boldsymbol{A}_m=\begin{pmatrix}
0 & 0 & 1 & 0 & 0 & 0 & 0 & 0 & 1 & 0 \\
0 & 0 & 0 & 0 & 1 & 0 & 0 & 0 & 0 & 0 \\
1 & 0 & 0 & 0 & 0 & 0 & 0 & 0 & 0 & 0 \\
0 & 1 & 0 & 0 & 0 & 0 & 0 & 0 & 0 & 0 \\
0 & 0 & 1 & 0 & 0 & 0 & 1 & 0 & 0 & 0 \\
0 & 0 & 0 & 0 & 0 & 0 & 0 & 0 & 0 & 2 \\
0 & 0 & 0 & 0 & 1 & 0 & 2 & 1 & 1 & 5 \\
0 & 0 & 0 & 0 & 0 & 2 & 0 & 0 & 0 & 0 \\
0 & 0 & 0 & 2 & 0 & 0 & 0 & 0 & 0 & 0 \\
0 & 0 & 0 & 0 & 0 & 0 & 0 & 1 & 0 & 0
\end{pmatrix},\quad
\boldsymbol{B}_r=\begin{pmatrix}
1 & 1 & 0 & 0 & 0 & 0 & 0 & 0 & 0 & 0 & 0 & 1 \\
0 & 0 & 1 & 0 & 0 & 1 & 0 & 0 & 0 & 0 & 0 & 0 \\
0 & 0 & 0 & 0 & 0 & 0 & 0 & 0 & 1 & 0 & 0 & 0 \\
0 & 0 & 0 & 0 & 0 & 0 & 0 & 0 & 0 & 1 & 0 & 0 \\
0 & 0 & 0 & 0 & 0 & 0 & 0 & 2 & 0 & 0 & 1 & 1 \\
0 & 0 & 0 & 1 & 0 & 0 & 0 & 0 & 0 & 0 & 0 & 0 \\
0 & 1 & 0 & 0 & 2 & 2 & 1 & 0 & 2 & 1 & 0 & 0 \\
0 & 0 & 0 & 0 & 0 & 0 & 2 & 0 & 0 & 0 & 0 & 0 \\
0 & 0 & 0 & 0 & 0 & 0 & 0 & 0 & 0 & 0 & 0 & 0 \\
0 & 0 & 0 & 0 & 0 & 0 & 0 & 0 & 0 & 0 & 1 & 0
\end{pmatrix} \tag{2-14}
$$

通过式（2-14）可计算独立反应的规范化计量系数矩阵 $\boldsymbol{V}_m$，结果如下：

$$\boldsymbol{V}_m=\begin{pmatrix} 0 & 0 & 1/3 & 0 & 0 & 0 & -1/3 & 0 & 2/3 & 0 \\ 0 & 0 & 0 & 0 & 0 & 0 & 0 & 0 & 1 & 0 \\ 0 & 0 & 1/3 & 0 & 1 & 0 & -1/3 & 0 & -1/3 & 0 \\ 0 & 0 & 5/6 & 0 & 0 & 0 & -5/6 & 0 & -5/6 & 1/2 \\ 0 & 0 & -2/3 & 0 & 0 & 0 & 2/3 & 0 & 2/3 & 0 \\ 0 & 0 & -1/3 & 0 & 0 & 1 & 1/3 & 0 & 1/3 & 0 \\ 0 & 0 & -1/3 & 0 & 0 & 1 & 1/3 & 0 & 1/3 & 0 \\ 0 & 0 & 4/3 & 0 & 0 & 0 & 2/3 & 0 & -4/3 & 0 \\ 1 & 0 & -2/3 & 0 & 0 & 0 & 2/3 & 0 & 2/3 & 0 \\ 0 & 1 & -1/3 & 0 & 0 & 0 & 1/3 & 0 & 1/3 & 0 \\ 0 & 0 & 1 & 0 & 0 & 0 & 0 & 1 & -1 & 0 \\ 0 & 0 & 1 & 0 & 0 & 0 & 0 & 0 & 0 & 0 \end{pmatrix} \tag{2-15}$$

通过式（2-15）可还原体系的独立反应，铸铁冲天炉熔炼体系的独立反应式见表2-4。

表 2-4　铸铁冲天炉熔炼体系的独立反应式

编号	独立反应式
1	$1/3FeS(aq)-1/3SO_2(g)+2/3FeO(sl)\rightarrow Fe(aq)$
2	$FeO(sl)\rightarrow FeO(aq)$
3	$1/3FeS(aq)+CO(g)-1/3SO_2(g)-1/3FeO(sl)\rightarrow C(aq)$
4	$5/6FeS(aq)-5/6SO_2(g)-5/6FeO(sl)+1/2\ P_2O_5(sl)\rightarrow P(aq)$
5	$-2/3FeS(aq)+2/3SO_2(g)+2/3FeO(sl)\rightarrow O_2(g)$
6	$-1/3FeS(aq)+CO(g)+1/3SO_2(g)+1/3FeO(sl)\rightarrow CO_2(g)$
7	$-1/3FeS(aq)+H_2(g)+1/3SO_2(g)+1/3FeO(sl)\rightarrow H_2O(g)$
8	$4/3FeS(aq)+2/3SO_2(g)-4/3FeO(sl)\rightarrow S_2(g)$
9	$Si(aq)-2/3FeS(aq)+2/3SO_2(g)+2/3FeO(sl)\rightarrow SiO_2(sl)$
10	$Mn(aq)-1/3FeS(aq)+1/3SO_2(g)+1/3FeO(sl)\rightarrow MnO(sl)$
11	$FeS(aq)+CaO(sl)-FeO(sl)\rightarrow CaS(sl)$
12	$FeS(aq)\rightarrow FeS(sl)$

第 3 章

冲天炉熔炼成分预测热力学建模

本章将多相多组分体系平衡计算的两种常见算法——平衡常数法和最小自由能法应用于冲天炉熔炼过程的成分计算建模，并结合冲天炉熔炼体系的特点，最终选择最小自由能法作为冲天炉熔炼体系的平衡计算算法，并针对该算法，给出了冲天炉熔炼过程各组元吉布斯自由能的计算方法。

3.1　多相多组分体系成分预测的常见算法

3.1.1　热力学平衡

多相多组分的平衡计算就是要解决化学反应平衡和相平衡共存时的相关问题，即当同时达到化学反应平衡和相平衡时，各物质在各相中的分配与组成比例。

当体系的诸多性质不随时间变化时，体系便处于热力学平衡状态，所谓平衡态，即应同时包括以下几个平衡：

（1）热平衡　体系各部分温度相等。

（2）力平衡　体系各部分间没有不平衡力的存在，体系中不发生相对移动且体系中各部分的压力相等。

（3）化学平衡　体系中各组元间的化学反应达到平衡，体系组成不随时间变化。

（4）相平衡　物质在各相之间达到平衡，各相组成和数量不随时间变化。

下面将介绍两种常见的多相多组分平衡计算通用算法——平衡常数法和最小自由能法。

3.1.2　平衡常数法

针对多相多组分体系的平衡计算，Brinkley 于 1947 年首先提出了基于平衡常数原理的第一个通用算法。此后，大量学者在其基础上进行了深入研究，如 Sanderson 和 Chien 在 1973 年首次提出了平衡常数法的概念，简称 S-C 算法；Zemaitis 和 Rafal 利用液相组成率 z，以化学平衡常数为基础求解体系平衡问题，从而提出了 K-Z 算法；肖文德等人以反应进度和组分物质的量为迭代变量，对 K-Z 算法做出了进一步改进；程利平将平衡常数法从传统的化工生产计算应用到铜熔炼过程计算上，成功指导了艾萨炉的炼铜过程。

1. 平衡常数法的原理

平衡常数法着眼于当体系处于平衡态时，体系中所有化学反应同时达到平衡，通过体系中独立反应的化学平衡常数将同一相或不同相中的相关物质关联进一组复杂的联合方程式中，平衡体系中所有组元的物质的量都可以通过求解这组方程式得到。

对于含有 P 个相、C 种组分、M 种元素的多相多组分体系，独立组分数目 $K=M$，独立

反应体系数目 $R=C-M$，这 R 个独立反应体系可以表述如下：

$$\boldsymbol{V}_M\boldsymbol{A}_M=\boldsymbol{B}_R \tag{3-1}$$

对于第 j 个独立反应，即所有独立组分生成第 j 种从属组分的反应式如下：

$$\sum_{i=1}^{M} v_{ji}\cdot \boldsymbol{A}_i=\boldsymbol{B}_j \tag{3-2}$$

由热力学知识可知，当上述反应达到平衡时，该反应的吉布斯函数变为零，即

$$\Delta_r G_m=\sum_B v_B\mu_B=\mu_j-\sum_{i=1}^{M} v_{ji}\mu_i=0 \tag{3-3}$$

其中

$$\mu_B=\mu_B^{\ominus}(T,p)+RT\ln a_B \tag{3-4}$$

则该反应的平衡常数为

$$\ln K_j=\frac{-\left(\Delta G_j^{\ominus}-\sum_{i}^{M} V_{ji}\Delta G_i^{\ominus}\right)}{RT} \tag{3-5}$$

式（3-5）即为化学平衡常数的计算式。

根据化学平衡常数的定义，可知体系独立组分与从属组分之间存在如下关系：

$$Y_j=\left(\frac{Z_{mj}}{\gamma_j}\right)(K_j)\prod_{i=1}^{M}\left(\frac{\gamma_i X_i}{Z_{mi}}\right)^{v_{ji}}\qquad j=1,2,\cdots,(C-M) \tag{3-6}$$

式中，X_i 为 i 独立组分的物质的量；γ_i 为 i 独立组分的活度系数；Y_j 为 j 从属组分的物质的量；γ_j 为 j 从属组分的活度系数；Z_{mi} 为 i 独立组分所在相的组元总物质的量；Z_{mj} 为 j 从属组分所在相的组元总物质的量。

其中，体系中某一相的组元总物质的量 Z_m 可由下式计算：

$$Z_m=\sum_{i(m)}X_i+\sum_{j(m)}Y_j\qquad m=1,2,\cdots,P \tag{3-7}$$

与此同时，体系中每一种元素的物质的量 b_e 都应满足质量守恒定律

$$b_e=\sum_{i=1}^{M}A_{ie}X_i+\sum_{j=1}^{R}B_{je}Y_j\qquad e=1,2,\cdots,M \tag{3-8}$$

将式（3-6）~式（3-8）联立为一个整体方程组，方程数目共有（$P+C$）个，而体系平衡计算的未知数包括 c 个组元的物质的量和 p 个相的总物质的量，未知数数目也为（$p+c$）个，方程数目等于未知数的数目，本方程组理论上可以求解。

2. 平衡常数法的优缺点

综上所述，平衡常数法就是在对体系化学反应进行相关分析的基础上，通过体系的独立反应平衡式、元素质量守恒定律建立的一组非线性方程组。

（1）平衡常数法的优点

1）直观。平衡常数法以化学平衡和质量守恒为理论基础，能够直观地反映体系的真实状态。

2）可人工干预。独立组分、独立反应的选取并不唯一，可以根据需要列出不同的体系化学平衡方程。

3）应用简便。平衡常数法不仅可用于求解多相多组分体系的整体平衡，在某些特定条

件下，还可以用于求解局部区域的化学平衡。

（2）平衡常数法的缺点　平衡常数法的建立与求解条件苛刻，带来了许多不便，主要体现在：

1）化学知识要求高。平衡常数法的建立基础是对体系化学反应系统的分析，因此需要专门的相关物理化学知识储备。

2）应用场合有限。只能应用于反应机理明确的体系平衡计算。

3）平衡常数的获取困难。除了利用热力学计算获得某反应的平衡常数外，常需要通过实验测定的方法获得平衡常数，周期长、成本高。

4）添加约束条件复杂。平衡常数法基于严格的物理化学推导过程，在添加附加约束方面比较困难。

5）求解条件复杂。对于组分和相较多的体系，非线性方程组的求解异常复杂，常存在收敛速度及精度差、初值要求严格、很难得到最优解等问题，尤其当未知数数目和方程数目较多时，这一问题更加突出。

3.1.3　最小自由能法

最小自由能法是求解多相多组分体系平衡的另一种重要方法，它基于“在等温等压条件下达到平衡的体系，其总的吉布斯自由能最小”的原理，将体系中所有组元同等看待，将平衡计算问题转化为最优化问题进行求解。

最小自由能法历史悠久，最早是由 White 等人在 1958 年首次提出的，采用 Lagrange 待定系数法求解约束极值问题；此后，诸如 Powell 直接搜索法和 SVMP 投影算法等最优化方法被引入最小自由能求解中，改善了求解精度与时间；Gautam 等人提出的相分割法成功避免了假收敛现象的出现，提高了最小自由能法的有效性和稳定性；Rangaiah、林金清等人先后开始尝试将遗传算法引入最小自由能法求解中。这些学者的努力使得最小自由能法在多相多组分体系平衡计算中发挥着越来越重要的作用。

1. 最小自由能法的原理

对于 P 种相、C 种组分的体系，在温度 T、压力 p 下的总吉布斯自由能可用下式表示：

$$G = \sum_{j=1}^{S} G_j^{\ominus} n_j^c + \sum_{j=s+1}^{C} \sum_{l=1}^{P} G_{lj} n_{lj} \tag{3-9}$$

$$G_{lj} = G_{lj}^{\ominus} + RT\ln\gamma_{lj}x_{lj}, \quad l=1,2,\cdots,P; j=1,2,\cdots,C \tag{3-10}$$

式中，S 为纯凝固相的数目；$G_{lj}^{\ominus}$ 为 j 组分在 l 相中的标准化学势；G_{lj} 为 j 组分在 l 相中的化学势；γ_{lj} 为 j 组分在 l 相中的活度系数；x_{lj} 为 j 组分在 l 相中的摩尔分数；n_{lj} 为 j 组分在 l 相中的物质的量。

根据热力学原理，当体系达到平衡时的总吉布斯自由能最小，且各元素需满足质量守恒定律，如式（3-9）所示。

质量约束是最小自由能法的基本约束条件，在某些特殊情况下，还需对这一约束条件加以补充或修改，如体系中所有组元的物质的量必须非负，即 $n_j \geqslant 0$。

当体系存在离子反应时，还存在电荷守恒约束

$$\sum_{j=1}^{C} n_j e_j = 0 \tag{3-11}$$

式中，n_j 为 j 组元的物质的量；e_j 为 j 离子的电荷数。

当存在某些反应速度慢、偏离平衡态或实际上几乎没有发生的反应时，可附加约束条件，如规定某一组分的物质的量为一常量等。

由此可见，用最小自由能法求解多相多组分体系平衡问题，实质上就是求解以式（3-10）的最小值为目标函数、以式（3-11）等为约束条件的非线性规划问题。

2. 最小自由能法的优缺点

（1）最小自由能法的优点

1）适用范围广。它不仅适用于化学反应已知体系的平衡计算，同样适用于化学反应未知的体系。

2）模型简单、便于理解。基于最小自由能原理，不涉及具体的物理化学推导，便于理解。

3）方便添加约束。最小自由能法可直接对求解域添加约束，操作简便。

4）求解方便。最小自由能法的实质是对非线性规划问题的求解，数学理论成熟，求解方便。

（2）最小自由能法的缺点　当然，最小自由能法也有其局限性，主要表现在：

1）对于非理想平衡体系，涉及活度及活度系数的计算，增大了求解难度。

2）最小自由能法是一个含有大量局部最优解的非凸问题，全局最优解获取难度较大。

3）对复杂体系平衡计算的通用性仍然不强，有待进一步改善。

3.2　熔炼热力学建模

3.2.1　热力学建模的假设条件与要求

由前文可以看出，冲天炉熔炼的过程是一个复杂的多相多组分反应体系。当冲天炉熔炼进入稳定出铁阶段时，基于下列假设，可以认为冲天炉熔炼体系处于热力学平衡状态：

1）体系中的气体均为理想气体。

2）各种组元在相中均匀分布，且同一相中不存在浓度差别。

3）当体系处于平衡状态时，假定体系各相温度相同。

4）当冲天炉进入连续稳定生产阶段时，由于熔炼情况稳定，过热区及前炉部分的体系可以假定处于热力学平衡状态。

对于冲天炉熔炼体系，当冲天炉进入连续稳定生产阶段时，由于熔炼情况稳定，冲天炉处于动态平衡阶段，可将过热区及前炉部分的体系假定处于热力学平衡状态。当冲天炉熔炼体系处于平衡态时，铁液相（aq）、炉气相（g）和炉渣相（sl）处于相平衡状态，体系的12个独立反应也分别达到平衡，22种组元的成分不再变化。于是可以按照热力学原理对冲天炉熔炼体系进行体系平衡计算，即求解体系达到平衡状态时各相的成分，从而达到计算铁液成分的目的。

由于冲天炉熔炼过程机理复杂、控制参数众多，对冲天炉熔炼体系的平衡计算涉及的未知数数目多、约束多，因此，对冲天炉熔炼体系的平衡态计算模型应满足如下要求：

1）能够处理较多未知数的平衡计算。

2）能够方便地添加各种参数约束模型。

3）具有较高的求解精度与较快的求解速度。

综合对比上述两种模型的优缺点，得出的结论是，最小自由能法更适合于冲天炉熔炼体系的平衡计算。

3.2.2 基于最小自由能法的热力学建模

由本书2.1节可知，冲天炉熔炼体系涉及10种元素、3种相、22种组元，利用最小自由能法建模时，可转化为如式（3-12）所示的非线性规划问题：

$$\begin{cases} \mathrm{Min}G = \sum_{i=1}^{22} n_i \mu_i \\ \mathrm{s.t.}\ b_e = \sum_{i=1}^{22} a_{ei} n_i \\ \quad n_j \geqslant 0(x_i \geqslant 0) \\ \quad \cdots \end{cases} \tag{3-12}$$

式中，MinG 表示以求解系统总的吉布斯自由能最小值为目标函数；s. t. 表示约束，依次为质量守恒约束、质量非负约束以及其他约束。其中，关于冲天炉熔炼控制参数所带来的其他约束将在本书第4章详述。

3.3 组元化学势计算

对于实际生产中的冲天炉熔炼体系，体系的22种组元均处于非标准状态，涉及各组元在非标准状态下的吉布斯自由能计算，亦即化学势计算。通常，组元化学势的计算分为两步，首先计算平衡温度下该组元的标准摩尔吉布斯函数，再通过确定该组元的活度系数来计算该组元在所属相中的偏摩尔吉布斯函数，亦即化学势。

3.3.1 组元标准摩尔吉布斯函数的计算

通过物质在298.15K下的标准摩尔吉布斯函数 $G_\mathrm{m}^{\ominus}$、标准摩尔生成焓 $\Delta_r H_\mathrm{m}^{\ominus}$、标准摩尔熵 $S_\mathrm{m}^{\ominus}$ 以及该物质在298.15K~T_0 温度范围内的热容值和可逆相变焓值等数据，就能利用下式计算该物质在 T_0 下的标准摩尔吉布斯函数。

$$G_\mathrm{m}^{\ominus}(T_0) = G_\mathrm{m}^{\ominus}(298.15) + \Delta G_\mathrm{m}^{\ominus}(298.15 \to T_0) \tag{3-13}$$

式中，$G_\mathrm{m}^{\ominus}$（298.15）为298.15K下该组元的标准摩尔吉布斯函数；$\Delta G_\mathrm{m}^{\ominus}$（$298.15 \to T_0$）为298.15K~$T_0$ 温度范围内的标准摩尔吉布斯函数变。

其中，$\Delta G_\mathrm{m}^{\ominus}$（$298.15 \to T_0$）可通过设计该组元由298.15K到平衡温度 T_0 的可逆变化过程来求解，具体过程为

$$\Delta G_\mathrm{m}^{\ominus}(298.15 \to T_0) = \Delta H_\mathrm{m}^{\ominus}(298.15 \to T_0) - T_0 \Delta S_\mathrm{m}^{\ominus}(298.15 \to T_0) \tag{3-14}$$

式中，$\Delta H_\mathrm{m}^{\ominus}$（$298.15 \to T_0$）为298.15K~$T_0$ 温度范围内的标准摩尔焓变；$\Delta S_\mathrm{m}^{\ominus}$（$298.15 \to T_0$）为298.15K~$T_0$ 温度范围内的标准摩尔熵变。

冲天炉熔炼体系22种组元的部分热物性参数与相变情况见表3-1。

表 3-1　冲天炉熔炼体系 22 种组元的部分热物性参数与相变情况

组元	$\frac{G_m^{\ominus}(298.15)}{kJ\cdot mol^{-1}}$	$c_p=a+bT+c'T^{-2}$			温度范围/K	初始相态	熔炼过程相变
		$\frac{a}{J\cdot mol^{-1}\cdot K^{-1}}$	$\frac{b\times10^3}{J\cdot mol^{-1}\cdot K^{-2}}$	$\frac{c'\times10^{-5}}{J\cdot mol^{-1}\cdot K}$			
Fe_aq	0	17.49	24.77	0	273~1033	Fe(s)	熔化
		1946.255	-1788.335	0	1033~1060		
		-561.932	334.143	2912.114	1060~1184		
		23.991	8.360	0	1184~1665		
		24.635	9.904	0	1665~1809		
		46.024	0	0	1809~3135		
FeO_aq	-251.50	50.80	8.614	-3.309	298~1650	FeO(s)	溶解
C_aq	0	17.16	4.27	-8.79	298~2300	C(石墨)	溶解
Si_aq	0	22.82	3.86	-3.54	298~1685	Si(s)	溶解
Mn_aq	0	23.85	14.14	-1.57	298~990	Mn(s)	溶解
		33.434	4.247	0	990~1360		
		31.715	8.368	0	1360~1410		
		33.581	8.263	0	1410~1517		
		46.024	0	0	1517~2335		
FeS_aq	-118.39	0.502	167.360	0	298~411	FeS(s)	溶解
		72.802	0	0	411~598		
		51.045	9.958	0	598~1468		
		71.128	0	0	1468~2000		
P_aq	39.345	18.1493	0.3995	-2.0795	298~2000	$1/2P_2$(g)	溶解
O_2_g	0	29.96	4.184	-1.67	273~3000	O_2(g)	无
N_2_g	0	27.87	4.268	0	298~2500	N_2(g)	无
CO_g	-137.12	28.41	4.10	-0.46	298~2500	CO(g)	无
CO_2_g	-394.39	44.14	9.04	-8.54	298~2500	CO_2(g)	无
H_2_g	0	27.28	3.26	0.502	298~3000	H_2(g)	无
H_2O_g	-229.24	30.00	10.71	0.33	298~2500	H_2O(g)	无
SO_2_g	-298.40	43.43	10.63	-5.94	298~1800	SO_2(g)	无
S_2_g	72.40	35.73	1.17	-3.31	298~2000	S_2(g)	无
SiO_2_sl	-923.22	43.915	38.815	-9.678	298~847	SiO_2(s)	熔化
SiO_2_sl	-923.22	58.911	10.042	0	847~1696	SiO_2(s)	熔化
CaO_sl	-603.03	49.62	4.52	-6.95	298~2888	CaO(s)	熔化
FeO_sl	-251.50	50.80	8.614	-3.309	298~1650	FeO(s)	熔化
MnO_sl	-362.67	46.48	8.12	-3.68	298~1800	MnO(s)	熔化
P_2O_5_sl	-1526.13	35.02	225.936	0	—	P_2O_5(s)	熔化
CaS_sl	-492.98	45.187	7.740	0	298~1000	CaS(s)	熔化

（续）

组元	$\frac{G_m^{\ominus}(298.15)}{kJ \cdot mol^{-1}}$	$c_p=a+bT+c'T^{-2}$			温度范围/K	初始相态	熔炼过程相变
		$\frac{a}{J \cdot mol^{-1} \cdot K^{-1}}$	$\frac{b\times10^3}{J \cdot mol^{-1} \cdot K^{-2}}$	$\frac{c'\times10^{-5}}{J \cdot mol^{-1} \cdot K}$			
FeS_sl	-118.39	0.502	167.360	0	298~411	FeS(s)	熔化
		72.802	0	0	411~598		
		51.045	9.958	0	598~1468		
		71.128	0	0	1468~2000		

若组元在平衡温度 T_0 下的相态与298.15K下的相态不同，则组元的标准摩尔吉布斯函数变的计算还需引入可逆相变过程。表3-1所示为冲天炉熔炼过程中22种组元的部分热物性参数以及在熔炼过程中的相变，下面针对这22种组元不同的相变过程对式（3-13）进行推导。

1. 无相变过程的标准摩尔吉布斯函数变的求解

根据焓变和熵变的定义，有

$$\Delta G_m^{\ominus}(298.15 \rightarrow T_0)=\int_{298.15}^{T_0} C_{p,m}^{\ominus}\mathrm{d}T - T_0\int_{298.15}^{T_0}\frac{C_{p,m}^{\ominus}}{T}\mathrm{d}T \tag{3-15}$$

式中，$C_{p,m}^{\ominus}$ 为组元的摩尔等压热容。

式（3-15）适用于求解熔炼过程无相变的组元的标准摩尔吉布斯函数变，对应的组元有 O_2（g）、N_2（g）、CO（g）、CO_2（g）、H_2（g）、H_2O（g）、SO_2（g）和 S_2（g）。

2. 含熔化过程的标准摩尔吉布斯函数变的求解

若组元在熔炼过程发生熔化，熔化温度记为 T_{fus}，熔化摩尔可逆焓为 $\Delta_{fus}H_m^{\ominus}$，则

$$\Delta G_m^{\ominus}(298.15 \rightarrow T_0)=\int_{298.15}^{T_{fus}} C_{p,m}^{\ominus}(\mathrm{I})\mathrm{d}T+\Delta_{fus}H_m^{\ominus}+\int_{T_{fus}}^{T_0} C_{p,m}^{\ominus}(\mathrm{II})\mathrm{d}T - T_0\left[\int_{298.15}^{T_{fus}}\frac{C_{p,m}^{\ominus}(\mathrm{I})}{T}\mathrm{d}T+\frac{\Delta_{fus}H_m^{\ominus}}{T_{fus}}+\int_{T_{fus}}^{T_0}\frac{C_{p,m}^{\ominus}(\mathrm{II})}{T}\mathrm{d}T\right] \tag{3-16}$$

冲天炉熔炼体系部分组元的熔点及熔化焓见表3-2。

表3-2 冲天炉熔炼体系部分组元的熔点及熔化焓

名　称	化学式	熔点/℃	熔化焓/(kJ/mol)
铁	Fe	1536	15.2
二氧化硅	SiO_2	1713	15.1
氧化钙	CaO	2600	79.5
氧化亚铁	FeO	1378	31
氧化锰	MnO	1785	54
五氧化二磷	P_2O_5	580	13.61
硫化钙	CaS	2400	56.54
硫化亚铁	FeS	1193	20.94

3. 含溶解过程的标准摩尔吉布斯函数变的求解

查阅相关文献，可直接得某些组元在铁液中的标准摩尔溶解自由能 $\Delta_{溶} G_i^{\ominus}$，某些组元在铁液中的标准摩尔溶解自由能见表 3-3，则

$$\Delta G_{\mathrm{m}}^{\ominus}(298.15 \rightarrow T_0) = \int_{298.15}^{T_0} C_{p,\mathrm{m}}^{\ominus} \mathrm{d}T - T_0 \int_{298.15}^{T_0} \frac{C_{p,\mathrm{m}}^{\ominus}}{T} \mathrm{d}T + d + eT_0 \tag{3-17}$$

表 3-3　某些组元在铁液中的标准摩尔溶解自由能

组元 i 化学式	相态	$\Delta_{溶} G_i^{\ominus} = d+eT/(\mathrm{J/mol})$	
		d	e
C	C(石墨)	22594	-42.26
Si	(aq)	-131503	-17.24
Mn	(aq)	4084	-38.16
O_2	(g)	-234304	-5.78
S_2	(g)	-270120	46.86
P_2	(g)	-244346	-38.5

其中，组元 FeO（aq）和 FeS（aq）的标准摩尔吉布斯函数可用 T_0 温度下的化合物生成自由能来计算，计算用反应式为

$$\mathrm{Fe(aq)+[O]=FeO(aq)} \tag{3-18}$$

$$\mathrm{Fe(aq)+[S]=FeS(aq)} \tag{3-19}$$

式中，[O] 和 [S] 分别指溶解在铁液中的氧元素和硫元素。

3.3.2　组元偏摩尔吉布斯函数的计算

组元在 T_0 温度下的标准摩尔吉布斯函数是纯组元在该温度下的标准吉布斯函数。而实际熔炼过程是一个多相多组分的反应体系，某组元的摩尔吉布斯函数不仅与该体系所处的热力学状态（T、P）有关，还受体系中其他组元的影响。因此，实际组元的摩尔吉布斯函数应该是一个偏摩尔量，也可以说是组元的化学势。组元的偏摩尔吉布斯函数同标准摩尔吉布斯函数之间的关系表述为

$$\mu_B(T_0) = \mu_B^{\ominus}(T_0) + RT\ln a_B = G_{\mathrm{m}}^{\ominus}(T_0) + RT\ln a_B \tag{3-20}$$

式中，$G_{\mathrm{m}}^{\ominus}$（T_0）为组元的标准摩尔吉布斯函数变；a_B 为组元的活度。

处于不同相态的组元，其活度的计算方法不一样，常用各种活度的定义及适用对象见表 3-4。

表 3-4　常用各种活度的定义及适用对象

参考态 ($\gamma=1$ 或 $f=1$)	浓度表示方法	标准态	活度	活度系数	适用对象
理想溶液	摩尔分数	纯物质	$a_B = p^{实}/p^{标}$	$\gamma = a_B/x$	合金熔体的溶剂、熔渣组元
稀溶液	摩尔分数	假想纯物质	$a_x = p^{实}/k_x$	$f = a_x/x$	合金熔体溶质，少用
稀溶液	质量分数	1%溶液	$a_{\%} = p^{实}/k_{\%}$	$f = a_{\%}/[\%i]$	合金熔体溶质，常用

对冲天炉熔炼体系，本书所采用的组元的活度计算式如下：

$$a_B=\begin{cases}\dfrac{n_B p_0}{n_g p^{\ominus}} & B\text{ 为气相(g)时}\\ f_B\dfrac{m_B}{m_{aq}} & B\text{ 为合金熔体的溶质(aq)时}\\ \gamma_B\dfrac{n_B}{n_{sl}} & B\text{ 为熔渣组元(sl)时}\end{cases} \tag{3-21}$$

式中，p_0、$p^{\ominus}$分别为冲天炉熔炼体系的实际气压和热力学标准压力；n_g、n_{sl} 分别为气相和炉渣相的总物质的量；m_{aq} 为合金液相的总质量；f_B 为溶于合金液相中组元 B 的活度系数；γ_B 为炉渣相中组元 B 的活度系数。

下面将简要介绍铁液和熔渣中各组元活度的计算方法。

1. 活度系数 f_B 的求解

溶于铁液中各元素的活度系数 f_B 可通过铁液中各元素的活度相互作用系数进行计算。设元素 2，3，…，k 共（k-1）种元素溶解于铁液中（Fe 为元素 1），则元素 i 的活度系数 f_i 可用下式计算：

$$f_i=f_i^2 f_i^3\cdots f_i^k=\prod_{j=2}^{k} f_i^j \tag{3-22}$$

式中，f_i为铁液中只溶解了元素 i 时的活度系数；f_i^j 为加入元素 j 后对元素 i 活度系数的影响。

记元素 i 的质量分数为［%i］，引入元素 i 对元素 2 的活度相互作用系数 e_2^i，则

$$e_2^i=\lg f_2^i/[\%i] \tag{3-23}$$

式（3-22）可表述为

$$\lg f_2=e_2^2[\%2]+e_2^3[\%3]+\cdots+e_2^k[\%k]=\sum_{i=2}^{k} e_2^i[\%i] \tag{3-24}$$

1600℃时溶解于铁液中各元素的活度相互作用系数 e_i^j见表 3-5。当得知铁液成分组成时，即可利用式（3-24）求解元素 B 在铁液中的活度系数 f_B。

表 3-5　1600℃时溶解于铁液中各元素的活度相互作用系数 e_i^j

第二元素 i	第三元素 j									
	Al	C	Ca	H	Mn	N	O	P	S	Si
Al	0.045	0.091	-0.047	0.24		-0.058	-6.6		0.03	0.0056
C	0.043	0.14	-0.097	0.67	-0.012	0.11	-0.34	0.051	0.046	0.08
Ca	-0.072	-0.34	-0.002							-0.097
H	0.013	0.06		0	-0.0014		-0.19	0.011	0.008	0.027
Mn		-0.07		-0.31	0	-0.091	-0.083	-0.0035	-0.048	-0.0002
N	-0.028	0.13			-0.02	0	0.05	0.045	0.007	0.047
O	-3.9	-0.45		-3.1	-0.021	0.057	-0.20	0.07	-0.133	-0.131
P		0.13		0.21	0	0.094	0.13	0.062	0.028	0.12
S	0.035	0.11		0.12	-0.026	0.01	-0.27	0.029	-0.028	0.063
Si	0.058	0.18	-0.067	0.64	0.002	0.09	-0.23	0.11	0.056	0.11

2. 活度系数 γ_B 的求解

为方便进行炉渣的热力学计算，人们根据大量的实验数据绘制出不少三元渣系等活度系数（γ_i 或 $\lg \gamma_i$）曲线图或等活度 a_i 曲线图。本部分内容从相关文献中引用了如下图片：图 3-1 所示为 CaO-FeO-SiO_2 三元系熔渣的等 $\lg \gamma_{SiO_2}$ 曲线图；图 3-2 所示为 CaO-FeO-SiO_2 三元系熔渣的等 $\lg \gamma_{CaO}$ 曲线图；图 3-3 所示为碱性渣系的等 γ_{MnO} 曲线图；图 3-4 所示为复杂多元碱性渣系的等 a_{FeO} 曲线图。

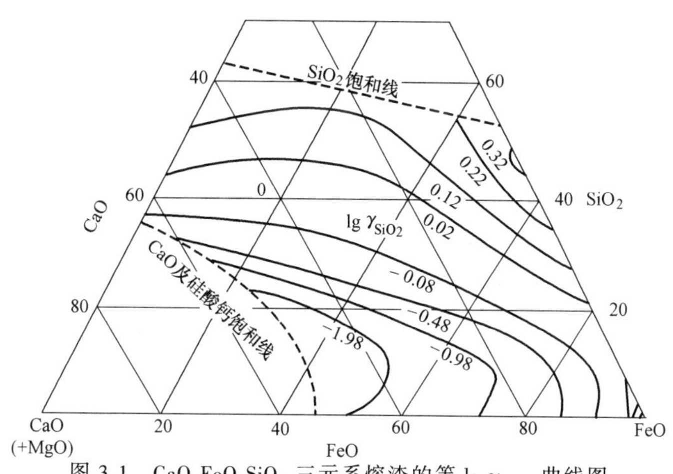

图 3-1　CaO-FeO-SiO_2 三元系熔渣的等 $\lg \gamma_{SiO_2}$ 曲线图

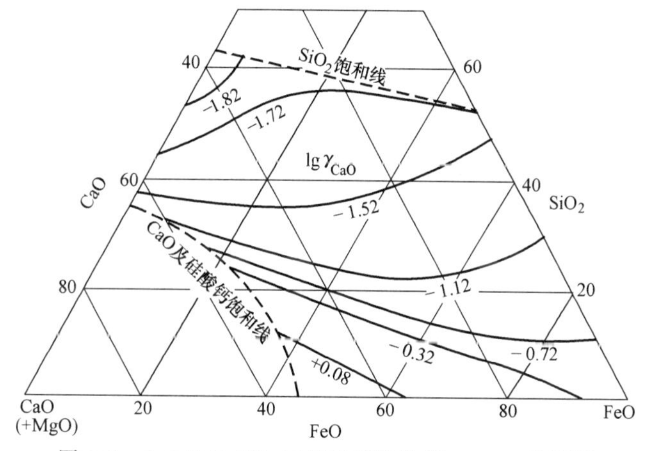

图 3-2　CaO-FeO-SiO_2 三元系熔渣的等 $\lg \gamma_{CaO}$ 曲线图

由于活度图的限制，炉渣相中除上述可查活度的组元外，其余组元的活度可采用炉渣结构的离子理论，即采用 TeMKИH 法进行求解。以组元 CaS 为例，求解过程如下：

TeMKИH 法假设炉渣由 Ca^{2+}、Fe^{2+}、Mn^{2+} 等阳离子和 S^{2-}、O^{2-}、SiO_4^{4-} 等阴离子组成，正、负离子的总电荷相等，炉渣整体呈现中性。可令 $n_{Ca^{2+}}$、$n_{S^{2-}}$ 表示炉渣内 Ca^{2+} 和 S^{2-} 的物质的量，$\sum n^+$、$\sum n^-$ 分别表示炉渣中正、负离子的总物质的量，则 CaS 的活度可用下式计算：

$$a_{CaS} = x(Ca^{2+})x(S^{2-}) = \frac{n_{Ca^{2+}}}{\sum n^+} \cdot \frac{n_{S^{2-}}}{\sum n^-} \tag{3-25}$$

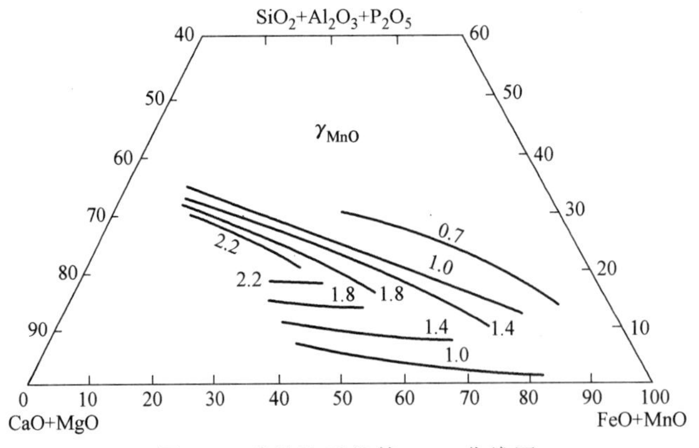

图 3-3 碱性渣系的等 γ_{MnO} 曲线图

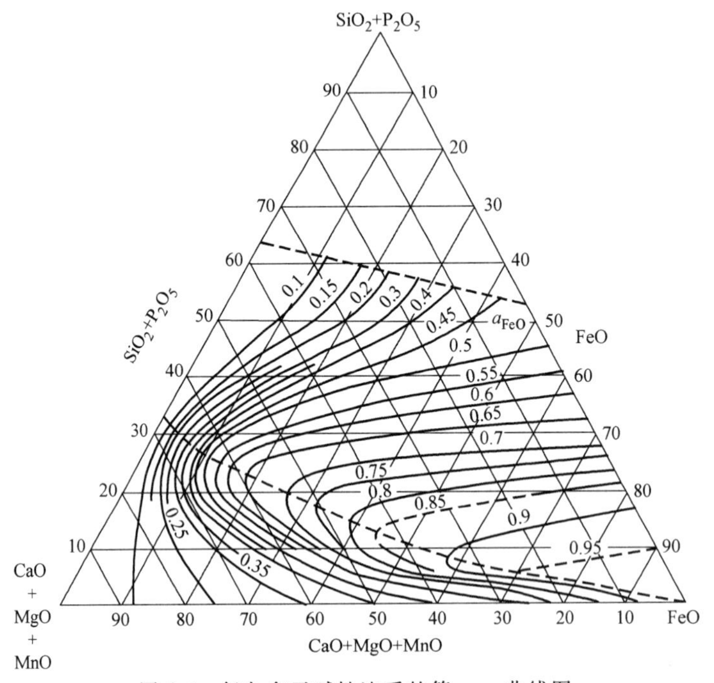

图 3-4 复杂多元碱性渣系的等 a_{FeO} 曲线图

则 CaS 的活度系数可表示为

$$\gamma_{CaS}=\frac{a_{CaS}}{x_{CaS}}=\frac{n_{Ca^{2+}}}{\sum n^{+}}\cdot\frac{n_{S^{2-}}}{\sum n^{-}}\cdot\frac{n_{sl}}{n_{CaS}} \tag{3-26}$$

至此已完成组元化学势的计算推导，在进行实际计算时，将相关数据带入上述公式即可进行求解。

第4章

冲天炉熔炼成分预测参数约束处理

本章将对冲天炉常见熔炼参数和相关描述熔炼过程的状态参数进行总结，指出冲天炉熔炼参数建模的难度所在和建模要求，并据此采用BP神经网络进行熔炼参数的建模。随后将对BP神经网络的原理与工作流程进行介绍，利用一组实际熔炼数据分别采用三种训练算法进行神经网络训练学习。结果表明，采用自适应学习率的梯度下降法、更多的训练样本数目并去除数据坏点可提高网络预测精度。

4.1 主要熔炼参数

4.1.1 熔炼参数及其选择

此处的熔炼参数主要是指熔炼过程的可操作参数，冲天炉熔炼初期主要的操作参数有焦炭块度和底焦高度，正常熔炼期间主要的操作参数有层铁量、层焦量，层溶剂量，入炉风量和风压。

1. 焦炭块度

焦炭块度是指入炉焦炭的大小，用焦炭块三向长度的平均值或最大长度值表示。焦炭块度大小对铁液温度影响较大。小块度焦炭燃烧快，但鼓风阻力大，不利于燃烧；增大块度会增大氧化带、扩大高温区域，使熔化区的温度升高、过热区距离加大；但块度过大会使燃烧速度变慢，同样不利于熔炼。综上所述，焦炭块度不仅要合适，而且应该大小均匀，使空气容易通过，能够均匀燃烧。

2. 底焦高度

底焦高度是第一排风口中心线到焦床顶面的垂直距离。若底焦过高，则熔化速度慢，增加燃料消耗；若底焦过低，则铁液温度低、氧化严重。合适的底焦高度应能使底焦表面达到铁料的熔化温度，同时又能使铁液得到足够的过热。底焦高度分为装炉底焦高度（炉内装入第一批炉料时的底焦高度）和运行底焦高度（正常熔炼期间的底焦高度），装炉底焦高度随炉型而定，运行底焦高度由层焦铁比与风量决定。

3. 层铁量、层焦量

层铁量、层焦量分别是指每批炉料中金属炉料和焦炭的质量。其中，定义1kg焦炭所能熔化的金属炉料质量为铁焦比。通常情况下，先确定层铁量，再通过层焦量调整铁焦比。铁焦比 R 可按下列经验公式计算：

$$R=\frac{k_cA}{T-1300} \tag{4-1}$$

式中，R 为铁焦比，即金属炉料与焦炭的质量比；A 为经验系数（℃），在 1500～2000℃之间选取；T 为预期铁液的最高温度（℃）；k_c 为焦炭的固定碳含量，即焦炭中碳的质量分数。

4. 层溶剂量

层溶剂量是指每批炉料中溶剂的质量，溶剂的主要作用是造渣，因此，层溶剂量应根据炉渣流动性进行调整。普通炉衬冲天炉的层溶剂量一般占层焦质量的 20%～40%，视炉料纯净程度、炉衬侵蚀速度及焦炭灰分等情况选取合适值。

5. 入炉风量

入炉风量是指单位时间内送入炉内的空气量（m^3/min）。增大风量，则焦炭燃烧旺盛，炉温升高，从而提高了铁液温度和熔化率；但若风量过大，则炉气最高温度下降，且会由于炉内氧气过剩而引起铁料氧化加剧。

6. 风压

风压是冲天炉操作使用的重要参考指标，它是指风箱与冲天炉加料口之间的空气和炉气的流动阻力，一般用风箱内的静压表示。风压受多种因素的影响，若风压过小，则风在炉子周围分散上升，炉子中心部位燃烧不足；若风压过大，则风被集中鼓入炉子中心，从而造成风口过冷结渣，不利于底焦燃烧。合适的风压应保证风能吹入炉子中心部位。

4.1.2 其他表征熔炼过程状态的参数

除上述可操作的熔炼参数外，为了更好地描述冲天炉的熔炼状态，还需要一些其他表征熔炼过程状态的参数。

1. 熔化率、熔化强度

熔化率是指冲天炉在单位时间内所熔化铁液的量，单位为 t/h，自动化铸造生产流水线对冲天炉的熔化率有严格要求。

熔化率与炉膛面积的比值称为熔化强度 t/(h · m^2)，即单位时间内熔化区单位横截面面积熔化铁液的量。

2. 燃烧比/燃烧系数

燃烧比/燃烧系数 η_V 是用来衡量焦炭完全燃烧程度的参数，其值为出炉炉气中 CO_2 的体积占 CO 与 CO_2 体积之和的比值（%），即

$$\eta_V = \frac{\varphi(CO_2)}{\varphi(CO)+\varphi(CO_2)} \times 100\% \tag{4-2}$$

3. 碱度

碱度是描述炉渣性质的重要参数，其值为炉渣中碱性氧化物与酸性氧化物含量的相对比值。炉渣的碱度有多种表达形式，最常用的一种可表示为

$$\text{碱度} = \frac{w(CaO)+w(MgO)}{w(SiO_2)} \tag{4-3}$$

碱度小于 0.8 的炉渣称为酸性渣，碱度大于 1.0 的炉渣称为碱性渣，碱度在 0.8～1.0 之间的炉渣称为中性渣。

4. 元素烧损率

元素烧损率 η_e 是指熔炼结束后铁液中元素熔化减少部分与炉料中该元素的质量分数的

比值（%），元素增加则用负的烧损率表示，常用下式表示

$$\eta_e = \left(1 - \frac{\sum_{j=1}^{c} n_j a_{ej}}{\sum_{i=1}^{m} \frac{m_i x_{ie}}{M_e}}\right) \times 100\% \tag{4-4}$$

式中，c 为铁液中的组元种类数；n_j 为铁液中第 j 种组元的物质的量；m 为金属炉料的种类数；m_i 为第 i 种金属炉料的质量；a_{ej} 为 j 组元化学式中 e 元素的系数；x_{ie} 为 i 炉料中元素 e 的质量分数；M_e 为元素 e 的摩尔质量。

5. 吨铁液炉衬消耗量

吨铁液炉衬消耗量是指一个炉龄周期或者熔化阶段内，平均每熔炼 1t 铁液所消耗的炉衬材料的质量，单位为 kg。它是表征炉衬成本、修炉工作量以及炉衬废弃物对环境影响的参数。

6. 吨铁液熔化成本

吨铁液熔化成本即熔化每吨铁液的总成本（元），包括金属炉料、焦炭、溶剂、炉衬、电力消耗、修炉、设备折旧费以及熔化作业涉及的人工费用等耗费项目的总和。吨铁液熔化成本是反映冲天炉的经济性的重要参数。

4.2　熔炼参数控制的建模

上述建立的基于最小自由能法的冲天炉熔炼过程铁液成分预测的热力学模型中，未对熔炼参数的影响做具体描述。为了考虑熔炼参数对铁液成分的影响，需要对冲天炉熔炼参数进行约束建模处理，因而会涉及对冲天炉熔炼参数的控制建模问题。

4.2.1　熔炼参数的控制特点

冲天炉熔炼过程的控制一直是一个难题，这是由于其机理复杂，影响因素众多，同时存在底焦燃烧、冶金反应和热量传递这三种复杂过程。冲天炉熔炼过程的控制具有如下特点：

（1）高度非线性　冲天炉的熔炼质量是所有熔炼参数综合作用的结果，熔炼参数之间，以及每一熔炼参数与炉内温度和铁液成分等参数之间均呈高度非线性变化。因此，很难利用回归分析等传统数据处理手段分析和控制冲天炉的熔炼过程。

（2）时滞效应明显　冲天炉的熔炼控制具有明显的时滞效应，即某时刻改变熔炼参数的值后，冲天炉熔炼体系不能立即做出响应，而是在一段时间后才能产生作用，不同炉况、不同参数的时滞效应不一致，这给熔炼参数的分析处理带来了很多不便。

（3）易受环境干扰　除上述特点外，冲天炉熔炼参数对熔炼质量的影响规律容易因环境的变化而发生波动，同样的熔炼参数在不同的天气和季节下对熔炼质量的影响也有所不同。

（4）经验性强　由于冲天炉熔炼过程的控制缺乏明确的数学规律，因此冲天炉的熔炼质量同操作人员的技术水平密切相关，即熔炼参数的控制具有很强的经验性。

4.2.2　熔炼参数的建模要求

冲天炉熔炼过程的熔炼参数控制具有非线性、大时滞和强扰动的特点，这些因素的综合

作用使得对冲天炉熔炼参数的建模方法具有如下要求：

（1）准确度高　对冲天炉熔炼参数的建模应立足于实际熔炼情况，模型计算结果须准确。

（2）适用面广　冲天炉型号及附属设备繁多，从而形成了各种不同的熔炼条件。对冲天炉熔炼参数的建模方法应具有通用性，使其能在各种不同的熔炼条件下进行建模。

（3）容错性高　由于冲天炉的实际熔炼状况存在波动，冲天炉熔炼参数的建模方法应具有较强的容错能力。

（4）模糊响应　由于冲天炉熔炼参数具有高度非线性的特点，加上熔炼炉况不稳定，难以建立明确的数学模型，因此对熔炼参数的建模无须过度关注具体过程，只要能保证获得正确的结果即可。

（5）易于实现　冲天炉熔炼参数的建模方法应简便易行，建模数据获取方便，建模成本低。

鉴于以上建模要求，传统控制方法由于建模条件苛刻或数学模型过于复杂而导致其很难在冲天炉熔炼参数控制中取得理想成果，如 1972 年 Briggs 建立的冲天炉自动控制模型就因过于简化而导致使用效果不佳。因此，人们一直在探寻更好的冲天炉熔炼参数建模方法。

4.2.3　神经网络在参数控制中的应用

随着人工智能技术的发展，特别是神经网络的发展和应用，推动冲天炉熔炼过程的智能化控制领域取得了长足进步。神经网络是一种由大量简单的处理单元（神经元）互相连接而形成的复杂网络系统，它反映了人脑功能的信息处理、存储以及检索等许多基本特征，是一个高度复杂的非线性系统。神经网络具有如下显著优点：

1）具有非线性映射能力，且不需要精确的数学模型。

2）容易实现并行计算，且反映的是全局作用。

3）具有良好的容错性和自学习性。

4）鲁棒性强，易于软、硬件的实现。

由此可见，神经网络方法满足冲天炉熔炼参数的诸多建模要求，是一种理想的建模方法，在冲天炉熔炼操作中已经得到了相关应用。如 W. McCulloch 等人早在 1943 年便利用神经网络模型重新构造了冲天炉工艺参数的网状图；太原理工大学的胡东岗用神经网络自适应控制方法实现了对冲天炉温度的控制。鉴于神经网络的诸多优点，本书也拟采用神经网络方法实现冲天炉熔炼参数的约束建模。

4.3　基于 BP 神经网络的熔炼参数处理方案

4.3.1　BP 神经网络简介

在所有的神经网络模型中，BP 神经网络是应用最广泛、理论最成熟的一种神经网络，它是一种采用误差反向传播学习算法（即 BP 算法）的多层前馈型神经网络，通常由一个输入层、若干个隐含层和一个输出层组成。

理论上已经证明：具有一个对数 S 型激活函数的隐含层和一个线性输出层的三层 BP 神

经网络能够逼近任意非线性映射。这使得 BP 神经网络成为目前应用最广泛的神经网络类型之一。

1. BP 神经网络的结构

图 4-1 所示为具有一个隐含层的三层 BP 神经网络的拓扑结构图，输入、输出层的神经元节点个数对应于网络的输入、输出样本的维数；隐含层神经元节点的个数依训练样本的数目而定。

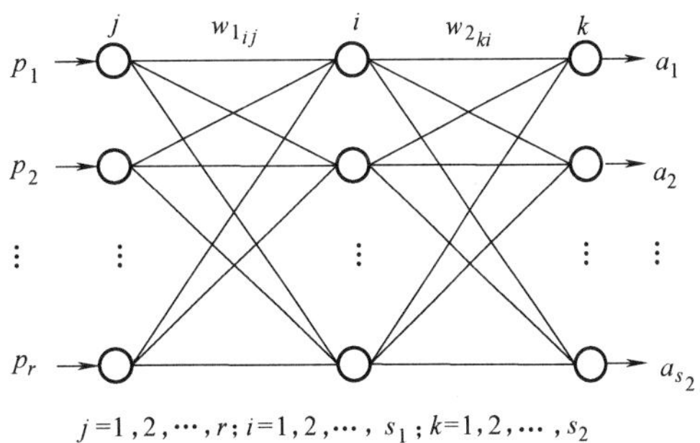

图 4-1　具有一个隐含层的三层 BP 神经网络的拓扑结构图

输入层的神经元节点有 r 个，隐含层的神经元节点有 s_1 个，输出层神经元节点有 s_2 个；隐含层神经元的激活函数 $f_1(x)=1/(1+e^{-x})$，输出层神经元的激活函数 $f_2(x)=x$；输入层与隐含层之间的权值矩阵、阈值矩阵依次为 $\boldsymbol{W}_1$、$\boldsymbol{B}_1$，隐含层与输出层之间的权值矩阵、阈值矩阵依次为 $\boldsymbol{W}_2$、$\boldsymbol{B}_2$；输入矢量为 $\boldsymbol{P}=(p_1,\ p_2,\ \cdots,\ p_r)$，输出矢量为 $\boldsymbol{A}=(a_1,\ a_2,\ \cdots,\ a_{s_2})$，目标矢量为 $\boldsymbol{T}=(t_1,\ t_2,\ \cdots,\ t_{s_2})$。

隐含层第 i 个神经元的输出 c_i 为

$$c_i = f_1\left(\sum_{j=1}^{r} w_{1_{ij}} p_j + b_{1_j}\right), i = 1,2,\cdots,s_1 \tag{4-5}$$

则输出层第 k 个神经元的输出 a_k 可表示为

$$a_k = f_2\left(\sum_{i=1}^{s_1} w_{2_{ki}} c_i + b_{2_k}\right), k = 1,2,\cdots,s_2 \tag{4-6}$$

输出矢量和目标矢量之间的误差可用 E（$\boldsymbol{W}$，$\boldsymbol{B}$）表示为

$$E(\boldsymbol{W},\boldsymbol{B}) = \frac{1}{2}\sum_{k=1}^{s_2}(t_k - a_k)^2 \tag{4-7}$$

2. BP 神经网络的训练学习算法——误差反向传播学习算法

误差反向传播学习算法是一种循环迭代算法，每次迭代过程由信号的正向传播和误差的反向传播过程组成。信号的正向传播是指输入信号从输入层节点依次进入网络，经逐层处理后由输出层节点输出，当输出信号与目标信号之间的误差超出要求时，转入误差反向传播阶段。误差反向传播是指输出误差通过隐含层向输入层传播，将误差分摊给传播过程中的各神经元节点，从而获得各节点的误差信号，将其作为修正依据对各单元权值进行修正；迭代过程循环往复，直至某次权值修正后的输出误差达到要求或迭代次数达到上限为止。

输出误差可用式（4-7）表示，将之推广到已知输入层节点的输入信号，则有

$$E = \frac{1}{2}\sum_{k=1}^{s_2}\left\{t_k - f_2\left[\sum_{i=1}^{s_1} w_{2_{ki}} f_1\left(\sum_{j=1}^{r} w_{1_{ij}} p_j + b_{1_j}\right) + b_{2_k}\right]\right\}^2 \tag{4-8}$$

当各节点权值 Δw 和阈值修正量 Δb 正比于误差函数沿梯度下降时，迭代次数最少。其中误差函数对输出层节点权值、阈值的梯度可依次表示为

$$\frac{\partial E}{\partial w_{2_{ki}}} = \frac{\partial E}{\partial a_k} \cdot \frac{\partial a_k}{\partial w_{2_{ki}}} = (t_k - a_k) f_2' c_i \tag{4-9}$$

$$\frac{\partial E}{\partial b_{2_k}}=\frac{\partial E}{\partial a_k}\cdot\frac{\partial a_k}{\partial b_{2_k}}=(t_k-a_k)f_2' \tag{4-10}$$

误差函数对隐含层节点权值、阈值的梯度可依次表示为

$$\frac{\partial E}{\partial w_{1_{ij}}}=\frac{\partial E}{\partial a_k}\cdot\frac{\partial a_k}{\partial c_i}\cdot\frac{\partial c_i}{\partial w_{1_{ij}}}=\sum_{k=1}^{s_2}(t_k-a_k)f_2' w_{2_{ki}} f_1' p_j \tag{4-11}$$

$$\frac{\partial E}{\partial b_{1_j}}=\frac{\partial E}{\partial a_k}\cdot\frac{\partial a_k}{\partial c_i}\cdot\frac{\partial c_i}{\partial b_{1_j}}=\sum_{k=1}^{s_2}(t_k-a_k)f_2' w_{2_{ki}} f_1' \tag{4-12}$$

其中

$$f_1'(x)=f_1(x)[1-f_1(x)] \tag{4-13}$$

$$f_2'(x)=1 \tag{4-14}$$

由此可得，输出层权值、阈值调整公式为

$$\Delta w_{2_{ki}}=\eta(t_k-a_k)a_k(1-a_k)c_i \tag{4-15}$$

$$\Delta b_{2_k}=\eta(t_k-a_k)a_k(1-a_k) \tag{4-16}$$

隐含层权值、阈值调整公式为

$$\Delta w_{1_{ij}}=\eta\sum_{k=1}^{s_2}(t_k-a_k)a_k(1-a_k)w_{2_{ki}}c_i(1-c_i)p_j \tag{4-17}$$

$$\Delta b_{1_i}=\eta\sum_{k=1}^{s_2}(t_k-a_k)a_k(1-a_k)w_{2_{ki}}c_i(1-c_i) \tag{4-18}$$

BP 训练算法除上述推导的梯度下降法外，为了提高网络训练时的收敛速度和精度，人们对 BP 算法进行了大量的改进，如带动量的梯度下降法、有自适应 lr 的梯度下降法、共轭梯度法以及高斯-牛顿法等。

其中，带动量的梯度下降法由 David. E. Rumelhart 等人在 1986 年提出，在权值修正量上加上了上一时刻权值修改方向的记忆以加快收敛速度。带动量的梯度下降法的权值、阈值修正量可表示如下：

$$\Delta w(n_0+1)=\Delta w+\alpha\Delta w(n_0) \tag{4-19}$$

$$\Delta b(n_0+1)=\Delta b+\alpha\Delta b(n_0) \tag{4-20}$$

式中，n_0 为当前迭代次数；α 为动量因子，一般取值为 0.1~0.8。

有自适应 lr 的梯度下降法是指在训练过程中，算法能够自适应调整学习率 lr 从而提高训练速度和精度，增加训练稳定性。学习率的自动变化主要依据误差梯度的变化方向，学习率的修正公式可表示如下：

$$lr=\beta lr \tag{4-21}$$

式（4-21）中，β 即学习率的修正系数，它的值根据迭代过程中误差梯度的方向而改变

$$\begin{cases}\beta>1 & E(n_0)<E(n_0-1)\\ \beta<1 & E(n_0)>E(n_0-1)\end{cases} \tag{4-22}$$

4.3.2 熔炼参数的 BP 神经网络建模

1. BP 神经网络的设计流程与注意事项

BP 神经网络的建模主要包括如下内容：

1）输入、输出层节点数目的确定。

2）隐含层层数及其各层节点数的确定。

3）训练样本数据的预处理。

4）训练学习，确定各神经元的权值、阈值。

5）输入参数，获得理想结果。

其中，输入、输出层的节点数目是由建模所提供的样本矢量和目标矢量决定的，其数值等于对应矢量的维数。由此可见，隐含层层数及各层节点数是设计 BP 神经网络的关键。

一般而言，隐含层的层数和节点数越多，网络的表达能力越强，精度越高，可降低误差；但同时会增加网络的复杂性，增大训练样本的数目，从而延长网络训练学习时间，降低求解效率，其中，增加隐含层层数的效果尤为明显。因此，通常情况下优先考虑增加隐含层的节点数目。

对于只有一个隐含层的 BP 神经网络，可用下列经验公式估算隐含层的节点数目：

$$s_1=\log_2 r \tag{4-23}$$

或

$$s_1=\sqrt{rs_1} \tag{4-24}$$

或

$$s_1=\sqrt{0.43rs_2+0.12s_2^2+2.54r+0.77s_2+0.35}+0.51 \tag{4-25}$$

或

$$s_1=\sqrt{r+s_2}+\lambda \tag{4-26}$$

式中，λ 为 1~10 之间的一个常数。

式（4-23）~式（4-26）的计算结果仅供参考，实际使用时还需对节点数目加以调整。确定了隐含层的节点数目，网络的拓扑结构也就设计完毕，接下来的工作是进行样本数据的预处理，即将训练样本数据通过变换处理，转化为［0，1］或［-1，1］区间内的值。其中，可用下式将样本数据变换为［0，1］区间内的值

$$x'=\frac{x-x_{\min}}{x_{\max}-x_{\min}} \tag{4-27}$$

式中，x 为变换前的样本数据；x' 为变换后的样本数据；$x_{\min}$ 为数据变化范围内的最小值；$x_{\max}$ 为数据变化范围内的最大值。

选择恰当的 BP 神经网络训练学习算法并确定了合理的学习参数后，即可对网络加以训练，训练合格的网络即可进行相关数据处理应用。

2. 冲天炉熔炼参数的 BP 神经网络建模思路

冲天炉熔炼参数是影响成分计算结果的重要因素，因此在成分计算过程中应考虑熔炼参数的效用。结合第 3 章提出的成分预测热力学模型公式，冲天炉熔炼参数的 BP 神经网络约束建模有如下两种思路：

（1）直接约束　以冲天炉熔炼参数为输入矢量，以组元的最终成分为输出矢量，直接映射熔炼参数对成分的非线性约束。

（2）间接约束　鉴于熔炼温度是影响熔炼质量的最重要因素，以冲天炉熔炼参数为输入矢量，以熔炼温度为输出矢量，建立熔炼参数对熔炼温度的映射模型，再通过热力学模型影响最终组元成分。

这两种思路各有优劣，直接约束能直接反映熔炼参数对成分的影响，从而避免热力学计算带来的误差；但由于熔炼体系组元种类众多，直接约束方法会导致 BP 神经网络的节点数

目大幅增多，不仅增加了网络的复杂性，降低了效率，还需要更多的训练样本，提高了建模成本。间接约束的建模简单易行，所需训练样本均是实际生产中经常检测的参数，成本低、效率高；但间接约束方法的效果取决于热力学模型的相关计算，约束效果与模型精度密切相关。鉴于已有的热力学模型计算公式，同时考虑到所采集的训练样本有限，因此采用间接约束的方法处理熔炼参数对组元成分的影响。

4.3.3 间接约束法的 BP 神经网络模型算例

1. BP 神经网络的结构设计

某公司 7t/h 两排大间距冲天炉熔炼过程的相关数据样本见表 4-1。样本输入变量为铁焦比和风量，输出变量为温度，下面将根据这些数据样本采用含一个隐含层的 BP 神经网络来映射输入、输出量之间的关系。

显然，该网络的输入矢量是铁焦比和风量，输出矢量为铁液温度，即输入层节点数 $r=2$，输出层节点数 $s_2=1$。通过上述相关经验公式可计算隐含层的节点数目 s_1，本例暂取 $s_1=10$。训练样本总数 $P=40$，样本数据的预处理依式进行，从而将表 4-1 的数据转换到［0，1］区间内。

表 4-1 某公司 7t/h 两排大间距冲天炉熔炼过程的相关数据样本

样本点 k	0	1	2	3	4	5	6	7	8	9
铁焦比	10.54	10.82	9.32	10.93	10.43	10.46	10.20	9.22	12.87	11
风量/(m^3/min)	90	109	121	115	128	126	131	103	123	115
铁液温度/℃	1650	1650	1650	1442	1440	1436	1200	1200	1520	1580
样本点 k	10	11	12	13	14	15	16	17	18	19
铁焦比	10.96	10.53	11.09	10.70	11.12	10.27	11.05	10.16	11	10.81
风量/(m^3/min)	107	117	120	121	116	108	121	112	122	120
铁液温度/℃	1500	1505	1565	1570	1464	1462	1354	1356	1420	1400
样本点 k	20	21	22	23	24	25	26	27	28	29
铁焦比	10.96	9.06	10.92	10.46	9.65	10.22	8.12	9.65	11.06	11.30
风量/(m^3/min)	118	126	111	115	125	118	124	101	98	99
铁液温度/℃	1300	1300	1300	1448	1452	1448	1450	1280	1280	1280
样本点 k	30	31	32	33	34	35	36	37	38	39
铁焦比	11.10	10.59	11.29	10	11.02	9.84	10.25	11.28	11.15	10.30
风量/(m^3/min)	108	125	112	123	127	116	117	118	112	125
铁液温度/℃	1474	1475	1472	1468	1464	1460	1454	1452	1448	1444

2. BP 神经网络建模的程序实现

以 MATLAB 为编程工具，利用 MATLAB 内部集成的神经网络工具箱实现上述模型。

以训练算法为 BP 梯度下降法为例，MATLAB 程序实现方法如下：

```
net=newff(minmax(p),[s1,s2],{'tansig','purelin'},'traingd');
                                        %初始化网络,采用 BP 梯度下降法
net.trainParam.epochs=nmax;             %定义最大迭代次数
```

```
net.trainParam.goal=ε;                  %定义训练精度
net.trainParam.lr=lr;                   %定义学习率
[net,tr]=train(net,p,t);                %网络的训练学习
```

对于带动量的梯度下降法，其主要程序如下：

```
net=newff(minmax(p),[s1,s2],{'tansig','purelin'},'traingdm');
                                        %初始化网络,采用BP带动量的梯度下降法
net.trainParam.mc=m;                    %定义动量项系数
[net,tr]=train(net,p,t);                %网络的训练学习
```

对于自适应学习率梯度下降法，其主要程序如下：

```
net=newff(minmax(p),[s1,s2],{'tansig','purelin'},'traingdma');
                                        %初始化网络,采用BP自适应学习率梯度下降法
net.trainParam.lr_inc=inc;              %定义学习率增长比
net.trainParam.lr_dec=dec;              %定义学习率下降比
[net,tr]=train(net,p,t);                %网络的训练学习
```

MATLAB 内集成的神经网络工具箱便会自行执行上述程序，显示计算过程并输出训练结果，BP 神经网络程序的流程图如图 4-2 所示。

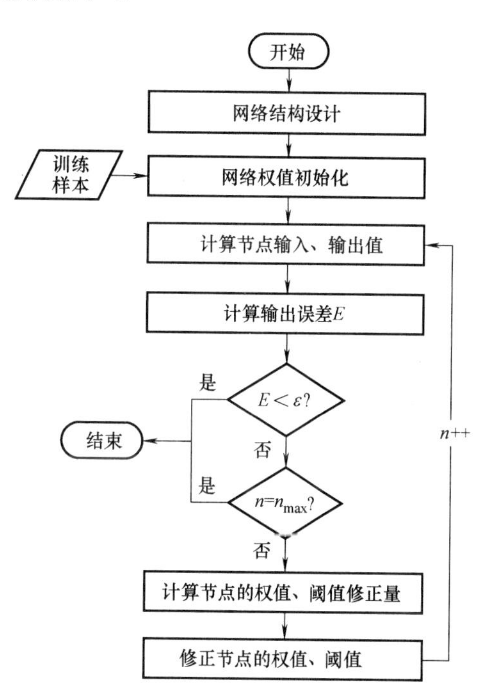

图 4-2　BP 神经网络程序的流程图

3. 程序结果分析

分别采用 BP 梯度下降法、带动量的梯度下降法和自适应学习率梯度下降法来训练上述网络，通过分析比较这三种训练方法的预测结果，可从中选择最优的训练方法，以达到提高预测精度和增强熔炼参数约束力的目的。三种训练方法对应的网络参数值见表 4-2。

当采用 BP 梯度下降法训练时，迭代 10000 次后的训练精度为 0.0189，未达到预设精度；迭代训练结束后，网络的最大预测误差为 186.6℃，平均预测误差为 41.2℃。图 4-3a 所示为采用 BP 梯度下降法训练时的训练精度变化图，图 4-3b 所示为铁液温度的预测曲线和目标曲线。

表 4-2　三种训练方法对应的网络参数值

训练方法	s_1	n_{max}	ε	lr	m	inc	dec
BP 梯度下降法	10	10000	0.01	0.19	—	—	—
带动量的梯度下降法					0.6	—	—
自适应学习率梯度下降法					—	1.04	0.7

当采用带动量的梯度下降法训练时，迭代 10000 次后未达到预设精度，第 2782 次迭代

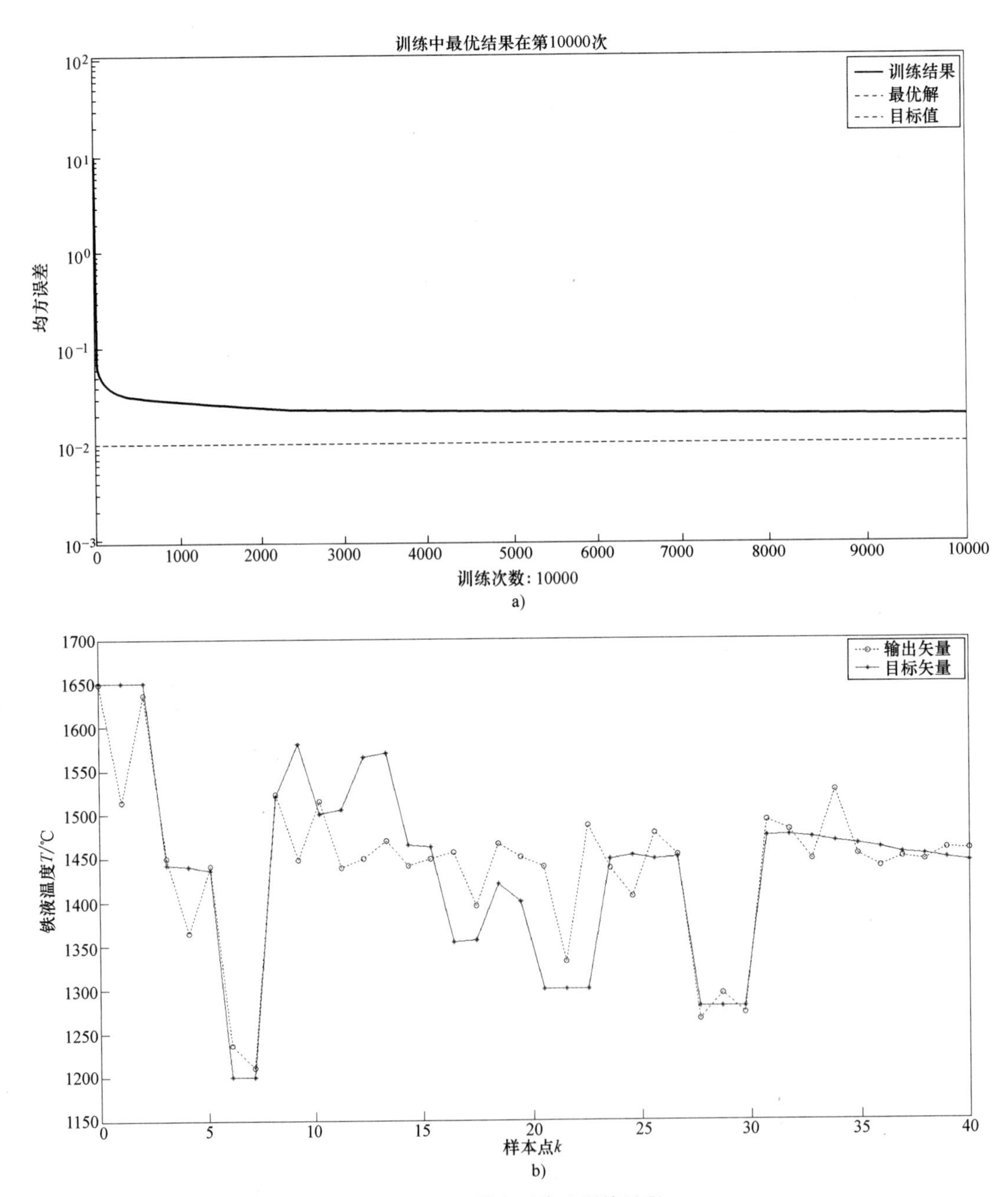

图 4-3 BP 梯度下降法训练过程

a）训练精度变化图 b）铁液温度的预测曲线和目标曲线

达到最大训练精度，为 0.0198；迭代次数达到 1500 次左右时，训练过程发生振荡，但由于动量项的存在，振荡幅度迅速下降，训练精度趋于平稳；迭代训练结束后，网络的最大预测误差为 174.2℃，平均预测误差为 44.8℃。图 4-4a 所示为采用带动量的梯度下降法训练时的训练精度变化图，图 4-4b 所示为铁液温度的预测曲线和目标曲线。

当采用自适应梯度下降法训练时，迭代 10000 次后的训练精度为 0.0174，未达到预设精度；由于学习率随梯度变化方向而变化，训练精度曲线较其他方法变化更为平稳；迭代训

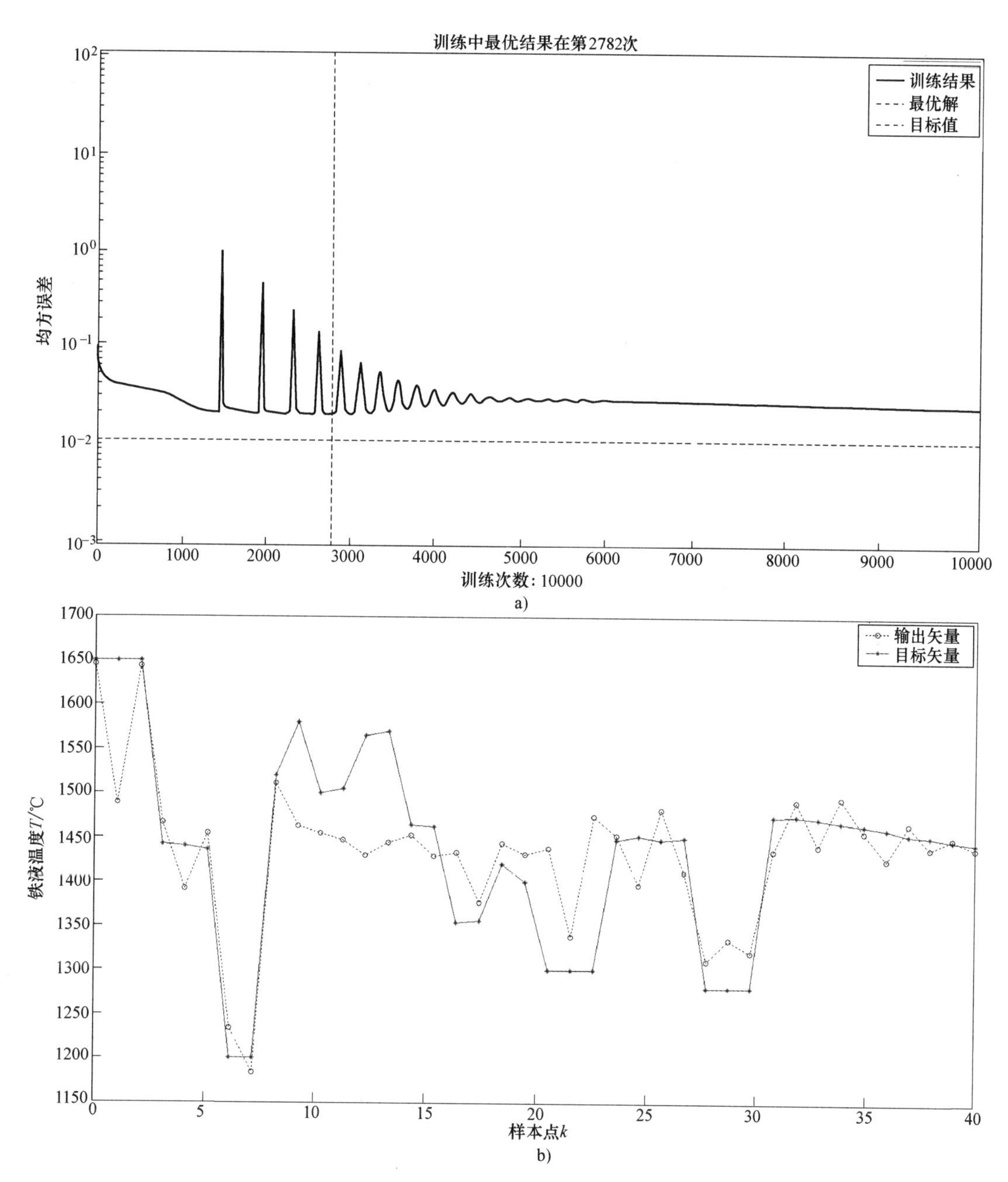

图 4-4 带动量的梯度下降法训练过程

a）训练精度变化图 b）铁液温度的预测曲线和目标曲线

练结束后，网络的最大预测误差为 166.1℃，平均预测误差为 35.1℃。图 4-5a 所示为采用自适应学习率梯度下降法训练时的训练精度变化图，图 4-5b 所示为铁液温度的预测曲线和目标曲线。

比较这三种训练方法可以得知，采用自适应学习率的梯度下降法具有更好的训练效果。上述三种方法均未达到预设精度的原因主要有如下两个方面：

（1）训练样本数目不足 相对于本网络的信息量和训练精度而言，提供的训练样本数

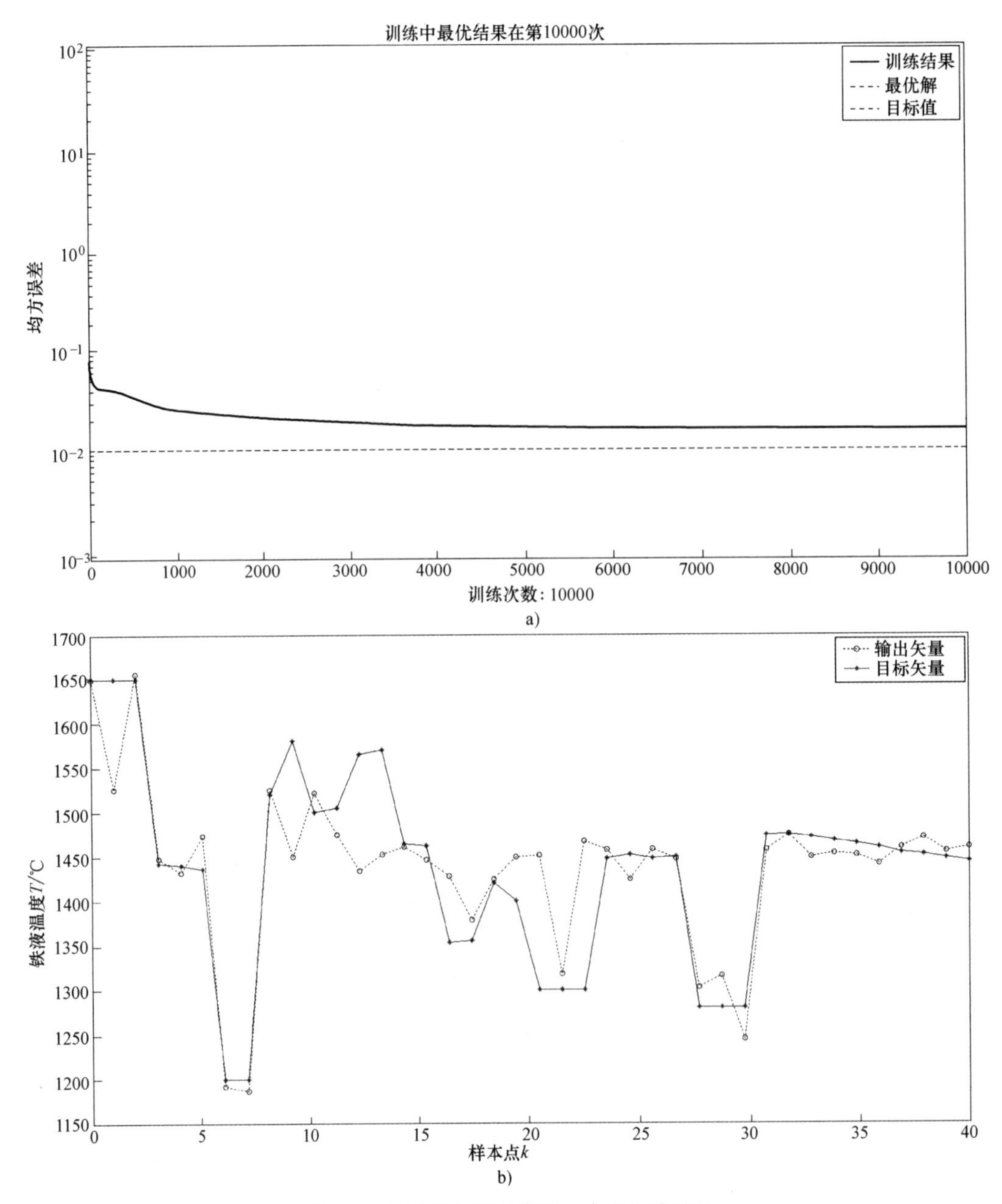

图 4-5　自适应学习率梯度下降法训练过程

a）训练精度变化图　b）铁液温度的预测曲线和目标曲线

目仍然不足，因此导致输出误差梯度在迭代一定次数后不再下降。

（2）存在数据坏点　由于冲天炉熔炼过程存在波动，检测出的数据不一定都能反映真实的熔炼情况，这给网络预测带来了很大干扰。

针对上述原因，去除数据坏点（表 4-1 中 $k=1$，6，9，12，13 的五组数据）后再用自适应学习率梯度下降法进行网络训练。在第 2114 次迭代后达到预设精度，最大预测误差为 108.2℃，平均输出误差为 31.8℃。训练精度变化图和最终输出矢量图如图 4-6 所示。

因此，通过选择合适的网络训练算法，采用合理的网络训练参数，同时增大训练样本的

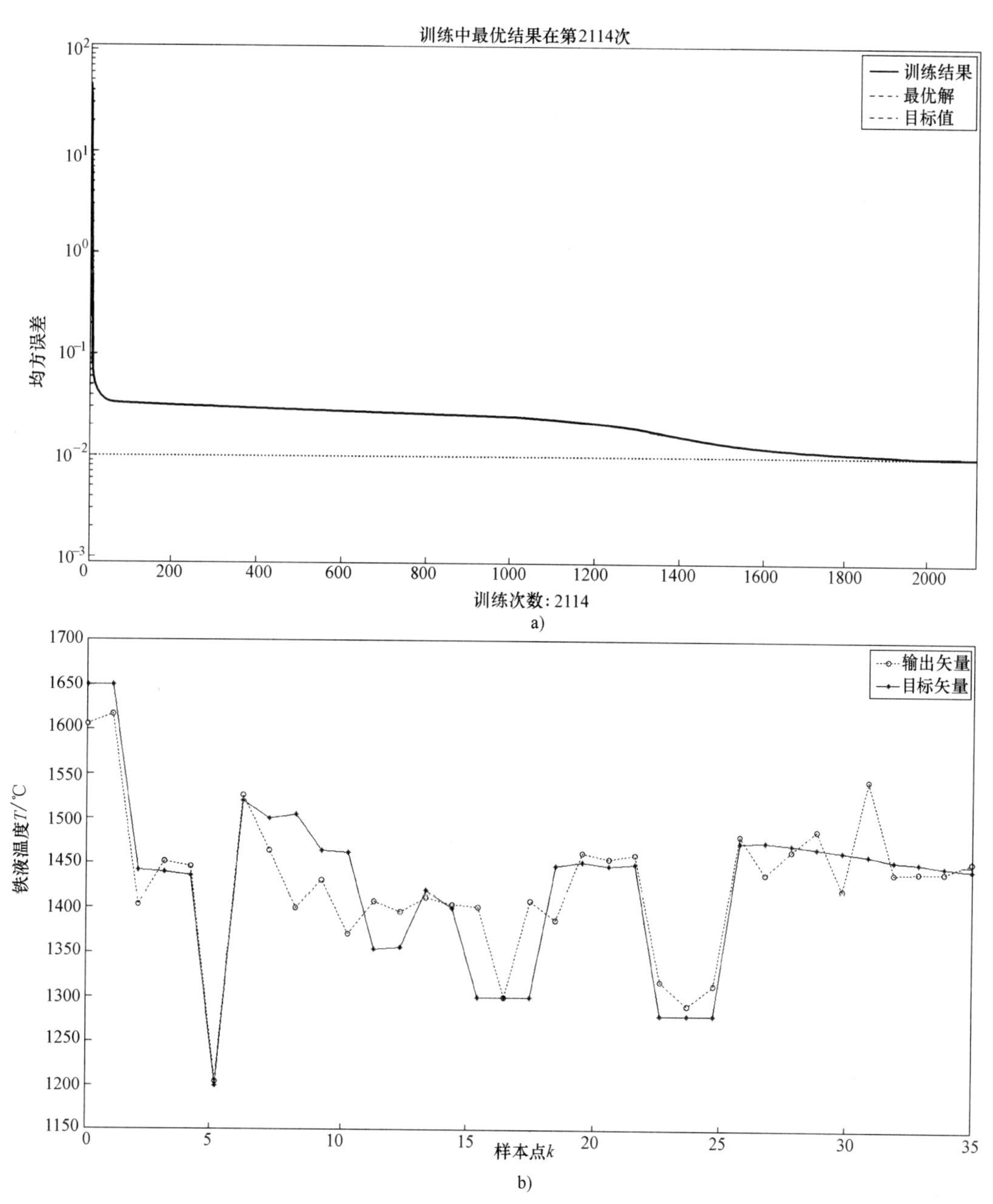

图 4-6 去除数据坏点后的自适应学习率梯度下降法训练过程

a）训练精度变化图 b）铁液温度的预测曲线和目标曲线

数目并去除数据坏点，可以使 BP 神经网络达到更高的预测精度。BP 神经网络可用来映射冲天炉熔炼参数与铁液温度之间的非线性关系。

第5章

冲天炉熔炼成分预测系统开发

本章将介绍遗传算法的基本原理，根据冲天炉熔炼体系成分计算的特点，对标准遗传算法进行相关改进，并利用 MATLAB 实现了该系统；然后设计两个铸铁熔炼的成分预测算例，算例结果表明该系统能够反映冲天炉熔炼过程的成分变化趋势，但预测精度不足；最后分析偏差的产生原因。

5.1 热力学模型的优化求解方法

5.1.1 求解算法的选择

铸铁冲天炉熔炼过程成分预测的热力学模型是一个以求解体系总吉布斯自由能最小为目标函数的非线性全局最优化问题。这类问题的求解算法很多，主要分为直接法和概率法两类：直接法有 RAND 法、NASA 法、梯度法和规划法等；概率法有遗传算法和蒙特卡罗算法等。

通常情况下，直接法的求解过程简便易行、程序简单、计算量少，但通常对初值的依赖性较大，目标函数有诸如连续性、存在导数等条件限制，对复杂体系难以收敛，且由于其求解区域和搜索算法的限制，很难获得全局最优解。

概率法则具有很好的全局作用，同时具有较好的收敛性和精度。遗传算法是概率法中的一种优秀算法，它基于“优胜劣汰”的自然进化理论，逐步逼近最优解，同时其求解维数大，非常适用于复杂问题的求解。因此，本文采用遗传算法作为最小自由能模型的求解算法。

5.1.2 遗传算法简介

1. 遗传算法的特点

遗传算法是由美国密歇根大学 Holland 教授在 20 世纪 60 年代末提出的，他不仅设计了遗传算法的模拟和操作流程，还运用统计决策理论对遗传算法的搜索机理进行了理论分析，为遗传算法的发展奠定了基础；Brindle 对遗传算法选择策略方面开展研究；Goldberg 第一次将遗传算法应用于工程实际，使得遗传算法逐渐被人们接受和运用。现如今，遗传算法在理论、设计上均有着长足的发展，也已成为计算机科学、信息科学和应用数学等诸多学科所关注的热点领域。相较其他求解算法而言，遗传算法在如下方面具有明显优势：

（1）并行性　遗传算法突破传统算法的单点搜索模式，其操作对象是一组解，且具有多条搜索轨道，具有良好的并行性。

（2）全局性　遗传算法同时对搜索空间内的多个解进行评估，且采用概率变迁规则引导搜索过程朝搜索空间内更优化的解区域移动，因此具有良好的全局性。

（3）通用性　遗传算法操作对象的形式广泛，如集合、序列、矩阵和图表等，且只利用目标函数的取值信息，特别适用于大规模、高度非线性的不连续多峰函数的优化以及无解析表达式的目标函数的优化，即通用性强。

（4）鲁棒性　遗传算法通过适应度函数来评估个体，具有极强的容错能力，且交叉、变异等遗传操作和择优机制均属于概率操作，使得遗传算法的运行过程十分稳健。

（5）简易性　遗传算法的使用基本不用搜索空间的知识或其他辅助信息，对使用者数学水平要求不高，且遗传算法具有通用的标准程序框架，可操作性强、使用方便。

正是由于遗传算法的这些特性，使其在社会科学、工程应用等领域有着广泛的应用。

2. 遗传算法的原理

利用遗传算法求解实际问题时，通常转换为数学最优化问题

$$\begin{cases}\max g(\boldsymbol{X}) \\ \text{s.t. } \boldsymbol{X}\in R, R\in U\end{cases} \tag{5-1}$$

式中，$\boldsymbol{X}=[x_1, x_2, \cdots, x_n]^{\mathrm{T}}$ 为决策变量；$g(\boldsymbol{X})$ 为目标函数；s. t. 为约束条件；R 为满足所有约束条件的解空间；U 为求解基本空间。

遗传算法中，决策变量 $\boldsymbol{X}=[x_1, x_2, \cdots, x_n]^{\mathrm{T}}$ 用由 n 个记号 X_i（$i=1, 2, \cdots, n$）所组成的符号串 $\boldsymbol{X}$ 来表示

$$\boldsymbol{X}=X_1X_2\cdots X_n \Rightarrow \boldsymbol{X}=[x_1, x_2, \cdots, x_n]^{\mathrm{T}} \tag{5-2}$$

若将每一个 X_i 看成一个遗传基因，则 $\boldsymbol{X}$ 可看成由 n 个遗传基因所组成的一个染色体（个体）；每个染色体（个体）按照一定规则确定其适应度函数 $f(\boldsymbol{X})$，适应度应与对应的目标函数 $g(\boldsymbol{X})$ 值相关联，$\boldsymbol{X}$ 越接近目标函数的最优解，其适应度越大，反之则越小。

对于求目标函数 $g(\boldsymbol{X})$ 最大值的问题，适应度函数可用下式进行转换：

$$f(\boldsymbol{X})=\begin{cases}g(\boldsymbol{X})+C_{\min} & g(\boldsymbol{X})+C_{\min}>0 \\ 0 & g(\boldsymbol{X})+C_{\min}\leqslant 0\end{cases} \tag{5-3}$$

式中，$C_{\min}$ 为一个合适的相对小的数。

对于求 $g(\boldsymbol{X})$ 最小值的问题，可做下述转换：

$$f(\boldsymbol{X})=\begin{cases}C_{\max}-g(\boldsymbol{X}) & g(\boldsymbol{X})<C_{\max} \\ 0 & g(\boldsymbol{X})\geqslant C_{\max}\end{cases} \tag{5-4}$$

式中，$C_{\max}$ 为一个合适的相对大的数。

遗传算法的运算对象就是一组上述个体的集合，又称为种群。遗传算法的运算过程是一个反复迭代的求解过程，这同自然进化过程类似；遗传算法的最优解搜索过程采用交叉、变异等遗传因子，与生物进化过程中染色体之间的交叉和基因突变过程相对应。通常，第 t 代种群 P（t）经下述遗传操作后，可得到新一代种群 $P(t+1)$。

（1）选择算子　根据个体的适应度，按照一定的规则方法（遗传概率 p_r），从第 t 代群体 P（t）中选择出一些优良的个体直接遗传到下一代群体 P（t+1）中，常用选择方法有赌盘选择法、确定性选择法、有退还和无退还随机选择法以及有退还和无退还剩余随机选择法等。

（2）交叉算子　将种群内的每个个体随机搭配成对，对每一对个体，以某个概率（交叉概率 p_c）交换它们之间的部分基因，常用的交叉方法有单点交叉、多点交叉、均匀交叉

和算术交叉等。

(3) 变异算子　对种群内的每个个体，以某一概率（变异概率 p_m）来改变其某一个或几个基因值，从而形成新的个体，常用的变异方法有基本位变异、均匀变异、边界变异和非均匀变异等。

遗传算法主要由初始种群产生方法、适应度函数计算、遗传操作和终止条件这几部分组成。其中，初始种群的规模、遗传操作的概率等参数均需经过探索比较后才能确定最佳比例，这些参数的设计是利用遗传算法进行优化问题求解的关键。

5.1.3　遗传算法求解方法

采用遗传算法求解冲天炉熔炼过程成分预测模型时，以体系总吉布斯自由能最小为目标函数，体系中所有 22 种组元的物质的量为决策变量，即寻求满足质量约束、物质非负和熔炼参数约束条件下的所有组元成分组成，使得体系总吉布斯自由能值达到最小。

针对含 P 个相、C 种组分、M 种元素的冲天炉熔炼体系，对应遗传算法的主要实施内容可表述如下。

1. 个体生成方面

应用遗传算法求解冲天炉熔炼体系成分预测模型时，每个个体都由 C 个基因组成，每个基因值对应冲天炉熔炼体系中一种组元的物质的量。针对冲天炉熔炼体系的特点，遗传个体的生成可采取下列改进措施：

(1) 浮点数编码　鉴于每种组元的物质的量取值范围为正实数，可直接利用浮点数编码技术，采用真实值作为基因值，消除其他编码技术的映射误差，这样既方便求解又能保证精度；

(2) 动态边界可行域　由于冲天炉熔炼体系存在质量守恒约束，即含同一种元素 i 的所有组元的物质的量之和为一定值 N_i；当生成第一种组元的基因值 n_1 时，其取值范围为 $[0, N_i]$，则生成第二种组元的基因值 n_2 的取值范围为 $[0, N_i-n_1]$，生成第三种组元的基因值 n_3 的取值范围为 $[0, N_i-(n_1+n_2)]$，即含同种元素的组元系列，其取值范围随先前确定组元的基因值而变动。

2. 适应度函数方面

求解冲天炉熔炼体系的成分问题即求解体系总吉布斯自由能值最小的优化问题，则求解的目标函数 $g(\boldsymbol{X})$ 可表示为

$$g(\boldsymbol{X}) = \sum_{i=1}^{C} X_i \mu_i \tag{5-5}$$

在利用式（5-5）进行目标函数与适应度函数的转换之前，针对熔炼过程的质量约束，可利用罚函数的方法对其进行处理。

冲天炉熔炼过程的质量约束方程如式（5-6）所示，罚函数项一般取个体 $\boldsymbol{X}$ 到可行域距离的函数，即可用下式构造个体 $\boldsymbol{X}$ 在第 e 个约束的违反度 $h_e(\boldsymbol{X})$：

$$h_e(\boldsymbol{X}) = \left| b_e - \sum_{i=1}^{C} A_{ie} X_i \right|, e = 1,2,\cdots,M \tag{5-6}$$

则个体 $\boldsymbol{X}$ 到可行域的距离，即罚函数项 $p(\boldsymbol{X})$ 可表示为

$$p(\boldsymbol{X}) = \sum_{e=1}^{M} h_e(\boldsymbol{X}) \tag{5-7}$$

为了保证罚函数区分可行解与不可行解的效果，可对目标函数和罚函数进行线性拉伸，使得目标函数和罚函数的值不至于差别太大。拉伸后的目标函数和罚函数可表示为

$$F(\boldsymbol{X})=\frac{f_{\max}-f(\boldsymbol{X})}{f_{\max}-f_{\min}} \tag{5-8}$$

$$P(\boldsymbol{X})=\frac{p_{\max}-p(\boldsymbol{X})}{p_{\max}} \tag{5-9}$$

最终的求解目标函数模型 $g(\boldsymbol{X})$ 由拉伸后的目标函数和罚函数组成，并引入罚因子 r（$r>0$）来体现惩罚力度的大小，具体表述如下：

$$g(\boldsymbol{X})=F(\boldsymbol{X})+r\cdot P(\boldsymbol{X}) \tag{5-10}$$

再利用式（5-4）进行适应度函数转换后即可获得个体的适应度函数。

3. 最优保存和确定式采样选择算子

最优保存是指当前种群中适应度最高的个体不参与交叉、变异运算，而是直接复制到下一代种群中，以保证进化过程出现的优秀个体得以继续生存，从而提高收敛速度。

确定式采样选择算子时，对于个体规模为 N 的种群，首先计算每个个体的生存概率 p_i

$$p_i = \frac{f_i}{\sum_{i=1}^{N} f_i} \tag{5-11}$$

则每个个体的期望生存数目 $N_i=Np_i$；以 N_i 的整数部分 $[N_i]$ 确定对应个体在下一代种群中的生存数目，共可确定 $\sum[N_i]$ 个；然后依据 N_i 的小数部分对初始种群进行降序排列，顺序提取前（$N-1-\sum[N_i]$）个个体加入下一代种群。

4. 自适应概率的多点均匀交叉算子

自适应概率是指根据种群的进化状态自行调整个体的交叉概率的方法。当种群个体适应度趋于一致时，增大概率；当种群个体适应度差异较大时，减小概率；从而达到提高计算性能，增强多峰函数优化能力的目的。自适应交叉概率的公式为

$$p_c=\begin{cases} k_1\dfrac{f_{\max}-f'}{f_{\max}-\bar{f}} & f'\geqslant\bar{f} \\ k_2 & f'<\bar{f} \end{cases} \tag{5-12}$$

式中，f'为两交叉个体中适应度较大的值；$f_{\max}$ 为当前种群的最大适应度；$\bar{f}$ 为当前种群的平均适应度；k_1、k_2 为相关系数。

均匀交叉是指对每个位置的基因以相同的概率进行交叉操作。针对交叉个体对，本书采用等概率随机生产交叉点的数目和位置。

5. 自适应概率的多点均匀变异算子

同理，自适应交叉概率的计算公式可表述如下：

$$p_m=\begin{cases} k_3\dfrac{f_{\max}-f}{f_{\max}-\bar{f}} & f\geqslant\bar{f} \\ k_4 & f<\bar{f} \end{cases} \tag{5-13}$$

式中，f 为当前变异个体的适应度；f_{max} 为当前种群的最大适应度；$\bar{f}$ 为当前种群的平均适应度；k_3、k_4 为相关系数。

通常，自适应概率的系数取值为 $k_1=k_3=1.0$，$k_2=k_4=0.5$。

针对进行变异操作的个体，同样采用等概率生成的变异基因点数目和位置。

采用上述改进措施后，遗传算法的控制参数较标准程序框架有所减少，主要的控制参数有种群规模 N、最大进化代数 T_0、罚函数因子 r 和常数 C_{max} 等。

5.2 冲天炉成分预测系统的实现

5.2.1 成分预测系统内容

1. 成分预测系统流程图

在冲天炉熔炼体系成分预测模型中，采用遗传算法对成分预测模型进行求解，其中质量约束由可行域编码技术以及罚函数项来体现，熔炼参数约束由第 4 章的 BP 神经网络模型来体现，则成分预测系统可按图 5-1 所示的流程进行实现。

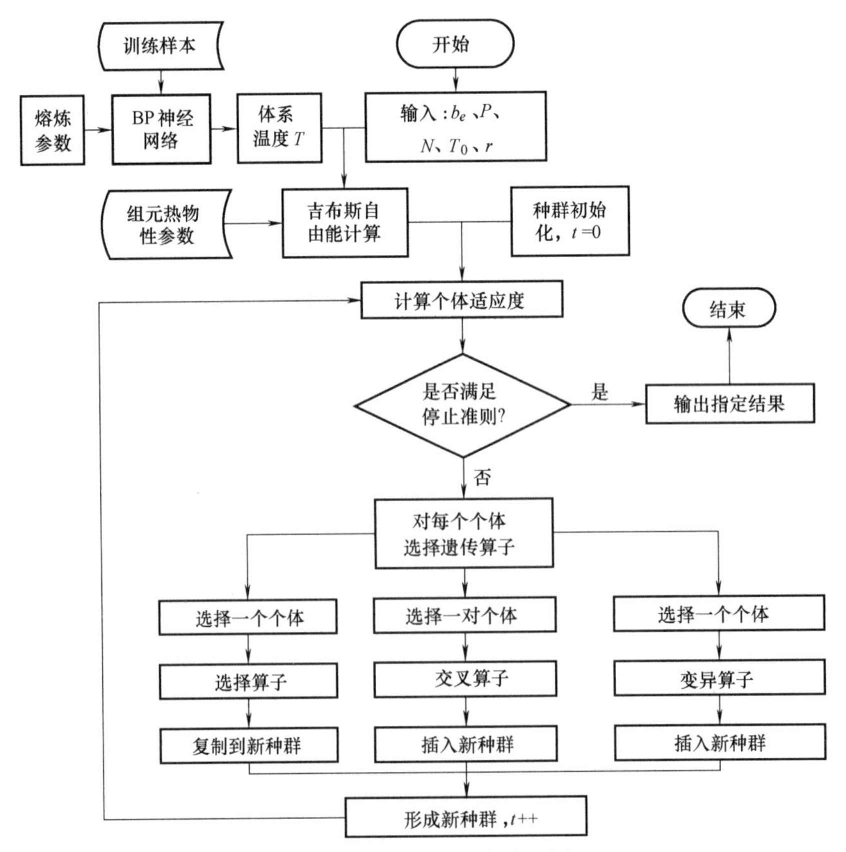

图 5-1　成分预测系统流程图

2. 编程工具的选择

鉴于冲天炉熔炼体系的成分计算涉及大量复杂的矩阵运算、BP 神经网络以及遗传算法，而 MATLAB 不仅在矩阵运算、绘制函数等方面具有优势，还内部集成了神经网络和遗传算法的大量函数，并能提供连接其他编程软件的接口。因此，本书选用 MATLAB 作为成分预测系统的实现工具。

5.2.2　成分预测系统的系统实现

冲天炉熔炼过程成分与温度预测系统由以下几个模块组成：工艺参数输入、数据接口、仿真计算、数据样本输入、结果处理，其组成与结构如图 5-2 所示。

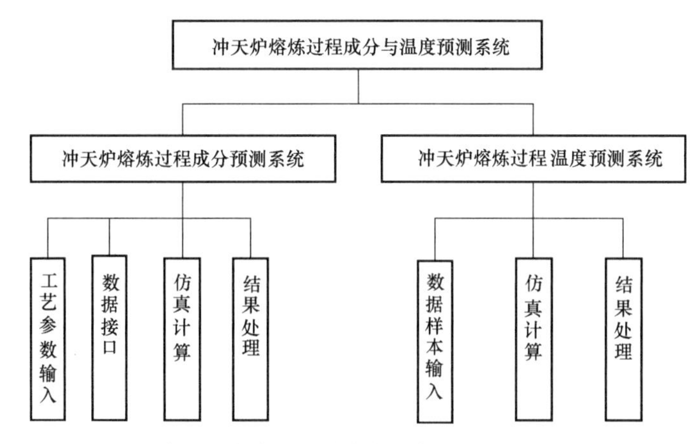

图 5-2　冲天炉熔炼过程成分与温度预测系统组成与结构

冲天炉成分与温度预测系统的主界面如图 5-3 所示。

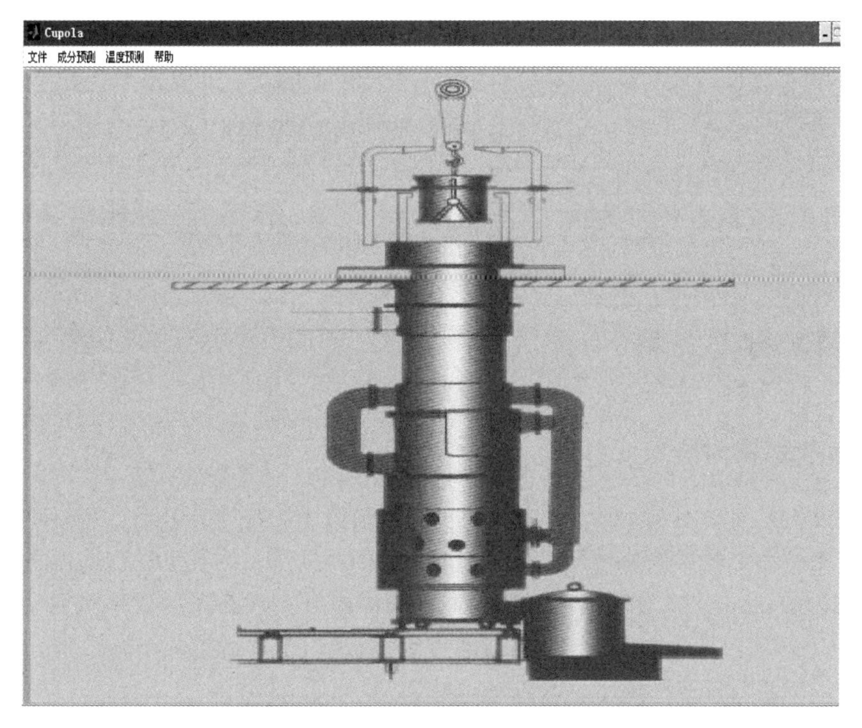

图 5-3　冲天炉成分与温度预测系统的主界面

各个模块的功能如下：

（1）工艺输入参数　输入、修改系统有关操作参数及必要的过程数据，如冲天炉焦炭含量、溶剂量和风量等。

（2）数据接口　由工艺参数、材料物性参数、平衡相组分、热力学数据和计算结果等数据组成。

（3）仿真计算　根据提供的数据进行计算。

（4）数据样本输入　输入温度预测所需的铁焦比、送风量到铁液温度映射的关系数据。

（5）结果处理　根据成分和温度预测的结果做一些后续的处理。

冲天炉成分与温度预测系统主程序流程图如图 5-4 所示。

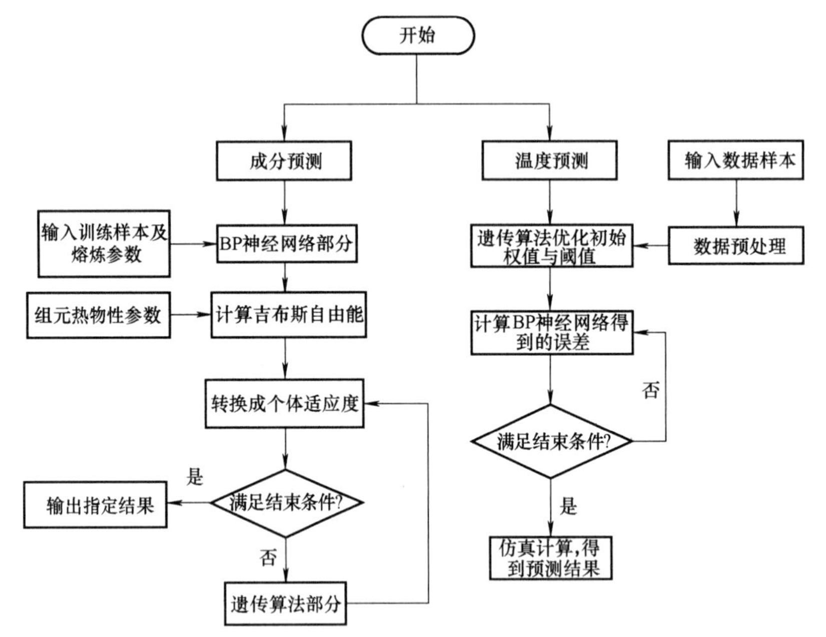

图 5-4　冲天炉成分与温度预测系统主程序流程图

5.3　数值算例与分析

5.3.1　数值算例内容

为了避免炉衬和修炉数据匮乏带来的误差，可选用无炉衬冲天炉进行算例分析。本节将以 SRL-5 型水冷无炉衬长炉龄冲天炉熔炼灰铸铁为例，采用上述程序进行成分预测计算。

SRL-5 型水冷无炉衬长炉龄冲天炉的技术参数值如下：额定熔化率为 5t/h，额定供风量为 $65m^3/min$，额定风压为 20kPa，有效高度为 5800mm，冷却水量为 $100m^3/h$，铁焦比范围为 1/9～1/7，层溶剂量占层焦质量的 30%。

炉料中的层焦选用 ZJ-2 型焦炭，溶剂为 ZS-1 级石灰石，鼓风选用干燥压缩空气，通过查阅相关资料，计算得出它们的主要组成元素的质量分数，见表 5-1。

表 5-1　焦炭、石灰石、空气的主要组成元素的质量分数　　(%)

元素种类	C	S	O	H	N	Ca	Si
焦炭	85.2	0.8	3.556	0.444	—	—	—
石灰石	6.24	—	26.79	—	—	20.822	0.748
空气	0.013	—	23.133	—	75.06	—	—

为了更好地显示设计出的成分预测系统的计算性能，此处将采用 HT150 和 HT300 两个数值算例来说明程序的预测精度与趋势。

（1）熔炼 HT150 算例　HT150 的元素组成及预设烧损率见表 5-2。

表 5-2　HT150 的元素组成及预设烧损率

元素种类	C	Si	Mn	S	P	Fe
质量分数(%)	3.2~3.5	1.9~2.3	0.5~0.8	<0.12	<0.2	其余
预设烧损率(%)	-5	14	22	-30	0	—

同时，根据 HT150 的目标元素成分范围和预设烧损率，可设计 HT150 配料单见表 5-3。其中，熔化率、层溶剂量和鼓风量均为额定数值，铁焦比为 1/8，结合配料单即可计算出每熔炼 1t 铁液所需各物质的总质量，见表 5-4。

表 5-3　HT150 配料单　　(%)

炉料名称	炉料成分					配料比例	配料计算成分				
	C	Si	Mn	P	S		C	Si	Mn	P	S
杭钢生铁	4.205	2.055	0.968	0.069	0.034	25	1.051	0.514	0.242	0.017	0.009
信阳生铁	4.1225	1.858	0.380	0.090	0.077	32.5	1.340	0.604	0.124	0.029	0.025
回炉铁 1	3.13	1.68	1.09	0.086	0.072	12.5	0.391	0.21	0.136	0.011	0.009
回炉铁 2	3.42	1.94	0.67	0.091	0.080	12.5	0.428	0.243	0.084	0.011	0.010
废钢	0.4	0.23	0.71	0.04	0.04	12.5	0.05	0.029	0.089	0.005	0.005
刨花团块	0.4	0.23	0.71	0.04	0.04	5	0.02	0.0115	0.036	0.002	0.002
75%硅铁	—	75	—	—	—	0.8	—	0.6	—	—	—
65%锰铁	—	—	65	—	—	0.5	—	—	0.325	—	—
炉内增减率：C 为 5%，Si 为 -14%，Mn 为 -22%，P 不变，S 为 30%。成分含量和配料比皆指质量分数						合计	3.28	2.212	1.036	0.075	0.060
						炉内增减	0.16	-0.310	-0.228	0	0.018
						原铁液	3.44	1.902	0.81	0.075	0.078

表 5-4　HT150 吨铁液的耗料表

材料名称	炉料	焦炭	石灰石	干燥空气
质量/kg	1013	126.63	37.99	940

根据上述各物质组成元素的质量分数和各元素的摩尔质量，即可计算出生产 1t 铁液的冲天炉熔炼体系中各元素的物质的量 b_e，见表 5-5。

表 5-5　HT150 吨铁液冲天炉熔炼体系中的元素组成

元素种类	Fe	C	Si	Mn	S
质量/kg	945.5037	142.4884	22.6886	10.4974	1.6078
物质的量/mol	16930.8568	11863.1588	807.8403	191.0281	50.1403
元素种类	P	O	H	N	Ca
质量/kg	0.7598	231.918	0.056	705.489	7.8083
物质的量/mol	24.5303	14494.875	55.5556	50366.888	194.82

（2）熔炼 HT300 算例　HT300 的元素组成及预设烧损率见表 5-6。

表 5-6　HT300 的元素组成及预设烧损率

元素种类	C	Si	Mn	S	P	Fe
质量分数(%)	2.9~3.2	1.2~1.5	0.9~1.1	<0.12	<0.15	其余
预设烧损率(%)	-20	15	20	-60	0	—

同时，根据 HT300 的目标元素成分范围和预设烧损率，可设计 HT300 配料单见表 5-7。

表 5-7　HT300 配料单　（%）

炉料名称	炉料成分					配料比例	配料计算成分				
	C	Si	Mn	P	S		C	Si	Mn	P	S
本溪生铁 Z20	4.0	2.0	0.7	0.05	0.04	25	1.0	0.5	0.175	0.0125	0.01
回炉料	3.0	1.6	1.0	0.04	0.07	50	1.5	0.8	0.5	0.02	0.035
废钢	0.3	0.3	0.5	0.03	0.02	25	0.075	0.075	0.125	0.0075	0.005
45%硅铁	—	45	—	—	—	0.813	—	0.366	—	—	—
65%锰铁	—	—	65	—	—	0.66	—	—	0.429	—	—
炉内增减率：C 为 20%，Si 为-15%，Mn 为-20%，P 不变，S 为 60%。成分含量和配料比皆指质量分数						合计	2.575	1.741	1.229	0.04	0.05
						炉内增减	0.515	-0.261	-0.246	0	0.03
						原铁液	3.09	1.48	0.983	0.04	0.08

其中，各熔炼参数的取值同 HT150 算例一致，则结合 HT300 配料单即可计算出每熔炼 1t 铁液所需各物质的总质量，见表 5-8。

表 5-8　HT300 吨铁液的耗料表

材料名称	炉料	焦炭	石灰石	干燥空气
质量/kg	1014.7	126.8	38.1	940

根据上述各物质组成元素的质量分数和各元素的摩尔质量，即可计算出生产 1t 铁液的冲天炉熔炼体系中各元素的物质的量 b_e，见表 5-9。

5.3.2　数值算例结果与分析

1. 算例计算流程

利用本节构建的冲天炉熔炼过程成分预测系统进行实例计算时，应按照下述步骤进行：

表 5-9　HT300 吨铁液熔炼体系的元素组成

元素种类	Fe	C	Si	Mn	S
质量/kg	957.135	141.8466	15.303	9.975	1.8262
物质的量/mol	17139.135	11809.724	544.872	181.568	56.951
元素种类	P	O	H	N	Ca
质量/kg	0.4059	232.203	0.563	705.489	7.933
物质的量/mol	13.105	14512.688	588.532	50366.888	197.939

（1）关联系统数据库　主要包括 BP 神经网络训练样本数据库以及熔炼体系各组元的热物性参数数据库。

（2）成分预测系统的数据输入　主要包括神经网络的输入熔炼参数和遗传算法的输入控制计算参数。

（3）输出结果　包括熔炼体系铁液相各元素组成及其烧损率。

本次算例的程序输入参数为：铁焦比 $R=8$，入炉风量 $V=65\text{m}^3/\text{min}$，种群规模 $N=200$，最大进化次数 $T=1000$，罚函数因子 $r=1$，常数 $C_{max}=2$。

2. 算例计算结果

图 5-5 所示为上述两算例中的种群个体适应度分布方差 D 同进化代数 t 的关系曲线图。HT150 算例中的最佳个体出现的种群代数 $t=857$，最优个体的适应度值 $f_{max}=1.9876$；HT300 算例中的最佳个体出现的种群代数 $t=914$，最优个体的适应度值 $f_{max}=1.9299$。

由图 5-5 可以看出，随着进化代数的增加，种群的个体适应度分布方差趋于一个稳定值，其中，HT150 算例在达到 350 次之后趋于稳定，而 HT300 算例约在 450 次之后趋于稳定；由于两算例的计算参数一致，两算例的适应度方差均稳定在 0.3 左右。

HT150 和 HT300 算例的烧损率计算值见表 5-10；两个数值算例的预测结果及其与各自目标值的偏差度见表 5-11。

表 5-10　HT150 和 HT300 算例的烧损率计算值

元素种类	C	Si	Mn	S	P
HT150 算例烧损率(%)	-64.57	-10.54	-9.29	-123.76	11.82
HT300 算例烧损率(%)	-90.14	-8.45	-10.02	-174.16	11.33

表 5-11　两个数值算例的预测结果及其与各自目标值的偏差度

化学成分	Fe	C	Si	Mn	S	P	算例种类
目标值(%)	93.695	3.44	1.902	0.81	0.078	0.075	HT150 算例
预测值(%)	90.696	5.468	2.477	1.147	0.136	0.067	
偏差度(%)	-3.2	+58.95	+30.23	+41.6	+74.36	-10.67	
目标值(%)	94.327	3.09	1.48	0.983	0.08	0.04	HT300 算例
预测值(%)	91.568	4.968	1.916	1.372	0.139	0.036	
偏差度(%)	-2.92	+60.78	+29.46	+39.57	+73.75	-10	

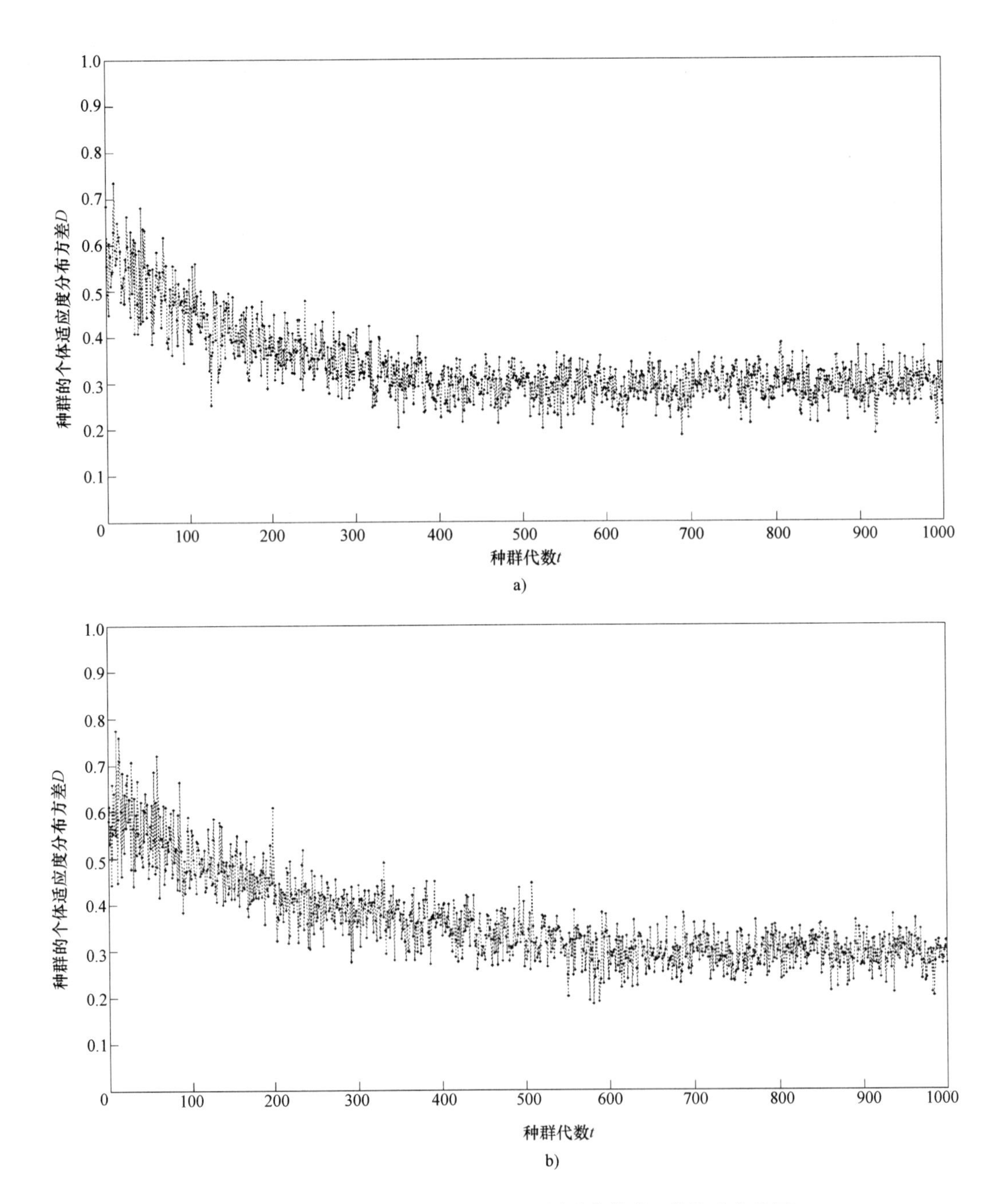

图 5-5　种群个体适应度分布方差 D 同进化代数 t 的关系曲线图

a）HT150 算例　b）HT300 算例

由上述两个数值算例的结果可以看出，成分预测系统对铁液各元素成分及烧损率的预测均存在偏差，其中 C、Si、Mn 和 S 元素的预测偏差较大；但两算例的数值偏差方向一致，符合目标合金的元素变化方向。这说明本系统的成分预测模型能够反映灰铸铁材料在冲天炉熔炼过程中的成分变化趋势。

5.3.3　预测精度分析与下一步工作方案

1. 偏差原因分析

由上述两个数值算例的结果可以看出，成分预测系统对铁液中各元素的预测存在较大误差，导致出现偏差的原因主要有：

（1）模型偏差　成分预测模型是在假设体系达到热力学平衡的基础上建立的，而在实际熔炼条件下，体系很难完全达到平衡态。

（2）熔炼参数误差　由于未进行实际熔炼实验，缺乏训练样本，无法对熔炼参数进行约束操作；本节算例中的熔炼参数均采用 SRL-5 型冲天炉的额定数值，这肯定与实际熔炼情况不一致。

（3）数据偏差　程序的计算过程需要用到熔炼体系中各组元的热物性参数，本节所用到的热物性参数均来自其他文献，部分组元可能与实际情况存在差异，这将导致预测结果的偏差。

（4）活度偏差　由于熔炼体系偏离标准态，各组元的热物性计算均需用到活度，而通用的活度计算方法所适用的对象是成分已知的相；本节采取的方法是利用目标成分进行活度计算，这给预测结果带来了一定误差。

（5）算例偏差　熔炼算例的铁液目标成分及烧损率均是通过炉料配比计算得到的，并非是熔炼实例的数据，将程序的预测结果与之比较缺乏科学性，可能会存在一定偏差。

2. 下一步工作方案

数值算例的结果表明成分预测系统的计算精度不足，若想将本程序推广到实际应用场合，则需进一步提高成分预测系统的精度，要针对上述导致预测偏差的因素展开进一步研究，主要方法有：

（1）实际熔炼数据的获取　本文的结论是通过将预测值同配料计算值进行对比得到的，而不是与实际熔炼值的对比；因此，进行实际熔炼实验，获取实际熔炼数据并将其与预测值进行对比是准确获取程序预测偏差的关键一步。

（2）熔炼参数的约束处理　网络训练样本的数目限制是导致上述数值算例精度不足的原因之一，因此在进行实际熔炼实验的同时，应采集大量的熔炼参数训练样本数据，从而通过 BP 神经网络对熔炼参数进行准确的约束处理。

（3）组元活度的计算更新　本文组元活度的计算数据来源于目标铁液成分，这对实际值会产生较大影响，因此在计算结束后应根据铁液成分值进行活度更新计算，直到活度误差达到控制范围为止。

第 6 章

感应电炉熔炼数学建模

本章主要介绍以下三方面的内容：第一，描述三维螺旋电磁场下感应电炉熔炼和金属凝固的物理过程，针对需要研究的问题，简化物理模型，构建三维数值求解模型，并对求解问题提出一定合理的假设条件；第二，以麦克斯韦方程组为基础，分析感应电炉熔炼和金属凝固过程所涉及的三维螺旋电磁场数学模型，引入复变量方法，将求解区域划分为涡流区和非涡流区，构建求解控制方程，并对边界条件进行讨论；第三，基于连续介质模型，分析三维螺旋电磁场条件下金属熔化和凝固过程传热、流动与传质耦合数学模型，并对边界条件进行讨论。

6.1 感应电炉熔炼物理模型与基本假设

6.1.1 物理模型

铸造感应电炉熔炼过程，是将金属炉料抛入感应电炉内，在通入交流电源后，将电能转化为热能，将金属炉料熔化。感应电炉熔炼所包含的基本原理为电磁感应原理和电流的热效应原理，利用电磁感应在固相金属炉料中产生涡电流，并将其转换为焦耳热使金属炉料发热并熔化。完整的感应电炉结构由熔体、陶瓷坩埚、OCP 传感器、感应电流线圈、冷却线圈等组成，如图 6-1 所示。

坩埚外侧的螺旋形水冷线圈接入交变电流，由于存在电磁感应现象，感应线圈周围将产生交变的磁场；该磁场的磁力线将部分穿透坩埚内的金属炉料，因为交变磁场的磁通量变化产生感应电动势，金属炉料内部将会产生感生电流；感生电流在存在一定电阻的固态金属炉料内部流动，必然会产生一定的热能，该能量将其加热并熔化成金属液。用来描述此物理过程的完整的感应电炉结构如图 6-1 所示，基于一定的假设条件对其进行简化，简化后感应电炉熔炼的二维与三维物理模型如图 6-2 所示。

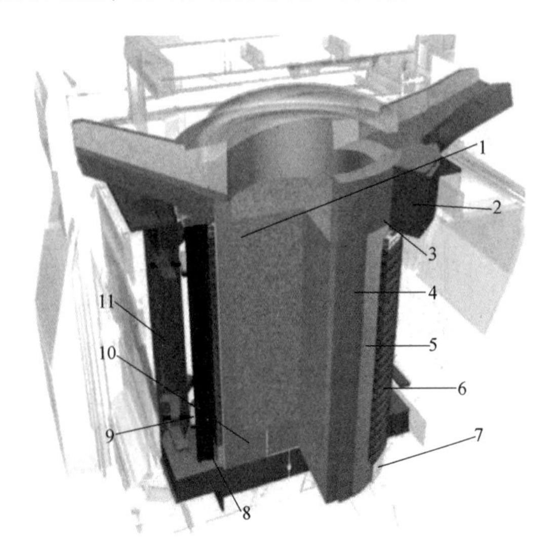

图 6-1　完整的感应电炉结构

1—熔体　2—熔炉顶部　3—陶瓷坩埚　4—绝热装置
5—OCP 传感器　6—感应电流线圈　7—冷却线圈
8—磁轭　9—减振器　10—接地天线　11—线圈固定架

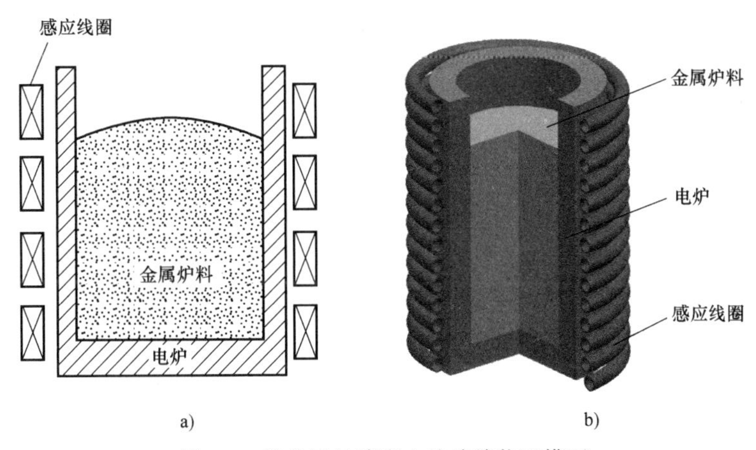

图 6-2 简化后的感应电炉熔炼物理模型

a）简化的二维物理模型 b）简化的三维物理模型

6.1.2 基本假设

为了建立合理的数学模型，简化的感应电炉熔炼物理模型和铸钢锭凝固过程模型均需要做如下假设：

1）简化的感应电炉熔炼物理模型中，不考虑其他炉体结构，只考虑炉衬、炉底和炉盖（图 6-2 中未表示）结构。将需要熔炼的金属炉料视为圆柱体，不考虑自由表面，只研究内部传热与流动机理。

2）与感应电炉熔炼过程和铸钢锭凝固过程相关的三维交变电场为随时间正弦变化的交变电场。感应电炉熔炼过程研究的交变电流频率为中频，频率在 105Hz 以下，从而感生的电磁场可以被看作似稳电磁场，合金炉料中的位移电流密度被忽略。

3）考虑到研究对象材质的液相线温度高于居里温度，而在高于居里温度时，金属熔体已成为顺磁性，相对磁导率为 1，近似于真空磁导率，因此本数学模型均采用真空磁导率代替所研究材质磁导率，从而简化电磁场计算方程。

4）假设研究对象材质为各向同性，电磁性能参数均定义为标量。

6.2 感应电炉熔炼电磁场数学建模

6.2.1 理论基础

库仑定律、安培定律和法拉第电磁感应定律是电磁学的三大基本定律。麦克斯韦在此基础上，引入了位移电流的概念，从法拉第的力线思想中提炼出最本质的电场与磁场的概念，并以此改写了库仑定律、安培定律和法拉第电磁感应定律，完善了电磁理论。

1. 麦克斯韦的两个假设

（1）麦克斯韦的涡旋电场假设 法拉第电磁感应定律揭示了变化的磁通量在导体回路中将产生感应电动势和感应电流，并且产生的感应电动势和感应电流与导体回路的种类和性质无关。麦克斯韦在此基础上提出了涡旋电场的假设，认为即使导体回路不存在，变化的磁场也将在周围空间激发出感应电场，并且这种激发电场的电力线是闭合的，即涡旋电场。

（2）麦克斯韦的位移电流假设　麦克斯韦提出位移电流的概念，由此定义了位移电流和位移电流密度，并扩展了全电流概念，将全电流定义为包括传导电流、位移电流和真空扩气体中自由电荷运动所形成的运动电流在内的电流。麦克斯韦在引入位移电流以后，所得到的全电流在任何情况下都是连续的结论，总结出全电流连续性定律。

2. 麦克斯韦方程组

麦克斯韦的涡旋电场假设表明变化的磁场可以激发涡旋电场，位移电流假设表明变化的电场可以激发涡旋磁场。麦克斯韦在前人工作的基础上，总结了时变电磁场的基本规律，并用麦克斯韦方程组表达如下：

$$\oint_l \boldsymbol{H} \cdot \mathrm{d}\boldsymbol{l} = \int_s \left(\boldsymbol{J} + \frac{\partial \boldsymbol{D}}{\partial t}\right) \cdot \mathrm{d}\boldsymbol{s}\ ,\ \nabla \times \boldsymbol{H} = \boldsymbol{J} + \frac{\partial \boldsymbol{D}}{\partial t} \tag{6-1}$$

$$\oint_l \boldsymbol{E} \cdot \mathrm{d}\boldsymbol{l} = -\frac{\partial}{\partial t}\int_s \boldsymbol{B} \cdot \mathrm{d}\boldsymbol{s}\ ,\ \nabla \times \boldsymbol{E} = -\frac{\partial \boldsymbol{B}}{\partial t} \tag{6-2}$$

$$\oint_s \boldsymbol{B} \cdot \mathrm{d}\boldsymbol{s} = 0\ ,\ \nabla \cdot \boldsymbol{B} = 0 \tag{6-3}$$

$$\oint_s \boldsymbol{D} \cdot \mathrm{d}\boldsymbol{s} = \int_V \rho_\sigma \mathrm{d}V\ ,\ \nabla \cdot \boldsymbol{D} = \rho_\sigma \tag{6-4}$$

式中，$\boldsymbol{H}$ 为磁场强度，单位为 A/m；$\boldsymbol{B}$ 为磁感应强度，单位为磁通密度 T；$\boldsymbol{D}$ 为电位移，单位为电通密度 C/m^2；$\boldsymbol{E}$ 为电场强度，单位为 V/m；$\boldsymbol{J}$ 为电流密度，单位为 A/m^2；ρ_σ 为电荷密度，单位为 C/m^3。

上述四个方程组被称为麦克斯韦方程组，其中，左边方程为积分形式，右边方程为微分形式。第一方程称为全电流定律，第二方程称为法拉第电磁感应定律，第三方程称为磁通连续性定律，第四方程称为高斯定律。积分形式的方程定量地给出了某一场域空间内的相互关系，而要研究某一场域空间内任意一点上各场量之间的相互关系，则需要用到麦克斯韦方程组的微分形式。

在时变电磁场中，除了麦克斯韦方程组以外，电流连续性方程同样是求解的重要基本方程，其积分和微分形式分别如下：

$$\oint_S \boldsymbol{J} \cdot \mathrm{d}\boldsymbol{S} = -\frac{\mathrm{d}}{\mathrm{d}t}\int_V \rho_\sigma \mathrm{d}V\ ,\ \nabla \cdot \boldsymbol{J} = -\frac{\partial \rho_\sigma}{\partial t} \tag{6-5}$$

麦克斯韦的四个方程加上电流连续性方程构成了麦克斯韦电磁理论的核心。在这五个方程中，只有全电流定律、电磁感应定律和高斯定律是相互独立的，其余方程可以利用这三个方程导出。麦克斯韦方程组中有 $\boldsymbol{H}$、$\boldsymbol{B}$、$\boldsymbol{D}$、$\boldsymbol{E}$、$\boldsymbol{J}$ 五个矢量和 ρ_σ 一个标量，显然三个独立的方程不能完全表达整个电磁场的分布，需要增加九个独立的标量方程。

假设所有场矢量的分量在所考察点的邻域内连续可微，且在该领域内媒质的介电常数 ε、磁导率 μ 和电导率 σ 是线性且各向同性的，麦克斯韦方程组中的各矢量还满足下述结构方程：

$$\boldsymbol{D} = \varepsilon \boldsymbol{E} \tag{6-6}$$

$$\boldsymbol{B} = \mu \boldsymbol{H} \tag{6-7}$$

$$\boldsymbol{J} = \sigma \boldsymbol{E} \tag{6-8}$$

6.2.2　求解区域和边界定义

1. 三维螺旋电磁场求解区域

根据6.1节提出的简化后的感应电炉熔炼模型，将三维螺旋电磁场求解区域定义为如图6-3所示。将求解全域定义为 V_w，金属炉料和铸钢锭区域为涡流区，定义为 V_m，其余区域（感应线圈、其他结构和空气层）为非涡流区，定义为 V_o，并将源电流 $\boldsymbol{J}_s$ 引入线圈所在区域。

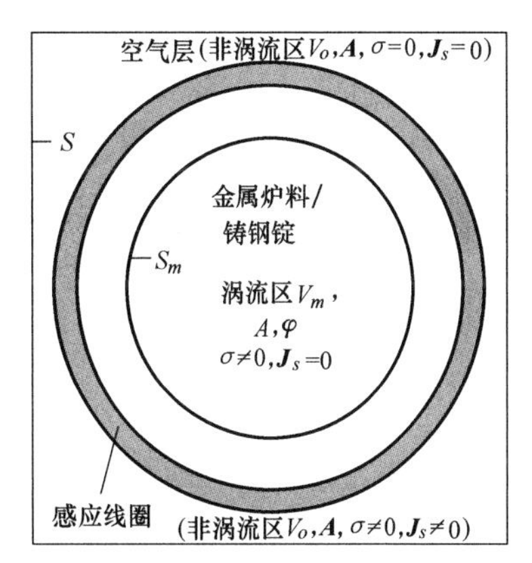

图6-3　感应电炉熔炼过程三维螺旋电磁场求解区域

涡流区含有导电媒介，不含有源电流，因此 $\sigma\neq0$，$\boldsymbol{J}_s=0$；感应线圈所在区域内含有源电流和导电媒介，因此 $\sigma\neq0$，$\boldsymbol{J}_s=0$；其他结构和空气层不含有源电流和导电媒介，因此 $\sigma=0$，$\boldsymbol{J}_s=0$。

2. 边界定义

涡流区和非涡流区的边界定义为 S_m。在媒介的分界面上电磁参数将会发生跃变，引起场矢量的跃变，仅用微分方程来描述场矢量将变得困难，因此需要对边界 S_m 引入求解控制方程，这将在6.2.3节中进行讨论。

求解全域 V 的外边界定义为 S，此边界分为两部分，分别定义为 S_n 和 S_τ。在边界 S_n 上分布磁感应强度的法向分量，在边界 S_τ 上分布磁感应强度的切向分量。当外界磁场发生变化时，对两类不同的边界需要分别给定不同的边界条件。

6.2.3　求解方法

6.2.2节提出的求解区域包含涡流区与非涡流区，不同区域内包含不同的媒介。对于线性媒介，其电磁特性参数是常数，而非线性媒介中的电磁参数则依赖于其他未知函数值。两种不同媒介的交界面上的电磁特性发生跃变，微分方程在此时不成立，需要分别对不同区域列出电磁位方程和交界面条件，从而将不同区域的微分方程联立求解。本节在求解三维螺旋电磁场的方法上，选用矢量磁位与标量电位方程，即 $\boldsymbol{A}$，φ-$\boldsymbol{A}$ 法。

$\boldsymbol{A}$，φ-$\boldsymbol{A}$ 法是把三维螺旋电磁场的场域分为涡流区和非涡流区，在涡流区采用矢量磁位 $\boldsymbol{A}$ 和标量电位 φ 作为未知函数，而在非涡流区采用矢量磁位 $\boldsymbol{A}$ 作为未知函数，且把源电流 $\boldsymbol{J}_s$ 引入非涡流区。

根据式（6-3），磁感应强度 $\boldsymbol{B}$ 的散度恒等于零，而任何一个矢量函数的旋度的散度必等于零，因此定义一个新的矢量函数 $\boldsymbol{A}$，令

$$\boldsymbol{B}=\nabla\times\boldsymbol{A} \tag{6-9}$$

矢量函数 $\boldsymbol{A}$ 也可称为矢量磁位 $\boldsymbol{A}$。将式（6-9）代入式（6-2），同时考虑时间导数和旋度运算顺序可以交换，得到

$$\nabla\times\left(\boldsymbol{E}+\frac{\partial\boldsymbol{A}}{\partial t}\right)=0 \tag{6-10}$$

括号中表示一个无旋的矢量场，而一个无旋场可以表示为一个标量函数的梯度，因此定义一个新的标量函数 φ，得到

$$\boldsymbol{E}=-\frac{\partial \boldsymbol{A}}{\partial t}-\nabla \varphi \tag{6-11}$$

标量函数 φ 也可称为标量电位 φ。综合式（6-9）~式（6-11），并考虑下式

$$\nabla \times(\boldsymbol{A}+\nabla \varphi)=\nabla \times \boldsymbol{A}=\boldsymbol{B} \tag{6-12}$$

说明一个磁感应强度 $\boldsymbol{B}$ 可以有多个矢量磁位 $\boldsymbol{A}$ 这与实际情况不符，因此必须对 $\boldsymbol{A}$ 的定义再加限制。这里采用库仑规范来限制矢量磁位 $\boldsymbol{A}$。库仑规范的含义为在所有满足 $\boldsymbol{B}=\nabla \times \boldsymbol{A}$ 的矢量函数中，取散度为零的矢量函数，即满足

$$\nabla \cdot \boldsymbol{A}=0 \tag{6-13}$$

6.2.4 电磁场控制方程

1. **涡流区**

根据麦克斯韦方程组，在涡流区 V_m 内，控制方程用场矢量 $\boldsymbol{H}$、$\boldsymbol{E}$ 和 $\boldsymbol{B}$ 表示。应用全电流定律的微分形式，即式（6-1）和结构方程式（6-7），得到

$$\nabla \times \boldsymbol{H}=\nabla \times \frac{1}{\mu} \boldsymbol{B}=\boldsymbol{J}+\frac{\partial \boldsymbol{D}}{\partial t} \tag{6-14}$$

在涡旋场中，式（6-14）的右边两项中的位移电流密度 $\frac{\partial \boldsymbol{D}}{\partial t}$ 与传导电流密度 $\boldsymbol{J}$ 相比较可以忽略不计，同时传导电流密度 $\boldsymbol{J}$ 可以分为两类，一类是作为已知函数的源电流密度 $\boldsymbol{J}_s$，另一类是变化的磁场感应出来的涡电流密度 $\boldsymbol{J}_e$。$\boldsymbol{J}_e$ 的空间分布和时间变化都是未知的，只能利用电磁性能关系式，将其表达为

$$\boldsymbol{J}_e=\sigma \boldsymbol{E}=-\sigma\left(\frac{\partial \boldsymbol{A}}{\partial t}+\nabla \varphi\right) \tag{6-15}$$

联立式（6-14）和式（6-15），并对式（6-15）两边取散度，得到

$$\nabla \times\left(\frac{1}{\mu} \nabla \times \boldsymbol{A}\right)-\nabla\left(\frac{1}{\mu} \nabla \cdot \boldsymbol{A}\right)+\sigma \frac{\partial \boldsymbol{A}}{\partial t}+\sigma \nabla \varphi=\mathbf{0} \tag{6-16}$$

$$-\nabla \cdot\left(\sigma \frac{\partial \boldsymbol{A}}{\partial t}+\sigma \nabla \varphi\right)=0 \tag{6-17}$$

式（6-16）和式（6-17）即为涡流区内 $\boldsymbol{A}$，φ-$\boldsymbol{A}$ 法求解控制方程。

2. **非涡流区**

根据麦克斯韦方程组，在非涡流区 V_o 内，控制方程同样可以用场矢量 $\boldsymbol{H}$、$\boldsymbol{E}$ 和 $\boldsymbol{B}$ 表示。不同的是，涡流区内没有源电流，在非涡流区内引入了源电流，那么得到

$$\nabla \times\left(\frac{1}{\mu} \nabla \times \boldsymbol{A}\right)-\nabla\left(\frac{1}{\mu} \nabla \cdot \boldsymbol{A}\right)=\boldsymbol{J}_s \tag{6-18}$$

式（6-18）即为非涡流区内 $\boldsymbol{A}$，φ-$\boldsymbol{A}$ 法求解控制方程。

综上所述，在求解全域 V 内，用矢量磁位 $\boldsymbol{A}$ 和标量电位 φ 表述的三维螺旋电磁场 $\boldsymbol{A}$，φ-$\boldsymbol{A}$ 法求解方程组为

$$\text{涡流区}\quad\left\{\begin{array}{l}\nabla \times\left(\frac{1}{\mu} \nabla \times \boldsymbol{A}\right)-\nabla\left(\frac{1}{\mu} \nabla \cdot \boldsymbol{A}\right)+\sigma \frac{\partial \boldsymbol{A}}{\partial t}+\sigma \nabla \varphi=\mathbf{0} \\ -\nabla \cdot\left(\sigma \frac{\partial \boldsymbol{A}}{\partial t}+\sigma \nabla \varphi\right)=0\end{array}\right. \tag{6-19}$$

$$非涡流区\quad \nabla\times\left(\frac{1}{\mu}\nabla\times\boldsymbol{A}\right)-\nabla\left(\frac{1}{\mu}\nabla\cdot\boldsymbol{A}\right)=\boldsymbol{J}_s$$

6.2.5　复矢量磁位和复标量电位描述方程组

本节已经假定外界的交变电磁场按正弦规律变化，仿照正弦电路的表达方法，同样采用复数的方式表达。矢量 $\boldsymbol{A}$ 的复振幅 $\dot{\boldsymbol{A}}_m$ 为

$$\dot{\boldsymbol{A}}_m=\dot{\boldsymbol{A}}_{xm}\boldsymbol{e}_x+\dot{\boldsymbol{A}}_{ym}\boldsymbol{e}_y+\dot{\boldsymbol{A}}_{zm}\boldsymbol{e}_z=\boldsymbol{A}_{xm}\boldsymbol{e}^{j\alpha}\boldsymbol{e}_x+\boldsymbol{A}_{ym}\boldsymbol{e}^{j\beta}\boldsymbol{e}_y+\boldsymbol{A}_{zm}\boldsymbol{e}^{j\gamma}\boldsymbol{e}_z \tag{6-20}$$

式中，$\boldsymbol{A}_{xm}$，$\boldsymbol{A}_{ym}$，$\boldsymbol{A}_{zm}$ 和 α，β，γ 分别为矢量 $\boldsymbol{A}$ 在 x、y、z 方向上各分量的振幅与初始相位，且其均为空间函数，与时间无关。

矢量 $\boldsymbol{A}$ 的复有效值 $\dot{\boldsymbol{A}}$ 为

$$\dot{\boldsymbol{A}}=\frac{\dot{\boldsymbol{A}}_m}{\sqrt{2}} \tag{6-21}$$

与其对应的瞬态值为

$$\dot{\boldsymbol{A}}=I_m(\dot{\boldsymbol{A}}_m e^{j\omega t}) \tag{6-22}$$

同理，复标量电位 $\dot{\varphi}$ 的瞬态值为

$$\dot{\varphi}=I_m\dot{\varphi}_m \tag{6-23}$$

于是，将三维螺旋电磁场求解方程组式（6-19）用复矢量表达为

$$涡流区\quad\begin{cases}\nabla\times\left[\dfrac{1}{\mu}\nabla\times(I_m\dot{\boldsymbol{A}}_m e^{j\omega t})\right]-\nabla\left[\dfrac{1}{\mu}\nabla\cdot(I_m\dot{\boldsymbol{A}}_m e^{j\omega t})\right]+\sigma j\omega I_m\dot{\boldsymbol{A}}_m e^{j\omega t}+\sigma\nabla I_m\dot{\varphi}_m=\boldsymbol{0}\\ -I_m\nabla\cdot(\sigma j\omega\dot{\boldsymbol{A}}_m e^{j\omega t}+\sigma\nabla\dot{\varphi}_m)=0\end{cases}$$

$$非涡流区\quad\nabla\times\left[\frac{1}{\mu}\nabla\times(I_m\dot{\boldsymbol{A}}_m e^{j\omega t})\right]-\nabla\left[\frac{1}{\mu}\nabla\cdot(I_m\dot{\boldsymbol{A}}_m e^{j\omega t})\right]=\boldsymbol{J}_s \tag{6-24}$$

对应的边界条件如下：

1. 金属熔体外边界 S_m

1）根据磁通连续性定律，在求解场域中，此界面的内外两侧矢量磁位 $\boldsymbol{A}$ 的法向和切向分量总是连续的，考虑到使用库仑规范，并用复数表达，有

$$\boldsymbol{n}_{内}\cdot\dot{\boldsymbol{A}}_{内}=\boldsymbol{n}_{外}\cdot\dot{\boldsymbol{A}}_{外} \tag{6-25}$$

$$\boldsymbol{n}_{内}\times\dot{\boldsymbol{A}}_{内}=\boldsymbol{n}_{外}\times\dot{\boldsymbol{A}}_{外} \tag{6-26}$$

于是，可以得到

$$\dot{\boldsymbol{A}}_{内}=\dot{\boldsymbol{A}}_{外} \tag{6-27}$$

2）根据磁通连续性定律，磁感应强度 $\boldsymbol{B}$ 的法向分量总是连续的，有

$$\boldsymbol{n}_{内}\cdot\dot{\boldsymbol{B}}_{内}=\boldsymbol{n}_{外}\cdot\dot{\boldsymbol{B}}_{外} \tag{6-28}$$

3）一般情况下，磁场强度 $\boldsymbol{H}$ 的切向分量在此界面内外两侧是不连续的，差值相当于在此界面上流过的自由电流密度。假设研究对象金属材质和与其接触的媒介交界面上不存在自由电荷，利用结构方程式（6-7）和式（6-9），有

$$\boldsymbol{n}_{内} \times \left(\nabla \times \frac{\dot{\boldsymbol{A}}_{内}}{\mu_{内}} \right) = \boldsymbol{n}_{外} \times \left(\nabla \times \frac{\dot{\boldsymbol{A}}_{外}}{\mu_{外}} \right) \tag{6-29}$$

4）根据电流连续性定律，电场强度 $\boldsymbol{E}$ 的切向分量总是连续的，考虑到式（6-11），有

$$\boldsymbol{n}_{内} \times (-\mathrm{j}\omega \dot{\boldsymbol{A}}_{内} - \nabla \dot{\varphi}_{内}) = \boldsymbol{n}_{外} \times (-\mathrm{j}\omega \dot{\boldsymbol{A}}_{外} - \nabla \dot{\varphi}_{外}) \tag{6-30}$$

根据式（6-27）的结果，并考虑标量电位 $\dot{\varphi}$ 只存在于涡流区内，于是有

$$\boldsymbol{n} \times (-\nabla \dot{\varphi}) = 0 \tag{6-31}$$

5）根据电流连续性定律，考虑此界面两侧的材质，只有涡流区表面存在传导电流，从而有

$$\boldsymbol{n} \cdot (-\mathrm{j}\omega\sigma \dot{\boldsymbol{A}} - \sigma \ \nabla \dot{\varphi}) = 0 \tag{6-32}$$

2. 求解全域外边界 S

求解三维螺旋电磁场时，场域边界条件一般分为四种情况：

1）无穷远边界。无穷远边界条件适用于开域问题，即电磁场能量并非局限于有限区域内，这种条件下可以认为在场域边界上电磁场能量几乎衰减到 0。

对于时变电磁场的涡流问题，无穷远边界条件定义为

$$\dot{\boldsymbol{A}} = 0, \varphi = 0 \tag{6-33}$$

2）满足 $\mu = \infty$，$\sigma = 0$ 条件的边界。边界上满足 $\sigma = 0$，所以不存在涡流；边界上满足 $\mu = \infty$，所以磁力线垂直进入，即磁场强度 $\boldsymbol{B}$ 的切向分量为零，只存在法向分量。当铁磁材料在计算域外面，且不计其中的涡流时，该类边界条件适用。此时需要在边界上添加 S_n 类边界条件，即 $\boldsymbol{n} \times \dot{\boldsymbol{H}} = \boldsymbol{0}$。用复矢量表达为

$$\frac{\partial \dot{\boldsymbol{A}}_n}{\partial \tau_2} - \frac{\partial \dot{\boldsymbol{A}}_{\tau_2}}{\partial n} = \boldsymbol{0}, \quad \frac{\partial \dot{\boldsymbol{A}}_{\tau_1}}{\partial n} - \frac{\partial \dot{\boldsymbol{A}}_n}{\partial \tau_1} = \boldsymbol{0} \tag{6-34}$$

式中，n 为边界所在面的法向；τ_1 和 τ_2 为边界所在面的两个互相垂直的切向。

在引入库仑规范后，解的唯一性要求为在这类边界上要满足条件

$$\boldsymbol{n} \cdot \dot{\boldsymbol{A}} = 0 \tag{6-35}$$

即在边界所在面上复矢量磁位 $\dot{\boldsymbol{A}}$ 的法向分量 $\dot{\boldsymbol{A}}_n$ 处处为零，从而 $\dot{\boldsymbol{A}}_n$ 沿边界所在面的切向 τ_1 和 τ_2 的变化率同样处处为零

$$\frac{\partial \dot{\boldsymbol{A}}_n}{\partial \tau_1} = \frac{\partial \dot{\boldsymbol{A}}_n}{\partial \tau_2} = 0 \tag{6-36}$$

结合式（6-34），可得

$$\frac{\partial \dot{\boldsymbol{A}}_{\tau_1}}{\partial n} = \frac{\partial \dot{\boldsymbol{A}}_{\tau_2}}{\partial n} = 0 \tag{6-37}$$

式（6-35）说明复矢量磁位 $\dot{\boldsymbol{A}}$ 的法向分量 $\dot{\boldsymbol{A}}_n$ 为零，这是第一类齐次边界条件；式（6-37）说明复矢量磁位 $\dot{\boldsymbol{A}}$ 的两个切向分量 $\dot{\boldsymbol{A}}_{\tau_1}$ 和 $\dot{\boldsymbol{A}}_{\tau_2}$ 的法向导数为零，这是第二类齐次边界条件。

3）满足 $\sigma = \infty$ 条件的边界。当边界所在面的 $\sigma = \infty$ 时，任何法向时变磁场进入此界面时

都会在其中产生涡流，并把进入的法向磁场排挤出去，使得该界面内只存在磁场的切向分量，不存在法向分量。此时需要在边界上添加 S_τ 类边界条件，即 $\boldsymbol{n}\cdot\boldsymbol{B}=0$。

根据磁通连续性定律，时变磁场穿过该界面的磁感应强度 $\boldsymbol{B}$ 总和为零，结合斯托克斯定理可知，该时变磁场的磁感应强度 $\boldsymbol{B}$ 应满足条件

$$\int_s \boldsymbol{B}\cdot \mathrm{d}s=\int_s(\nabla\times\boldsymbol{A})\mathrm{d}s=\oint_l \boldsymbol{A}\cdot \mathrm{d}l=0 \tag{6-38}$$

在引入库仑规范后，解的唯一性要求为在这类边界上要满足条件

$$\boldsymbol{n}\times\dot{\boldsymbol{A}}=\boldsymbol{0} \tag{6-39}$$

$$\frac{\partial \dot{\boldsymbol{A}}_n}{\partial n}=0 \tag{6-40}$$

式（6-39）说明复矢量磁位 $\dot{\boldsymbol{A}}$ 的两个切向分量 $\dot{\boldsymbol{A}}_{\tau_1}$ 和 $\dot{\boldsymbol{A}}_{\tau_2}$ 为零，这是第一类齐次边界条件；式（6-40）说明复矢量磁位 $\dot{\boldsymbol{A}}$ 的法向分量 $\dot{\boldsymbol{A}}_n$ 的法向导数为零，这是第二类齐次边界条件。

4）对称面边界。在求解一些三维螺旋电磁场的涡流问题时，一些特定的结构可能存在对称面。以对称面为边界时，需要考虑对称面上不同的电磁参数状态。若在对称面上磁场强度 $\boldsymbol{H}$ 的切向分量为零，则可以按照情况 2）中给出的边界条件进行分析。若在对称面上的磁感应强度 $\boldsymbol{B}$ 的法向分量为零，则可以按照情况 3）中给出的边界条件进行分析。

在以上所有讨论与分析的基础上，总结对于求解全域外边界 S 需要采用的所有边界条件为

$$\begin{cases} \dot{\boldsymbol{A}}=\boldsymbol{0} & \text{在边界 } S \text{ 上} \\ \boldsymbol{n}\cdot\dot{\boldsymbol{A}}=\boldsymbol{0},\dfrac{\partial \dot{\boldsymbol{A}}_{\tau_1}}{\partial n}=\dfrac{\partial \dot{\boldsymbol{A}}_{\tau_2}}{\partial n}=0 & \text{在边界 } S_n \text{ 类上} \\ \boldsymbol{n}\times\dot{\boldsymbol{A}}=\boldsymbol{0},\ \dfrac{\partial \dot{\boldsymbol{A}}_n}{\partial n}=0 & \text{在边界 } S_\tau \text{ 类上} \end{cases} \tag{6-41}$$

6.3 感应电炉熔炼多物理场耦合数学建模

6.3.1 假设条件

本节对三维螺旋电磁场条件下的多物理场耦合通过数学建模进行分析，主要为传热、流动和传质过程。如图 6-2 的简化物理模型所示，三维螺旋电磁场的求解全域包含金属炉料/铸钢锭、感应电炉结构/铸型、感应线圈及周围的空气区域，温度场的求解是全域问题，而流动场和传质场的求解限于金属炉料或铸钢锭区域。

感应电炉熔炼时，对感应线圈通入一定频率的交流电，炉内金属炉料会产生涡流而被加热，感应涡流产生的焦耳热作为内热源加热金属炉料至液态熔体。在金属凝固过程中，外加交流电的频率非常低，因此不会产生涡流，但是合金液切割磁力线产生的电磁力仍存在，该电磁力抑制了自然对流效果，从而可以改善传质效果。

因此，对于不同的物理过程，在构建控制方程时存在一定的区别。在感应电炉熔炼过程中，交变的电磁场会在固态金属炉料内部产生涡流场，涡流场产生的焦耳热作为内热源项添加到温度场控制方程中；而在金属凝固过程中，低频率的电磁场不会在合金液内部产生涡流，也不会产生焦耳热，温度场控制方程中不需要该内热源项。

描述感应电炉熔炼和金属凝固过程的物理场基本规律为能量守恒定律、动量守恒定律和质量守恒定律。为了更好地建立合理的三维螺旋电磁场条件下多物理场耦合数学控制方程，做出如下假设：

1）在感应电炉熔炼过程中，考虑涡流场焦耳热对温度的影响，尽管涡电流密度在径向由表及里按指数分布衰减，但实际金属炉料整个区域都存在涡电流，均会产生焦耳热，将此焦耳热作为内热源添加。

2）考虑涡流产生后金属液流动带来的影响，在控制方程中，分别加入和不加入对流项；不加入对流项时单独研究传热过程的机理，加入对流项后研究自然对流和电磁强制对流下流动对传热的影响机制。

3）金属材质表面与感应电炉炉体结构和铸型结构的传热方式为热传导方式，金属材质表面与感应电炉炉内空气和铸型外空气的传热方式为热辐射和热对流方式，但不单独计算对流散热影响，只是采用修正辐射换热系数的方法计算。

4）研究材质的热物性参数均视为温度的函数或者常数，液相黏度与密度假设为常数，仅在浮力项中考虑密度变化，感应线圈和金属材质表面黑度均视为常数。

5）所研究的合金体系中，多元合金按照伪二元合金相图处理，只考虑固液两相，没有第三相，固相静止、不变形且无内应力，糊状区固液界面局部热力学平衡，液相流动假设为不可压缩流。

6.3.2 传热与流动耦合数学建模

1. 电磁场内涡电流的计算

6.2 节内容已经详细阐述了如何求解整个场域单元网格内的复矢量磁位 $\dot{\boldsymbol{A}}$ 和复标量电位 $\dot{\varphi}$，由此可以得出金属材质内部由电磁场产生的涡电流；同时，金属液流动时会切割磁力线，同样会产生电流。在内热源项计算焦耳热时，需要考虑这两部分的电流，该电流 $\dot{\boldsymbol{J}}_e$ 的求解公式为

$$\dot{\boldsymbol{J}}_e=\sigma(\dot{\boldsymbol{E}}+\boldsymbol{v}\times\boldsymbol{B})=\sigma(-\nabla\dot{\varphi}-\mathrm{j}\omega\dot{\boldsymbol{A}}+\boldsymbol{v}\times\boldsymbol{B}) \tag{6-42}$$

复矢量涡电流的有效值为

$$\dot{\boldsymbol{J}}=\frac{\dot{\boldsymbol{J}}_e}{\sqrt{2}} \tag{6-43}$$

2. 涡流场与传热流动耦合数学模型

温度场的求解过程采用三维非线性瞬态传热方程来描述。以金属材质为研究对象，传热行为主要为金属材质内部的热传导以及研究对象金属与接触介质的热传导和热辐射，但是在感应电炉熔炼过程时需要考虑内热源对金属炉料的加热。

根据傅里叶传热定律和能量守恒，并将电流 $\dot{\boldsymbol{J}}_e$ 产生的焦耳热作为内热源条件，同时考

虑到金属液流动对传热行为的影响，将对流项加入到传热方程中，得到涡流场中温度场耦合非线性瞬态传热方程

$$\rho c_p \frac{\partial T}{\partial t}+\boldsymbol{v}\cdot\nabla T=\nabla\cdot(\lambda\nabla T)+\rho L\frac{\partial f_s}{\partial t}+\frac{|\dot{\boldsymbol{J}}_e|^2}{\sigma} \tag{6-44}$$

式中，ρ 为密度（kg/m^3）；c_p 为比热容 [J/(kg·K)]；λ 为导热系数 [W/(m·K)]；L 为相变潜热（J/kg）；f_s 为固相率；T 为温度（K）；$\boldsymbol{v}$ 为速度（m/s）；t 为时间（s）。

3. 边界条件

（1）金属材质与接触介质之间界面　研究对象金属材质与接触介质之间可以认为是完全接触的，边界条件定义为

$$-\lambda\frac{\partial T}{\partial n}=h(T_m-T_f) \tag{6-45}$$

式中，h 为界面换热系数（J/K）；T_m 和 T_f 分别为接触界面相邻的金属材质和接触介质单元网格温度（K）；n 为接触界面的法向。

（2）金属材质与空气之间界面　金属材质与空气之间的传热方式为热辐射和热对流，按照柯西边界处理，即

$$-\lambda\frac{\partial T}{\partial n}=\kappa_C(T_m-T_a)+\kappa_R(T_m-T_a) \tag{6-46}$$

式中，κ_C 和 κ_R 为热对流系数和热辐射系数；T_a 为与接触界面相邻的空气单元网格温度（K）。

其中，热辐射系数 κ_R 需要按照斯蒂芬-玻尔兹曼定律求得，即

$$\kappa_R=\varepsilon\sigma_0(T_m^4-T_a^4) \tag{6-47}$$

式中，ε 为材料表面辐射率系数；$\sigma_0=5.67\times10^{-8}\mathrm{W\cdot m^{-2}\cdot K^{-4}}$ 为斯蒂芬-玻尔兹曼常数。

在6.1节的假设条件中已经提到将不单独计算对流换热部分，根据经验值，取 $\kappa_C=0.1\kappa_R\sim0.3\kappa_R$，采用修正的辐射换热系数 κ_R'，将式（6-46）重新表达为

$$-\lambda\frac{\partial T}{\partial n}=\kappa_R'(T_m-T_a) \tag{6-48}$$

6.3.3　流动与传质耦合数学建模

1. 洛伦兹力计算

研究对象金属为导电材料，当其处于涡电流密度为 $\boldsymbol{J}_e$ 的电磁场内时，又有磁感应强度为 $\boldsymbol{B}$ 的磁场垂直于涡电流穿过研究对象金属，合金液和固相金属均受到电磁力作用，该电磁力 $\boldsymbol{F}_{LZ}$ 可以描述为

$$\boldsymbol{F}_{LZ}=\boldsymbol{J}_e\times\boldsymbol{B} \tag{6-49}$$

该洛伦兹力为体积力，单位是 N/m^3。

2. 涡流场与流动传质耦合数学模型

假设研究对象金属在熔化和凝固过程中的液相流动为不可压缩流，且将其密度视为温度的函数或者常数，从而研究对象的熔化和凝固过程应满足连续性方程

$$\frac{\partial\rho}{\partial t}+\frac{\partial u}{\partial x}+\frac{\partial v}{\partial y}+\frac{\partial w}{\partial z}=0 \tag{6-50}$$

实际上，在金属熔化和凝固过程中，固液相的转变不是瞬间完成的。在固液相线之间存在糊状区，熔化和凝固的过程实际上可以认为是糊状区的推进过程。在构建动量守恒方程时，将糊状区内两相作用力、液相黏性力和热溶质浮力考虑进去，源项中除了重力以外，还考虑电磁场产生的洛伦兹力，于是有

$$\frac{\partial(\rho\boldsymbol{v})}{\partial t}+\rho\boldsymbol{v}\cdot\nabla\boldsymbol{v}=\nabla\cdot(\mu_l\nabla\boldsymbol{v})-\frac{\mu_l}{K}\boldsymbol{v}-\nabla p+\rho_b\boldsymbol{g}+\boldsymbol{J}_e\times\boldsymbol{B} \tag{6-51}$$

式中，μ_l 为液相黏度；K 为渗透率系数；ρ_b 为液相热溶质密度。

式（6-51）等号左边第一项为瞬态项，第二项为对流项，等号右边第一项为扩散项，第二项为 Darcy 项，第三项为压力项，后两项合为体积力项。

渗透率系数 $K=\frac{d^2}{180}\left[\frac{f_l^3}{f_s^2}\right]$，与二次枝晶间距 d、液相率 f_l 和固相率 f_s 相关。液相热溶质密度 $\rho_b=\rho-\rho[\beta_T(T-T_{ref})+\beta_s^i(C_l^i-C_{ref}^i)]$，与参考温度 T_{ref}、热膨胀系数 $\beta_T=-\frac{1}{\rho}\left(\frac{\partial\rho}{\partial T}\right)$、溶质膨胀系数 $\beta_s^i=-\frac{1}{\rho}\left(\frac{\partial\rho}{\partial C_l^i}\right)$ 和某元素参考浓度 C_{ref}^i 相关。

无论研究对象金属是处于熔化过程还是凝固过程，溶质扩散系数在固相中要比液相中小很多，因此可以忽略，于是将金属熔化和凝固过程传质方程描述为

$$\frac{\partial(\rho C^i)}{\partial t}+\nabla\cdot(\rho\boldsymbol{v}C_l^i)=\nabla\cdot(\rho f_l D_l^i\nabla C_l^i) \tag{6-52}$$

式中，i 为某溶质元素；C^i 为该溶质元素浓度；C_l^i 为该溶质元素液相浓度；D_l^i 为该溶质元素液相扩散系数。

第 7 章

感应电炉熔炼数值模拟求解技术

本章主要针对已经建立的多物理场耦合控制方程，选取合适的数值算法，进行离散数值求解。在数值算法的选择上，对于三维螺旋电磁场和温度场求解采用有限差分法，对于流动场和传质场采用有限体积法。在数值求解的过程中，考虑到两种数值算法在网格节点方面的差异性，设计了基于六面体网格的混合交错网格模型，并设计网格节点值匹配算法。

7.1 混合交错网格模型建立

7.1.1 基本网格结构

基于六面体的混合交错网格模型图如图 7-1 所示。首先建立微元体 P，其中心坐标为 $(i,\ j,\ k)$，方向边长分别为 Δx_P，Δy_P 和 Δz_P，微元体封闭曲面为 S_P，体积为 ΔV_P。在 x 正方向上与 P 相邻的微元体 E 的坐标为 $(i+1,\ j,\ k)$，方向边长为 Δx_E，Δy_E 和 Δz_E，微元体封闭曲面为 S_E，体积为 ΔV_E，与微元体 P 相邻的界面为 e；在 x 负方向上与 P 相邻的微元体 W 的坐标为 $(i-1,\ j,\ k)$，方向边长为 Δx_W，Δy_W 和 Δz_W，微元体封闭曲面为 S_W，体积为 ΔV_W，与微元体 P 的界面为 w；在 y 正方向上与 P 相邻微元体 N 的坐标为 $(i,\ j+1,\ k)$，方向边长为 Δx_N，Δy_N 和 Δz_N，微元体封闭曲面为 S_N，体积为 ΔV_N，与微元体 P 的界面为 n；在 y 负方向上与 P 相邻微元体 S 的坐标为 $(i,\ j-1,\ k)$，方向边长为 Δx_S，Δy_S 和 Δz_S，微

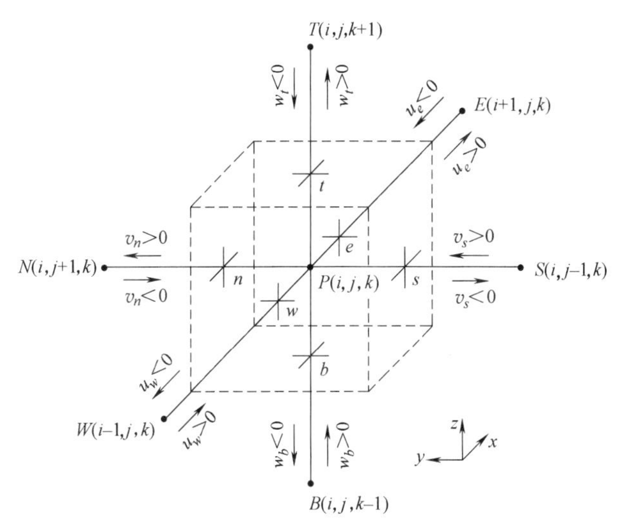

图 7-1　基于六面体的混合交错网格模型图

元体封闭曲面为 S_S，体积为 ΔV_S，与微元体 P 的界面为 s；在 z 正方向上与 P 相邻微元体 T 的坐标为（i，j，$k+1$），方向边长为 Δx_T，Δy_T 和 Δz_T，微元体封闭曲面为 S_T，体积为 ΔV_T，与微元体 P 的界面为 t；在 z 负方向上与 P 相邻的微元体 B 的坐标为（i，j，$k-1$），方向边长为 Δx_B，Δy_B 和 Δz_B，微元体封闭曲面为 S_B，体积为 ΔV_B，与微元体 P 的界面为 b。

7.1.2 交错网格和标识方法

对于三维矢量场网格求解问题，所建立的交错网格模型中有 4 套网格，7.1.1 节已经介绍了第 1 套基本网格结构。在 x 方向上，沿 x 轴正方向与微元体 E 交错 $\delta x_P=\dfrac{\Delta x_E+\Delta x_P}{2}$网格步长，建立 u 控制容积，用来计算矢量沿 x 轴方向的分量值；在 y 方向上，沿 y 轴正方向与微元体 N 交错 $\delta y_P=\dfrac{\Delta y_N+\Delta y_P}{2}$网格步长，建立 v 控制容积，用来计算矢量沿 y 轴方向的分量值；在 z 方向上，沿 z 轴正方向与微元体 T 交错 $\delta z_P=\dfrac{\Delta z_T+\Delta z_P}{2}$网格步长，建立 w 控制容积，用来计算矢量沿 z 轴方向的分量值。

建立的交错网格中，实线表示网格线，实心圆点表示网格节点（即微元体中心点），虚线表示微元体界面。网格线用一系列的整数表示，微元体界面用相邻网格线算术平均值表示。建立的标识系统可以表示任一个网格节点和矢量分量节点的位置。对于各场量在节点和界面上的值分别用下标表示，不同时刻的值用上标表示。

为了更好地理解所建立的三维混合交错网格，以微元体 P 为研究节点，建立混合交错网格，并分别将 u 控制容积、v 控制容积和 w 控制容积在 xoy、xoz 和 yoz 系列平面投影标示，并用建立的标识方法标示网格节点与界面，如图 7-2 所示。

7.1.3 节点值匹配算法

在三维螺旋电磁场有限差分法求解过程中，所需要求解的矢量包括磁场强度 $\boldsymbol{H}$、磁感应强度 $\boldsymbol{B}$、电场强度 $\boldsymbol{E}$ 和电流密度 $\boldsymbol{J}$，将所有矢量均设置在微元体中心点；在温度场有限差分法求解过程中，将温度值 T 均设置在微元体中心点；在流动场和传质场有限体积法求解过程中，将压力值 p 和溶质 C 设置在微元体中心点，将速度矢量 $\boldsymbol{v}$ 沿坐标轴分量值 u、v 和 w 设置在沿该坐标轴的正方向界面上。

在交错网格中，不同节点值进行数学运算时，需要考虑当前参与计算的场量值是否位于相同节点内。本节设计的节点值匹配算法核心思想就是将所有参与数学运算的场量值采取插值算法，均匹配到当前计算微元体中心，当计算完成时，将所有参与计算的场量值均回归到该值所在的网格位置。当节点值位于不同网格时，采取直接插值法；当对不同网格值进行差商计算时，采取先插值后差商。

下面以 xoy 系列平面为例，其交错网格扩展图如图 7-3 所示。下面以微元体 P 为研究对象，分别阐述节点值匹配算法求解过程。以单一值举例，其他值求解方法与其类似，下文不赘述。

（1）研究网格中心点上标量 Γ 值于相邻界面 e 处的求解方法　此时，Γ 值位于网格中

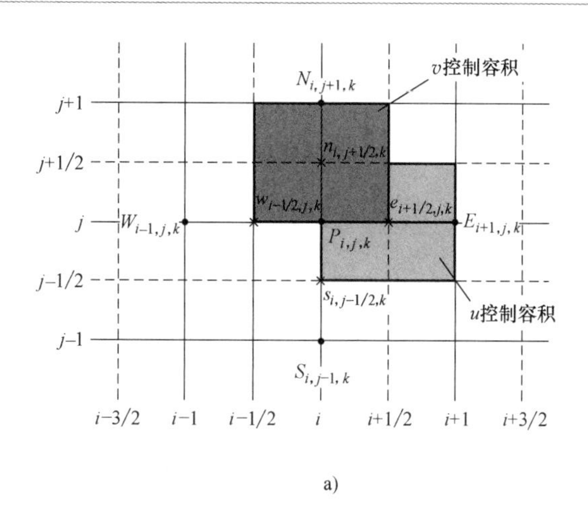

a)

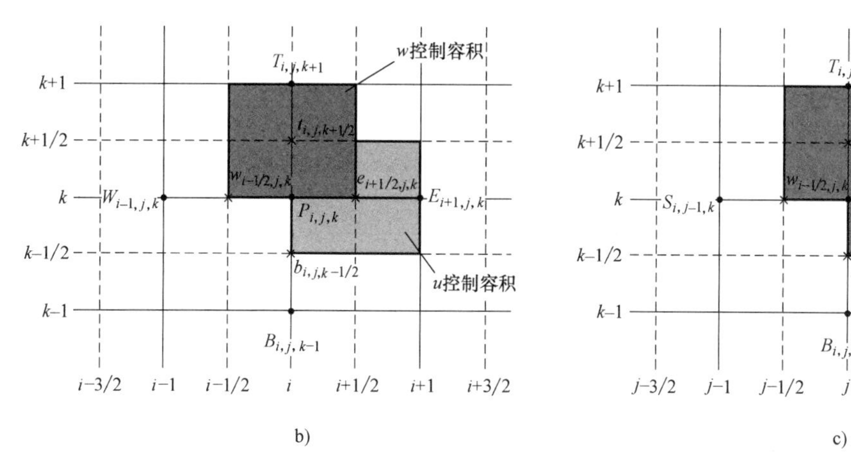

b)　　　　c)

图 7-2　交错网格与标识方法

a) *xoy* 系列平面交错网格　b) *xoz* 系列平面交错网格　c) *yoz* 系列平面交错网格

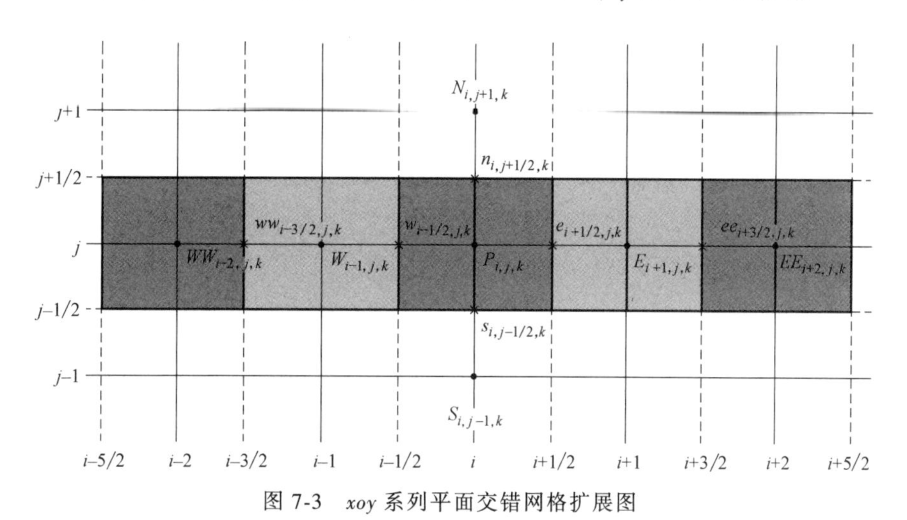

图 7-3　*xoy* 系列平面交错网格扩展图

心点，界面 e 的 x 方向相邻值分别为 Γ_P 和 Γ_E，根据界面上通量密度连续性条件，此时相邻界面 e 处的标量 Γ_e 值应有关系为

$$\frac{\delta x_P}{\Gamma_e}=\frac{\Delta x_P}{2\Gamma_P}+\frac{\Delta x_E}{2\Gamma_E} \tag{7-1}$$

（2）研究场矢量位于相邻界面处的标量 Γ 值于网格中心点的求解方法　此时，Γ 值位于坐标轴正方向相邻界面处，采用算术平均值方法，将其表达为

$$\Gamma_P=\frac{\Gamma_e+\Gamma_w}{2} \tag{7-2}$$

（3）研究该微元体内标量 Γ 值在 x 方向上的一阶差商　将差商关系转换为相邻界面处 Γ 值之差与对应网格步长的比例关系，得出

$$\left(\frac{\partial \Gamma}{\partial x}\right)_P=\frac{\Gamma_e-\Gamma_w}{\Delta x_P}=\frac{2\delta x_P}{\Delta x_P\left(\dfrac{\Delta x_P}{\Gamma_P}+\dfrac{\Delta x_E}{\Gamma_E}\right)}-\frac{2\delta x_W}{\Delta x_P\left(\dfrac{\Delta x_P}{\Gamma_P}+\dfrac{\Delta x_W}{\Gamma_W}\right)} \tag{7-3}$$

（4）研究该微元体内标量 Γ 值在 x 方向上的二阶差商　将二阶差商关系转换为相邻界面处 Γ 的一阶差商值之差与对应网格步长的比例关系，并参考上述的一阶差商求解方法，得出

$$\left(\frac{\partial^2 \Gamma}{\partial x^2}\right)_P=\frac{\left(\dfrac{\partial \Gamma}{\partial x}\right)_e-\left(\dfrac{\partial \Gamma}{\partial x}\right)_w}{\Delta x_P}=\frac{\dfrac{\Gamma_E-\Gamma_P}{\delta x_P}-\dfrac{\Gamma_P-\Gamma_W}{\delta x_W}}{\Delta x_P} \tag{7-4}$$

（5）研究场矢量位于界面处的分量值 Γ 在 x 方向上的一阶差商　此标量 Γ 值已被设置在沿 x 轴正方向界面上，考虑迎风格式，将差商关系转换为相邻网格的 Γ 值之差与对应网格步长的比例关系，得出

$$\left(\frac{\partial \Gamma}{\partial x}\right)_e=\frac{\Gamma_E-\Gamma_P}{\delta x_P}=\frac{\Gamma_{ee}-\Gamma_w}{2\delta x_P} \tag{7-5}$$

（6）研究场矢量位于相邻界面处的标量 Γ 值在 x 方向上的二阶差商　将二阶差商关系转换为相邻界面 Γ 的一阶差商值之差与对应网格步长的比例关系，并参考上述一阶差商求解方法，得出

$$\left(\frac{\partial^2 \Gamma}{\partial x^2}\right)_e=\frac{\left(\dfrac{\partial \Gamma}{\partial x}\right)_E-\left(\dfrac{\partial \Gamma}{\partial x}\right)_P}{\delta x_P}=\frac{\dfrac{\Gamma_{ee}-\Gamma_e}{\Delta x_E}-\dfrac{\Gamma_e-\Gamma_w}{\Delta x_P}}{\delta x_P} \tag{7-6}$$

7.2　电磁场控制方程有限差分数值求解

在利用复矢量磁位求解电磁场时，矢量磁位与时间的关系被转换为矢量磁位与频率的关系，因此在离散的时候不需要单独设定时间步长。采用 7.1 节提出的混合交错网格模型，并基于有限差分法，对三维螺旋电磁场控制方程进行离散求解。下面对涡流区和非涡流区分别进行讨论。

7.2.1　涡流区求解

根据式（6-19）的涡流区方程，并引入库仑规范，离散求得研究对象金属中任意微元体

P 内的复矢量磁位 $\dot{\boldsymbol{A}}_P$ 为

$$\dot{\boldsymbol{A}}_P=\frac{1}{\mathrm{j}\omega\mu\sigma-\chi_P}(\chi_E\dot{\boldsymbol{A}}_E+\chi_W\dot{\boldsymbol{A}}_W+\chi_N\dot{\boldsymbol{A}}_N+\chi_S\dot{\boldsymbol{A}}_S+\chi_T\dot{\boldsymbol{A}}_T+\chi_B\dot{\boldsymbol{A}}_B-\mu\sigma\ \nabla\cdot\dot{\varphi}_P) \tag{7-7}$$

复标量电位 $\dot{\varphi}_P$ 为

$$\dot{\varphi}_P=-\frac{1}{\chi_P}(\chi_E\dot{\varphi}_E+\chi_W\dot{\varphi}_W+\chi_N\dot{\varphi}_N+\chi_S\dot{\varphi}_S+\chi_T\dot{\varphi}_T+\chi_B\dot{\varphi}_B-\mathrm{j}\omega\ \nabla\cdot\dot{\boldsymbol{A}}_P) \tag{7-8}$$

$$\chi_E=\frac{1}{\delta x_P\cdot\Delta x_P}$$

$$\chi_W=\frac{1}{\delta x_W\cdot\Delta x_P}$$

$$\delta x_P=\frac{1}{2}(\Delta x_E+\Delta x_P)$$

$$\delta x_W=\frac{1}{2}(\Delta x_W+\Delta x_P)$$

$$\chi_N=\frac{1}{\delta y_P\cdot\Delta y_P}$$

$$\chi_S=\frac{1}{\delta y_S\cdot\Delta y_P}$$

$$\delta y_P=\frac{1}{2}(\Delta y_N+\Delta y_P)$$

$$\delta y_S=\frac{1}{2}(\Delta y_S+\Delta y_P)$$

$$\chi_T=\frac{1}{\delta z_P\cdot\Delta z_P}$$

$$\chi_B=\frac{1}{\delta z_B\cdot\Delta z_P}$$

$$\delta z_P=\frac{1}{2}(\Delta z_T+\Delta z_P)$$

$$\delta z_B=\frac{1}{2}(\Delta z_B+\Delta z_P)$$

$$\chi_P=-(\chi_E+\chi_W+\chi_N+\chi_S+\chi_T+\chi_B)$$

考虑到复标量电位 $\dot{\varphi}_P$ 不能直接求解梯度 $\nabla\dot{\varphi}_P$，需要分别对三维直角坐标轴方向求偏微分。而式（7-7）和式（7-8）的离散求解结果表明复矢量磁位 $\dot{\boldsymbol{A}}_P$ 和复标量电位 $\dot{\varphi}_P$ 是耦合求解的。首先，将复矢量磁位 $\dot{\boldsymbol{A}}_P$ 沿三维坐标轴方向的分量 $\dot{\boldsymbol{A}}_P^x$、$\dot{\boldsymbol{A}}_P^y$ 和 $\dot{\boldsymbol{A}}_P^z$ 分别表达为

$$\begin{cases}\dot{A}_P^x=\beta_E^A\dot{A}_E^x+\beta_W^A\dot{A}_W^x+\beta_N^A\dot{A}_N^x+\beta_S^A\dot{A}_S^x+\beta_T^A\dot{A}_T^x+\beta_B^A\dot{A}_B^x+\beta_\varphi^A(\dot{\varphi}_E-\dot{\varphi}_P)\\ \dot{A}_P^y=\beta_E^A\dot{A}_E^y+\beta_W^A\dot{A}_W^y+\beta_N^A\dot{A}_N^y+\beta_S^A\dot{A}_S^y+\beta_T^A\dot{A}_T^y+\beta_B^A\dot{A}_B^y+\beta_\varphi^A(\dot{\varphi}_N-\dot{\varphi}_P)\\ \dot{A}_P^z=\beta_E^A\dot{A}_E^z+\beta_W^A\dot{A}_W^z+\beta_N^A\dot{A}_N^z+\beta_S^A\dot{A}_S^z+\beta_T^A\dot{A}_T^z+\beta_B^A\dot{A}_B^z+\beta_\varphi^A(\dot{\varphi}_T-\dot{\varphi}_P)\end{cases} \tag{7-9}$$

式中，$\beta_E^A=\dfrac{\chi_E}{j\omega\mu\sigma-\chi_P}$；$\beta_W^A=\dfrac{\chi_W}{j\omega\mu\sigma-\chi_P}$；$\beta_N^A=\dfrac{\chi_N}{j\omega\mu\sigma-\chi_P}$；$\beta_S^A=\dfrac{\chi_S}{j\omega\mu\sigma-\chi_P}$；$\beta_T^A=\dfrac{\chi_T}{j\omega\mu\sigma-\chi_P}$；$\beta_B^A=\dfrac{\chi_B}{j\omega\mu\sigma-\chi_P}$；$\beta_\varphi^A=-\dfrac{\mu\sigma}{(j\omega\mu\sigma-\chi_P)\ \delta x_P}$。

同时，复标量电位 $\dot{\varphi}_P$ 表达为

$$\begin{aligned}\dot{\varphi}_P=&\beta_E^\varphi\dot{\varphi}_E+\beta_W^\varphi\dot{\varphi}_W+\beta_N^\varphi\dot{\varphi}_N+\beta_S^\varphi\dot{\varphi}_S+\beta_T^\varphi\dot{\varphi}_T+\beta_B^\varphi\dot{\varphi}_B+\\&\beta_\varphi^x(\dot{A}_E^x-\dot{A}_P^x)+\beta_\varphi^y(\dot{A}_N^y-\dot{A}_P^y)+\beta_\varphi^z(\dot{A}_T^z-\dot{A}_P^z)\end{aligned}\tag{7-10}$$

式中，$\beta_E^\varphi=-\dfrac{\chi_E}{\chi_P}$；$\beta_W^\varphi=-\dfrac{\chi_W}{\chi_P}$；$\beta_N^\varphi=-\dfrac{\chi_N}{\chi_P}$；$\beta_S^\varphi=-\dfrac{\chi_S}{\chi_P}$；$\beta_T^\varphi=-\dfrac{\chi_T}{\chi_P}$；$\beta_B^\varphi=-\dfrac{\chi_B}{\chi_P}$；$\beta_\varphi^x=\dfrac{j\omega}{\chi_P\cdot\delta x_P}$；$\beta_\varphi^y=\dfrac{j\omega}{\chi_P\cdot\delta y_P}$；$\beta_\varphi^z=\dfrac{j\omega}{\chi_P\cdot\delta z_P}$。

7.2.2 非涡流区求解

根据式（6-19）的非涡流区方程，离散求得非涡流区中任意微元体内的复矢量磁位 $\dot{\boldsymbol{A}}_P$ 为

$$\dot{\boldsymbol{A}}_P=-\frac{1}{\chi_P}(\chi_E\dot{\boldsymbol{A}}_E+\chi_W\dot{\boldsymbol{A}}_W+\chi_N\dot{\boldsymbol{A}}_N+\chi_S\dot{\boldsymbol{A}}_S+\chi_T\dot{\boldsymbol{A}}_T+\chi_B\dot{\boldsymbol{A}}_B+\mu\boldsymbol{J}_s)\tag{7-11}$$

在非涡流区内，线圈沿 z 轴方向布置，在考虑线圈螺距的情况下，在其中通入的源电流 $\boldsymbol{J}_s$ 沿直角坐标系三个方向的有效值分别为 J_s^x、J_s^y 和 J_s^z，于是，将非涡流区内复矢量磁位 $\dot{\boldsymbol{A}}_P$ 沿三维坐标轴方向的分量 $\dot{A}_P^x$、$\dot{A}_P^y$ 和 $\dot{A}_P^z$ 分别表达为

$$\begin{cases}\dot{A}_P^x=\beta_W^\varphi\dot{A}_W^x+\beta_E^\varphi\dot{A}_E^x+\beta_S^\varphi\dot{A}_S^x+\beta_N^\varphi\dot{A}_N^x+\beta_B^\varphi\dot{A}_B^x+\beta_T^\varphi\dot{A}_T^x+\beta_\varphi^J J_s^x\\\dot{A}_P^y=\beta_W^\varphi\dot{A}_W^y+\beta_E^\varphi\dot{A}_E^y+\beta_S^\varphi\dot{A}_S^y+\beta_N^\varphi\dot{A}_N^y+\beta_B^\varphi\dot{A}_B^y+\beta_T^\varphi\dot{A}_T^y+\beta_\varphi^J J_s^y\\\dot{A}_P^z=\beta_W^\varphi\dot{A}_W^z+\beta_E^\varphi\dot{A}_E^z+\beta_S^\varphi\dot{A}_S^z+\beta_N^\varphi\dot{A}_N^z+\beta_B^\varphi\dot{A}_B^z+\beta_T^\varphi\dot{A}_T^z+\beta_\varphi^J J_s^z\end{cases}\tag{7-12}$$

式中，$\beta_\varphi^J=-\dfrac{\mu}{\chi_P}$，其余同上。

7.2.3 求解边界条件及收敛条件

1. 边界条件

参照 6.2 节的边界条件，认为在外边界 S 上无磁场与电场泄露，因而可以按照无穷远边界来处理。此时，求解域最外层网格内的复矢量磁位 $\dot{\boldsymbol{A}}_P$ 为

$$\dot{\boldsymbol{A}}_P=\boldsymbol{0}\tag{7-13}$$

同样，将求解域最外层网格内的复矢量磁位 $\dot{\boldsymbol{A}}_P$ 沿三维坐标轴方向的分量 $\dot{A}_P^x$、$\dot{A}_P^y$ 和 $\dot{A}_P^z$ 分别表达为

$$\dot{A}_P^x=\dot{A}_P^y=\dot{A}_P^z=0\tag{7-14}$$

从式（6-31）得知，研究对象金属材质与接触的介质界面上网格单元的电位相等，而标

量电位 φ 只存在于涡流区，因此假设涡流区的外表面单元网格的电位值为恒定值。对标量电位 φ 求梯度时，可采用其相邻单元的电位差来近似替代。当这种方法应用到涡流区表面单元网格时，必须考虑其相邻网格是否存在电位，于是在计算表面单元网格的复矢量磁位 $\dot{\boldsymbol{A}}_P$ 时，应对当前单元网格与沿直角坐标系不同方向相邻单元网格的接触的不同类型进行具体分析。根据研究对象金属材质与接触介质的形状因素，交界面可能为 1、2 和 3 个面，下面对其具体情况进行分析。

（1）研究对象金属材质与接触介质交界面为 1 个面　考虑到六面体网格单元特点，研究对象金属材质与接触介质交界面的外法向方向可能为沿直角坐标系的不同方向，因此计算的方法也存在差别。当研究对象金属材质表面网格单元只有 1 个面与其他介质接触时，与其外法向方向相邻单元网格处于非涡流区，不存在电位，从而可以利用式（6-32）求得，在其他方向上采用算术平均值。于是，将研究对象金属材质表面单元网格内复矢量磁位 $\dot{\boldsymbol{A}}_P$ 的沿三维坐标轴方向的分量 $\dot{A}_P^x$、$\dot{A}_P^y$ 和 $\dot{A}_P^z$ 分别表达为：

1）当外法向坐标轴为沿 x 轴正方向时

$$\dot{A}_P^x=\frac{-(\dot{\varphi}_P-\dot{\varphi}_W)}{\mathrm{j}\omega\cdot\delta x_W},\ \dot{A}_P^y=\frac{\dot{A}_N^y+\dot{A}_S^y}{2},\ \dot{A}_P^z=\frac{\dot{A}_T^z+\dot{A}_B^z}{2}\tag{7-15}$$

2）当外法向坐标轴为沿 x 轴负方向时

$$\dot{A}_P^x=\frac{-(\dot{\varphi}_E-\dot{\varphi}_P)}{\mathrm{j}\omega\cdot\delta x_P},\ \dot{A}_P^y=\frac{\dot{A}_N^y+\dot{A}_S^y}{2},\ \dot{A}_P^z=\frac{\dot{A}_T^z+\dot{A}_B^z}{2}\tag{7-16}$$

3）当外法向坐标轴为沿 y 轴正方向时

$$\dot{A}_P^x=\frac{\dot{A}_E^x+\dot{A}_W^x}{2},\ \dot{A}_P^y=\frac{-(\dot{\varphi}_P-\dot{\varphi}_S)}{\mathrm{j}\omega\cdot\delta y_S},\ \dot{A}_P^z=\frac{\dot{A}_T^z+\dot{A}_B^z}{2}\tag{7-17}$$

4）当外法向坐标轴为沿 y 轴负方向时

$$\dot{A}_P^x=\frac{\dot{A}_E^x+\dot{A}_W^x}{2},\ \dot{A}_P^y=\frac{-(\dot{\varphi}_N-\dot{\varphi}_P)}{\mathrm{j}\omega\cdot\delta y_P},\ \dot{A}_P^z=\frac{\dot{A}_T^z+\dot{A}_B^z}{2}\tag{7-18}$$

5）当外法向坐标轴为沿 z 轴正方向时

$$\dot{A}_P^x=\frac{\dot{A}_E^x+\dot{A}_W^x}{2},\ \dot{A}_P^y=\frac{\dot{A}_N^y+\dot{A}_S^y}{2},\ \dot{A}_P^z=\frac{-(\dot{\varphi}_P-\dot{\varphi}_B)}{\mathrm{j}\omega\cdot\delta z_B}\tag{7-19}$$

6）当外法向坐标轴为沿 z 轴负方向时

$$\dot{A}_P^x=\frac{\dot{A}_E^x+\dot{A}_W^x}{2},\ \dot{A}_P^y=\frac{\dot{A}_N^y+\dot{A}_S^y}{2},\ \dot{A}_P^z=\frac{-(\dot{\varphi}_T-\dot{\varphi}_P)}{\mathrm{j}\omega\cdot\delta z_P}\tag{7-20}$$

（2）研究对象金属材质与接触介质交界面为 2 个面　当研究对象金属材质表面网格单元有 2 个面与其他介质接触时，存在 2 个与其外法向相邻的单元网格处于非涡流区，这些单元不存在电位，同样利用式（6-32）求得，其他方向上的采用算术平均值。于是，将研究对象金属材质表面网格单元内复矢量磁位 $\dot{\boldsymbol{A}}_P$ 沿三维坐标轴方向的分量 $\dot{A}_P^x$、$\dot{A}_P^y$ 和 $\dot{A}_P^z$ 分别表达为

1）当外法向坐标轴为沿 x 轴负方向和 y 轴正方向时

$$\dot{A}_P^x=\frac{-(\dot{\varphi}_E-\dot{\varphi}_P)}{\mathrm{j}\omega\cdot\delta x_P},\ \dot{A}_P^y=\frac{-(\dot{\varphi}_P-\dot{\varphi}_S)}{\mathrm{j}\omega\cdot\delta y_S},\ \dot{A}_P^z=\frac{\dot{A}_T^z+\dot{A}_B^z}{2} \tag{7-21}$$

2）当外法向坐标轴为沿 x 轴负方向和 y 轴负方向时

$$\dot{A}_P^x=\frac{-(\dot{\varphi}_E-\dot{\varphi}_P)}{\mathrm{j}\omega\cdot\delta x_P},\ \dot{A}_P^y=\frac{-(\dot{\varphi}_N-\dot{\varphi}_P)}{\mathrm{j}\omega\cdot\delta y_P},\ \dot{A}_P^z=\frac{\dot{A}_T^z+\dot{A}_B^z}{2} \tag{7-22}$$

3）当外法向坐标轴为沿 x 轴负方向和 z 轴正方向时

$$\dot{A}_P^x=\frac{-(\dot{\varphi}_E-\dot{\varphi}_P)}{\mathrm{j}\omega\cdot\delta x_P},\ \dot{A}_P^y=\frac{\dot{A}_N^y+\dot{A}_S^y}{2},\ \dot{A}_P^z=\frac{-(\dot{\varphi}_P-\dot{\varphi}_B)}{\mathrm{j}\omega\cdot\delta z_B} \tag{7-23}$$

4）当外法向坐标轴为沿 x 轴负方向和 z 轴负方向时

$$\dot{A}_P^x=\frac{-(\dot{\varphi}_E-\dot{\varphi}_P)}{\mathrm{j}\omega\cdot\delta x_P},\ \dot{A}_P^y=\frac{\dot{A}_N^y+\dot{A}_S^y}{2},\ \dot{A}_P^z=\frac{-(\dot{\varphi}_T-\dot{\varphi}_P)}{\mathrm{j}\omega\cdot\delta z_P} \tag{7-24}$$

5）当外法向坐标轴为沿 x 轴正方向和 y 轴正方向时

$$\dot{A}_P^x=\frac{-(\dot{\varphi}_P-\dot{\varphi}_W)}{\mathrm{j}\omega\cdot\delta x_W},\ \dot{A}_P^y=\frac{-(\dot{\varphi}_P-\dot{\varphi}_S)}{\mathrm{j}\omega\cdot\delta y_S},\ \dot{A}_P^z=\frac{\dot{A}_T^z+\dot{A}_B^z}{2} \tag{7-25}$$

6）当外法向坐标轴为沿 x 轴正方向和 y 轴负方向时

$$\dot{A}_P^x=\frac{-(\dot{\varphi}_P-\dot{\varphi}_W)}{\mathrm{j}\omega\cdot x_W},\ \dot{A}_P^y=\frac{-(\dot{\varphi}_N-\dot{\varphi}_P)}{\mathrm{j}\omega\cdot\delta y_P},\ \dot{A}_P^z=\frac{\dot{A}_T^z+\dot{A}_B^z}{2} \tag{7-26}$$

7）当外法向坐标轴为沿 x 轴正方向和 z 轴正方向时

$$\dot{A}_P^x=\frac{-(\dot{\varphi}_P-\dot{\varphi}_W)}{\mathrm{j}\omega\cdot\delta x_W},\ \dot{A}_P^y=\frac{\dot{A}_N^y+\dot{A}_S^y}{2},\ \dot{A}_P^z=\frac{-(\dot{\varphi}_P-\dot{\varphi}_B)}{\mathrm{j}\omega\cdot\delta z_B} \tag{7-27}$$

8）当外法向坐标轴为沿 x 轴正方向和 z 轴负方向时

$$\dot{A}_P^x=\frac{-(\dot{\varphi}_P-\dot{\varphi}_W)}{\mathrm{j}\omega\cdot\delta x_W},\ \dot{A}_P^y=\frac{\dot{A}_N^y+\dot{A}_S^y}{2},\ \dot{A}_P^z=\frac{-(\dot{\varphi}_T-\dot{\varphi}_P)}{\mathrm{j}\omega\cdot\delta z_P} \tag{7-28}$$

9）当外法向坐标轴为沿 y 轴负方向和 z 轴正方向时

$$\dot{A}_P^x=\frac{\dot{A}_E^x+\dot{A}_W^x}{2},\ \dot{A}_P^y=\frac{-(\dot{\varphi}_N-\dot{\varphi}_P)}{\mathrm{j}\omega\cdot\delta y_P},\ \dot{A}_P^z=\frac{-(\dot{\varphi}_P-\dot{\varphi}_B)}{\mathrm{j}\omega\cdot\delta z_B} \tag{7-29}$$

10）当外法向坐标轴为沿 y 轴负方向和 z 轴负方向时

$$\dot{A}_P^x=\frac{\dot{A}_E^x+\dot{A}_W^x}{2},\ \dot{A}_P^y=\frac{-(\dot{\varphi}_N-\dot{\varphi}_P)}{\mathrm{j}\omega\cdot\delta y_P},\ \dot{A}_P^z=\frac{-(\dot{\varphi}_T-\dot{\varphi}_P)}{\mathrm{j}\omega\cdot\delta z_P} \tag{7-30}$$

11）当外法向坐标轴为沿 y 轴正方向和 z 轴正方向时

$$\dot{A}_P^x=\frac{\dot{A}_E^x+\dot{A}_W^x}{2},\ \dot{A}_P^y=\frac{-(\dot{\varphi}_P-\dot{\varphi}_S)}{\mathrm{j}\omega\cdot\delta y_S},\ \dot{A}_P^z=\frac{-(\dot{\varphi}_P-\dot{\varphi}_B)}{\mathrm{j}\omega\cdot\delta z_B} \tag{7-31}$$

12）当外法向坐标轴为沿 y 轴正方向和 z 轴负方向时

$$\dot{A}_P^x=\frac{\dot{A}_E^x+\dot{A}_W^x}{2},\ \dot{A}_P^y=\frac{-(\dot{\varphi}_P-\dot{\varphi}_S)}{\mathrm{j}\omega\cdot\delta y_S},\ \dot{A}_P^z=\frac{-(\dot{\varphi}_T-\dot{\varphi}_P)}{\mathrm{j}\omega\cdot\delta z_P} \tag{7-32}$$

（3）研究对象金属材质与接触介质交界面为3个面　当研究对象金属材质表面网格单元有3个面与其他介质接触时，存在3个与其外法向相邻的单元网格处于非涡流区，这些单元不存在电位，同样利用式（6-32）求得。于是，将研究对象金属材质表面网格单元内复矢量磁位 $\dot{\boldsymbol{A}}_P$ 沿三维坐标轴方向的分量 $\dot{A}_P^x$、$\dot{A}_P^y$ 和 $\dot{A}_P^z$ 分别表达为

1）当外法向坐标轴为沿 x 轴负方向、y 轴负方向和 z 轴正方向时

$$\dot{A}_P^x=\frac{-(\dot{\varphi}_E-\dot{\varphi}_P)}{\mathrm{j}\omega\cdot\delta x_P},\ \dot{A}_P^y=\frac{-(\dot{\varphi}_N-\dot{\varphi}_P)}{\mathrm{j}\omega\cdot\delta y_P},\ \dot{A}_P^z=\frac{-(\dot{\varphi}_P-\dot{\varphi}_B)}{\mathrm{j}\omega\cdot\delta z_B} \tag{7-33}$$

2）当外法向坐标轴为沿 x 轴负方向、y 轴负方向和 z 轴负方向时

$$\dot{A}_P^x=\frac{-(\dot{\varphi}_E-\dot{\varphi}_P)}{\mathrm{j}\omega\cdot\delta x_P},\ \dot{A}_P^y=\frac{-(\dot{\varphi}_N-\dot{\varphi}_P)}{\mathrm{j}\omega\cdot\delta y_P},\ \dot{A}_P^z=\frac{-(\dot{\varphi}_T-\dot{\varphi}_P)}{\mathrm{j}\omega\cdot\delta z_P} \tag{7-34}$$

3）当外法向坐标轴为沿 x 轴负方向、y 轴正方向和 z 轴正方向时

$$\dot{A}_P^x=\frac{-(\dot{\varphi}_E-\dot{\varphi}_P)}{\mathrm{j}\omega\cdot\delta x_P},\ \dot{A}_P^y=\frac{-(\dot{\varphi}_P-\dot{\varphi}_S)}{\mathrm{j}\omega\cdot\delta y_S},\ \dot{A}_P^z=\frac{-(\dot{\varphi}_P-\dot{\varphi}_B)}{\mathrm{j}\omega\cdot\delta z_B} \tag{7-35}$$

4）当外法向坐标轴为沿 x 轴负方向、y 轴正方向和 z 轴负方向时

$$\dot{A}_P^x=\frac{-(\dot{\varphi}_E-\dot{\varphi}_P)}{\mathrm{j}\omega\cdot\delta x_P},\ \dot{A}_P^y=\frac{-(\dot{\varphi}_P-\dot{\varphi}_S)}{\mathrm{j}\omega\cdot\delta y_S},\ \dot{A}_P^z=\frac{-(\dot{\varphi}_T-\dot{\varphi}_P)}{\mathrm{j}\omega\cdot\delta z_P} \tag{7-36}$$

5）当外法向坐标轴为沿 x 轴正方向、y 轴负方向和 z 轴正方向时

$$\dot{A}_P^x=\frac{-(\dot{\varphi}_P-\dot{\varphi}_W)}{\mathrm{j}\omega\cdot\delta x_W},\ \dot{A}_P^y=\frac{-(\dot{\varphi}_N-\dot{\varphi}_P)}{\mathrm{j}\omega\cdot\delta y_P},\ \dot{A}_P^z=\frac{-(\dot{\varphi}_P-\dot{\varphi}_B)}{\mathrm{j}\omega\cdot\delta z_B} \tag{7-37}$$

6）当外法向坐标轴为沿 x 轴正方向、y 轴负方向和 z 轴负方向时

$$\dot{A}_P^x=\frac{-(\dot{\varphi}_P-\dot{\varphi}_W)}{\mathrm{j}\omega\cdot\delta x_W},\ \dot{A}_P^y=\frac{-(\dot{\varphi}_N-\dot{\varphi}_P)}{\mathrm{j}\omega\cdot\delta y_P},\ \dot{A}_P^z=\frac{-(\dot{\varphi}_T-\dot{\varphi}_P)}{\mathrm{j}\omega\cdot\delta z_P} \tag{7-38}$$

7）当外法向坐标轴为沿 x 轴正方向、y 轴正方向和 z 轴正方向时

$$\dot{A}_P^x=\frac{-(\dot{\varphi}_P-\dot{\varphi}_W)}{\mathrm{j}\omega\cdot\delta x_W},\ \dot{A}_P^y=\frac{-(\dot{\varphi}_P-\dot{\varphi}_S)}{\mathrm{j}\omega\cdot\delta y_S},\ \dot{A}_P^z=\frac{-(\dot{\varphi}_P-\dot{\varphi}_B)}{\mathrm{j}\omega\cdot\delta z_B} \tag{7-39}$$

8）当外法向坐标轴为沿 x 轴正方向、y 轴正方向和 z 轴负方向时

$$\dot{A}_P^x=\frac{-(\dot{\varphi}_P-\dot{\varphi}_W)}{\mathrm{j}\omega\cdot\delta x_W},\ \dot{A}_P^y=\frac{-(\dot{\varphi}_P-\dot{\varphi}_S)}{\mathrm{j}\omega\cdot\delta y_S},\ \dot{A}_P^z=\frac{-(\dot{\varphi}_T-\dot{\varphi}_P)}{\mathrm{j}\omega\cdot\delta z_P} \tag{7-40}$$

2. 电磁收敛条件

在利用复矢量磁位求解时，复矢量磁位与时间的关系被转换为复矢量磁位与频率的关系，因此不需要考虑时间步长。但在求解过程中，需要保证数值解的稳定，还必须满足条件

$$\sum_k\sum_j\sum_i\frac{|\dot{\boldsymbol{A}}_P^{n+1}-\dot{\boldsymbol{A}}_P^{n}|}{\max|\dot{\boldsymbol{A}}_P^{n+1}|}<0.001 \tag{7-41}$$

式中，$\dot{\boldsymbol{A}}_P^{n+1}$ 和 $\dot{\boldsymbol{A}}_P^{n}$ 分别为迭代第 $n+1$ 次和第 n 次时网格单元（i，j，k）内的复矢量磁位 $\dot{\boldsymbol{A}}_P$。

7.3 传热与流动耦合控制方程有限差分数值求解

7.3.1 有限差分离散

当微元体 P（i，j，k）为内部网格单元时，与其相邻的网格单元同为内部网格单元，或为边界最外层网格单元。在这种情况中，传热方式主要为热传导和热对流，$M_{-u_W^t}=\max\{-u_W^t, 0\}/\{\delta x_W\cdot\max\{u_P^t/|u_P^t|, 0\}+\delta x_P\cdot\max\{-u_P^t/|u_P^t|, 0\}\}$ 没有热辐射存在。当微元体 P（i，j，k）为边界网格单元时，与其相邻的网格单元可能为感应电炉炉体或铸型边界网格单元，也可能为空气边界网格单元，边界条件按式（6-45）和式（6-48）处理。

采用 7.2 节提出的混合交错网格模型，并基于有限差分法，对式（6-44）进行离散求解。需要注意的是，此处的离散结果并不包含潜热项，关于潜热的处理会在 7.4.4 节进行详细讨论。其中，瞬态项采用向前差分格式，对流项采用迎风格式，扩散项采用中心差分格式。考虑流动的方向，采用半隐式格式，将离散结果表达为

$$\kappa_P^{t+\Delta t}T_P^{t+\Delta t}=\kappa_P^tT_P^t+\kappa_E^tT_E^t+\kappa_W^tT_W^t+\kappa_N^tT_N^t+\kappa_S^tT_S^t+\kappa_T^tT_T^t+\kappa_B^tT_B^t+\chi_t\cdot\frac{|j|^2}{\sigma}\tag{7-42}$$

$$\kappa_P^{t+\Delta t}=1-\lambda\cdot\chi_t\cdot\chi_P$$

$$\kappa_P^t=1-\chi_t\cdot(M_{u_P^t}+M_{-u_W^t}+M_{v_P^t}+M_{-v_S^t}+M_{w_P^t}+M_{-w_B^t})$$

$$\kappa_E^t=\chi_t\cdot(\lambda\cdot\chi_E+M_{-u_P^t})$$

$$\kappa_W^t=\chi_t\cdot(\lambda\cdot\chi_W+M_{u_W^t})$$

$$\kappa_N^t=\chi_t\cdot(\lambda\cdot\chi_N+M_{-v_P^t})$$

$$\kappa_S^t=\chi_t\cdot(\lambda\cdot\chi_S+M_{v_S^t})$$

$$\kappa_T^t=\chi_t\cdot(\lambda\cdot\chi_T+M_{-w_P^t})$$

$$\kappa_B^t=\chi_t\cdot(\lambda\cdot\chi_B+M_{w_B^t})$$

$$\chi_t=\frac{\Delta t}{\rho c_p}$$

$$M_{u_P^t}=\frac{\max\{u_P^t,0\}}{\delta x_W\cdot\max\{u_P^t/|u_P^t|,0\}+\delta x_P\cdot\max\{-u_P^t/|u_P^t|,0\}}$$

$$M_{-u_P^t}=\frac{\max\{-u_P^t,0\}}{\delta x_W\cdot\max\{u_P^t/|u_P^t|,0\}+\delta x_P\cdot\max\{-u_P^t/|u_P^t|,0\}}$$

$$M_{u_W^t}=\frac{\max\{u_W^t,0\}}{\delta x_W\cdot\max\{u_P^t/|u_P^t|,0\}+\delta x_P\cdot\max\{-u_P^t/|u_P^t|,0\}}$$

$$M_{-u_W^t}=\frac{\max\{u_W^t,0\}}{\delta x_W\cdot\max\{u_P^t/|u_P^t|,0\}+\delta x_P\cdot\max\{-u_P^t/|u_P^t|,0\}}$$

$$M_{v_P^t}=\frac{\max\{v_P^t,0\}}{\delta x_S\cdot\max\{v_P^t/|v_P^t|,0\}+\delta x_P\cdot\max\{-v_P^t/|v_P^t|,0\}}$$

$$M_{-v_P^t}=\frac{\max\{-v_P^t,0\}}{\delta x_S\cdot\max\{v_P^t/|v_P^t|,0\}+\delta x_P\cdot\max\{-v_P^t/|v_P^t|,0\}}$$

$$M_{v_S^t}=\frac{\max\{v_S^t,0\}}{\delta x_S\cdot\max\{v_P^t/|v_P^t|,0\}+\delta x_P\cdot\max\{-v_P^t/|v_P^t|,0\}}$$

$$M_{-v_S^t}=\frac{\max\{-v_S^t,0\}}{\delta x_S\cdot\max\{v_P^t/|v_P^t|,0\}+\delta x_P\cdot\max\{-v_P^t/|v_P^t|,0\}}$$

$$M_{w_P^t}=\frac{\max\{w_P^t,0\}}{\delta x_B\cdot\max\{w_P^t/|w_P^t|,0\}+\delta x_P\cdot\max\{-w_P^t/|w_P^t|,0\}}$$

$$M_{-w_P^t}=\frac{\max\{-w_P^t,0\}}{\delta x_B\cdot\max\{w_P^t/|w_P^t|,0\}+\delta x_P\cdot\max\{-w_P^t/|w_P^t|,0\}}$$

$$M_{w_B^t}=\frac{\max\{w_B^t,0\}}{\delta x_B\cdot\max\{w_P^t/|w_P^t|,0\}+\delta x_P\cdot\max\{-w_P^t/|w_P^t|,0\}}$$

$$M_{-w_B^t}=\frac{\max\{-w_B^t,0\}}{\delta x_B\cdot\max\{w_P^t/|w_P^t|,0\}+\delta x_P\cdot\max\{-w_P^t/|w_P^t|,0\}}$$

7.3.2　收敛条件

在数值求解过程中，为保证数值解的稳定与收敛，当前时刻温度 T_P^t 与下一时刻温度 $T_P^{t+\Delta t}$ 的系数商不能为负数，即要保证

$$\frac{\kappa_P^t}{\kappa_P^{t+\Delta t}}=\frac{1-\chi_t\cdot(M_{u_P^t}+M_{-u_W^t}+M_{v_P^t}+M_{-v_S^t}+M_{w_P^t}+M_{-w_B^t})}{1-\lambda\cdot\chi_t\cdot\chi_P}\geqslant 0 \tag{7-43}$$

而在实际工程中，不需要每个迭代步都验证如此复杂的公式，只需要满足式（7-44）即可保证式（7-43）成立。

$$0<\Delta t\leqslant\min\left\{\frac{\rho c_p\min\{\Delta x_P\cdot\Delta y_P,\Delta y_P\cdot\Delta z_P,\Delta x_P\cdot\Delta z_P\}}{6\lambda}\right\} \tag{7-44}$$

7.4　流动与传质耦合控制方程有限体积数值求解

7.4.1　洛伦兹力的数值求解

6.3.3节已经介绍了洛伦兹力的数学求解方程，本节将结合提出的混合交错网格模型，对洛伦兹力进行数值求解。首先，将式（6-42）代入式（6-49），重新表达为

$$\boldsymbol{F}_{LZ}=\boldsymbol{J}_e\times\boldsymbol{B}=\sigma(\boldsymbol{E}+\boldsymbol{v}\times\boldsymbol{B})\times\boldsymbol{B} \tag{7-45}$$

将电磁场产生的感应涡电流 $\boldsymbol{J}=\sigma\boldsymbol{E}$ 按直角坐标系三个方向表达为 $\boldsymbol{J}=(J_x, J_y, J_z)$。同理，将速度 $\boldsymbol{v}$ 表达为 $\boldsymbol{v}=(u, v, w)$，将磁感应强度 $\boldsymbol{B}$ 表达为 $\boldsymbol{B}=(B_x, B_y, B_z)$，于是将式（7-45）重写为

$$F_{LZ}=J_e\times B=\begin{bmatrix} i & j & k \\ J_x+\sigma(vB_z-wB_y) & J_y+\sigma(wB_x-uB_z) & J_z+\sigma(uB_y-vB_x) \\ B_x & B_y & B_z \end{bmatrix} \tag{7-46}$$

于是，得到洛伦兹力 $F_{LZ}=(F_{LZx},\ F_{LZy},\ F_{LZz})$ 的三个分量分别为

$$\begin{cases} F_{LZx}=[J_y+\sigma(wB_x-uB_z)]B_z-[J_z+\sigma(uB_y-vB_x)]B_y \\ F_{LZy}=[J_z+\sigma(uB_y-vB_x)]B_x-[J_x+\sigma(vB_z-wB_y)]B_z \\ F_{LZz}=[J_x+\sigma(vB_z-wB_y)]B_y-[J_y+\sigma(wB_x-uB_z)]B_x \end{cases} \tag{7-47}$$

7.4.2 有限体积离散

1. 流动控制方程有限体积离散

三维螺旋电磁场条件下的流动控制方程按直角坐标系方向表达为

$$\begin{cases} \dfrac{\partial(\rho u)}{\partial t}+\dfrac{\partial(\rho uu)}{\partial x}+\dfrac{\partial(\rho uv)}{\partial y}+\dfrac{\partial(\rho uw)}{\partial z}=\mu\left(\dfrac{\partial^2 u}{\partial x^2}+\dfrac{\partial^2 u}{\partial y^2}+\dfrac{\partial^2 u}{\partial z^2}\right)-\dfrac{\mu_l}{K}u-\dfrac{\partial p}{\partial x}+F_{LZx}+G_x \\ \dfrac{\partial(\rho v)}{\partial t}+\dfrac{\partial(\rho vu)}{\partial x}+\dfrac{\partial(\rho vv)}{\partial y}+\dfrac{\partial(\rho vw)}{\partial z}=\mu\left(\dfrac{\partial^2 v}{\partial x^2}+\dfrac{\partial^2 v}{\partial y^2}+\dfrac{\partial^2 v}{\partial z^2}\right)-\dfrac{\mu_l}{K}v-\dfrac{\partial p}{\partial y}+F_{LZy}+G_y \\ \dfrac{\partial(\rho w)}{\partial t}+\dfrac{\partial(\rho wu)}{\partial x}+\dfrac{\partial(\rho wv)}{\partial y}+\dfrac{\partial(\rho ww)}{\partial z}=\mu\left(\dfrac{\partial^2 w}{\partial x^2}+\dfrac{\partial^2 w}{\partial y^2}+\dfrac{\partial^2 w}{\partial z^2}\right)-\dfrac{\mu_l}{K}w-\dfrac{\partial p}{\partial z}+F_{LZz}+G_z \end{cases} \tag{7-48}$$

对当前的研究对象微元体 P 采用有限体积法对式（7-48）进行离散求解，于是在其体积 ΔV 和时间步长 Δt 内进行积分，以 u 方程为例，将上式各项分别改写，并进行整合。

瞬态项中，密度视为常数，得到离散结果

$$\int_t^{t+\Delta t}\int_{\Delta V}\frac{\partial(\rho u)}{\partial t}\mathrm{d}V\mathrm{d}t=\rho(u_P^{t+\Delta t}-u_P^t)\Delta V \tag{7-49}$$

对流项采用迎风格式。对于当前微元体 P，当每个界面处的流动均为正向时，界面处速度为 $u_e=u_P$，$u_w=u_W$，$v_n=v_P$，$v_s=v_S$，$w_t=w_P$，$w_b=w_B$；同样，当流动为反向时，界面处速度为 $u_e=u_E$，$u_w=u_P$，$v_n=v_N$，$v_s=v_P$，$w_t=w_T$，$w_b=w_P$。记微元体任意一个界面的面积为 S，并假定 $F_u=\rho uS$，并考虑流动的正反方向问题，将对流项离散结果表达为

$$\begin{aligned} &\int_t^{t+\Delta t}\int_{\Delta V}\left[\frac{\partial(\rho uu)}{\partial x}+\frac{\partial(\rho uv)}{\partial y}+\frac{\partial(\rho uw)}{\partial z}\right]\mathrm{d}V\mathrm{d}t \\ &=\int_t^{t+\Delta t}[(\rho uuS)_e-(\rho uuS)_w+(\rho uvS)_n-(\rho uvS)_s+(\rho uwS)_t-(\rho uwS)_b]\,\mathrm{d}t \\ &=\int_t^{t+\Delta t}[u_P\max\{F_{ue},0\}-u_E\max\{-F_{ue},0\}+u_P\max\{-F_{uw},0\}-u_W\max\{F_{uw},0\}+ \\ &\quad v_P\max\{F_{un},0\}-v_N\max\{-F_{un},0\}+v_P\max\{-F_{us},0\}-v_S\max\{F_{us},0\}+ \\ &\quad w_P\max\{F_{ut},0\}-w_T\max\{-F_{ut},0\}+w_P\max\{-F_{ub},0\}-w_B\max\{F_{ub},0\}]\,\mathrm{d}t \end{aligned} \tag{7-50}$$

扩散项采用中心差分格式，其离散结果为

$$\int_t^{t+\Delta t}\int_{\Delta V}\mu\left(\frac{\partial^2 u}{\partial x^2}+\frac{\partial^2 u}{\partial y^2}+\frac{\partial^2 u}{\partial z^2}\right)\mathrm{d}V\mathrm{d}t$$
$$=\int_t^{t+\Delta t}\left[\left(\mu S\frac{\partial u}{\partial x}\right)_e-\left(\mu S\frac{\partial u}{\partial x}\right)_w+\left(\mu S\frac{\partial u}{\partial y}\right)_n-\left(\mu S\frac{\partial u}{\partial y}\right)_s+\left(\mu S\frac{\partial u}{\partial z}\right)_t-\left(\mu S\frac{\partial u}{\partial z}\right)_b\right]\mathrm{d}t$$
$$=\int_t^{t+\Delta t}\mu\left(S_e\frac{u_E-u_P}{\delta x_P}-S_w\frac{u_P-u_W}{\delta x_W}+S_n\frac{u_N-u_P}{\delta y_P}-S_s\frac{u_P-u_S}{\delta y_S}+S_t\frac{u_T-u_P}{\delta z_P}-S_b\frac{u_P-u_B}{\delta z_B}\right)\mathrm{d}t \tag{7-51}$$

压力项的处理要采取交错网格方法，离散结果为

$$-\int_t^{t+\Delta t}\int_{\Delta V}\frac{\partial p}{\partial x}\mathrm{d}V\mathrm{d}t=-\int_t^{t+\Delta t}[(pS)_e-(pS)_w]\,\mathrm{d}t \tag{7-52}$$

Darcy 项和体积力项均采取线性化处理，其离散结果为

$$-\int_t^{t+\Delta t}\int_{\Delta V}\frac{\mu_l}{K}u\mathrm{d}V\mathrm{d}t=-\frac{\mu_l}{K}u\cdot\Delta V\cdot\Delta t \tag{7-53}$$

$$\int_t^{t+\Delta t}\int_{\Delta V}(F_{LZx}+G_x)\,\mathrm{d}V\mathrm{d}t=(F_{LZx}+G_x)\cdot\Delta V\cdot\Delta t \tag{7-54}$$

v 方程和 w 方程的离散处理方法与 u 方程相同，其各项离散结果就不在此赘述了。最后，假设流动为正向，将式（7-48）的有限体积法离散结果表达为

$$\begin{cases}\rho(u_P^{t+\Delta t}-u_P^t)\Delta V+\int_t^{t+\Delta t}(u_PF_{ue}-u_WF_{uw}+v_PF_{un}-v_SF_{us}+w_PF_{ut}-w_BF_{ub})\,\mathrm{d}t\\=\int_t^{t+\Delta t}\mu\left[u_ED_e+u_WD_w+u_ND_n+u_SD_s+u_TD_t+u_BD_b-u_P\sum D\right]\mathrm{d}t+\\\left(F_{LZx}+G_x-\frac{\mu_l}{K}u\right)\cdot\Delta V\cdot\Delta t-\int_t^{t+\Delta t}[(pS)_e-(pS)_w]\,\mathrm{d}t\\\rho(v_P^{t+\Delta t}-v_P^t)\Delta V+\int_t^{t+\Delta t}(u_PF_{ve}-u_WF_{vw}+v_PF_{vn}-v_SF_{vs}+w_PF_{vt}-w_BF_{vb})\,\mathrm{d}t\\=\int_t^{t+\Delta t}\mu\left[v_ED_e+v_WD_w+v_ND_n+v_SD_s+v_TD_t+v_BD_b-v_P\sum D\right]\mathrm{d}t+\\\left(F_{LZy}+G_y-\frac{\mu_l}{K}v\right)\cdot\Delta V\cdot\Delta t-\int_t^{t+\Delta t}[(pS)_n-(pS)_s]\,\mathrm{d}t\\\rho(w_P^{t+\Delta t}-w_P^t)\Delta V+\int_t^{t+\Delta t}(u_PF_{we}-u_WF_{ww}+v_PF_{wn}-v_SF_{ws}+w_PF_{wt}-w_BF_{wb})\,\mathrm{d}t\\=\int_t^{t+\Delta t}\mu\left[w_ED_e+w_WD_w+w_ND_n+w_SD_s+w_TD_t+w_BD_b-w_P\sum D\right]\mathrm{d}t+\\\left(F_{LZz}+G_z-\frac{\mu_l}{K}w\right)\cdot\Delta V\cdot\Delta t-\int_t^{t+\Delta t}[(pS)_t-(pS)_b]\,\mathrm{d}t\end{cases} \tag{7-55}$$

式中，$D_e=\frac{S_e}{\delta x_P}$；$D_w=\frac{S_w}{\delta x_W}$；$D_n=\frac{S_n}{\delta y_P}$；$D_s=\frac{S_s}{\delta y_S}$；$D_t=\frac{S_t}{\delta z_P}$；$D_b=\frac{S_b}{\delta z_B}$；$\sum D=D_e+D_w+D_n+D_s+D_t+D_b$；$F_{ue}=\rho u_P\Delta y_P\cdot\Delta z_P$；$F_{uw}=\rho u_W\Delta y_P\cdot\Delta z_P$；$F_{un}=\rho\frac{(u_P+u_W+u_N+u_{NW})}{4}\Delta x_P\cdot\Delta z_P$；$F_{us}=\rho$

$\dfrac{(u_P+u_W+u_S+u_{SW})}{4}\Delta x_P\cdot\Delta z_P$；$F_{ut}=\rho\dfrac{(u_P+u_W+u_T+u_{TW})}{4}\Delta x_P\cdot\Delta y_P$；$F_{ub}=\rho\dfrac{(u_P+u_W+u_B+u_{BW})}{4}$ $\Delta x_P\cdot\Delta y_P$；$F_{ve}=\rho\dfrac{(v_P+v_S+v_E+v_{ES})}{4}\Delta y_P\cdot\Delta z_P$；$F_{vw}=\rho\dfrac{(v_P+v_S+v_W+v_{WS})}{4}\Delta y_P\cdot\Delta z_P$；$F_{vn}=$ $\rho v_P\Delta x_P\cdot\Delta z_P$；$F_{vs}=\rho v_S\Delta x_P\cdot\Delta z_P$；$F_{vt}=\rho\dfrac{(v_P+v_S+v_T+v_{TS})}{4}\Delta x_P\cdot\Delta y_P$；$F_{vb}=\rho\dfrac{(v_P+v_S+v_B+v_{BS})}{4}$ $\Delta x_P\cdot\Delta y_P$；$F_{we}=\rho\dfrac{(w_P+w_B+w_E+w_{EB})}{4}\Delta y_P\cdot\Delta z_P$；$F_{ww}=\rho\dfrac{(w_P+w_B+w_W+w_{WB})}{4}\Delta y_P\cdot\Delta z_P$；$F_{wn}=\rho\dfrac{(w_P+w_B+w_N+w_{NB})}{4}\Delta x_P\cdot\Delta z_P$；$F_{ws}=\rho\dfrac{(w_P+w_B+w_S+w_{SB})}{4}\Delta x_P\cdot\Delta z_P$；$F_{wt}=\rho w_P\Delta x_P\cdot$ Δy_P；$F_{wb}=\rho w_B\Delta x_P\cdot\Delta y_P$。

2. 传质控制方程有限体积离散

以某种溶质元素为例，假设流动为正向，采用有限体积法，对式（6-52）进行离散求解，其离散结果为

$$(C_P^{t+\Delta t}-C_P^t)\Delta V+\int_t^{t+\Delta t}\left(u_P\frac{C_{lP}-C_{lW}}{\delta x_W}+v_P\frac{C_{lP}-C_{lS}}{\delta y_S}+w_P\frac{C_{lP}-C_{lB}}{\delta z_B}\right)\mathrm{d}t$$
$$=\int_t^{t+\Delta t}f_lD_l\left(C_{lE}D_e+C_{lW}D_w+C_{lN}D_n+C_{lS}D_s+C_{lT}D_t+C_{lB}D_b-C_{lP}\sum D\right)\mathrm{d}t \tag{7-56}$$

式（7-56）中，需要求解的参数有2个，即微元体 P 内下一时刻的某溶质元素浓度 $C_P^{t+\Delta t}$ 和上一时刻微元体 P 及其相邻微元体内的液相溶质浓度 C_l。所以还需要一个方程，解释 $C_P^{t+\Delta t}$ 和 C_l 的关系，而这个关系的求解与固液相分数的求解有关，该方程将在 7.5.4 节中进行讨论。

7.4.3 流动场高效数值求解技术

1. 修正的 Projection 方法

7.4.3 节已经详细讨论了动量方程的有限体积法离散求解，在求解离散方程的方法上选择了 Projection 方法并对其进行修正。修正的 Projection 方法继承了原有的思想，首先在单位时间步长内，不考虑压力梯度，求解一个不满足连续性条件的中间速度场，根据此中间速度场求解压力场；继而利用压力场将此中间速度场投影到无散场中去，求解下一时刻满足连续性条件的速度场。常规求解动量方程中，没有 Darcy 项，求解过程相对简单。本书提出的动量控制方程需要考虑固液糊状区内的流动问题，采用 Darcy 项进行分析，因此利用 Projection 方法求解动量方程时需要对 Darcy 项进行处理。

首先，采取全隐式格式，在单位时间步长 Δt 内对动量控制方程式（6-51）进行离散，Darcy 项和压力项的值均采用（$t+\Delta t$）时刻的值，其结果为

$$\frac{\rho(\boldsymbol{v}^{t+\Delta t}-\boldsymbol{v}^t)}{\Delta t}+\rho\boldsymbol{v}^t\cdot\nabla\boldsymbol{v}^t=\nabla\cdot(\mu_l\nabla\boldsymbol{v}^t)-\frac{\mu_l}{K}\boldsymbol{v}^{t+\Delta t}-\nabla p^{t+\Delta t}+\rho_b\boldsymbol{g}+\boldsymbol{J}_e\times\boldsymbol{B} \tag{7-57}$$

于是得到（$t+\Delta t$）时刻速度 $\boldsymbol{v}^{t+\Delta t}$ 的值，即

$$\boldsymbol{v}^{t+\Delta t}\left(1+\frac{\Delta t \cdot \mu_l}{\rho K}\right)=\boldsymbol{v}^t+\frac{\Delta t \cdot [\nabla \cdot (\mu_l \nabla \boldsymbol{v}^t)+\rho_b \boldsymbol{g}+\boldsymbol{J}_e \times \boldsymbol{B}-\rho \boldsymbol{v}^t \cdot \nabla \boldsymbol{v}^t]}{\rho}-\frac{\Delta t \cdot \nabla p^{t+\Delta t}}{\rho} \tag{7-58}$$

引入不满足连续性方程的中间速度 $\boldsymbol{v}^*$，并令其为

$$\boldsymbol{v}^*=\frac{\boldsymbol{v}^t+\dfrac{\Delta t \cdot [\nabla \cdot (\mu_l \nabla \boldsymbol{v}^t)+\rho_b \boldsymbol{g}+\boldsymbol{J}_e \times \boldsymbol{B}-\rho \boldsymbol{v}^t \cdot \nabla \boldsymbol{v}^t]}{\rho}}{1+\dfrac{\Delta t \cdot \mu_l}{\rho K}} \tag{7-59}$$

再根据连续性方程，将（$t+\Delta t$）时刻速度 $\boldsymbol{v}^{t+\Delta t}$ 的值投影到无散场中，得到

$$\nabla^2 p^{t+\Delta t}=\left(\frac{\rho}{\Delta t}+\frac{\mu_l}{K}\right)\nabla \boldsymbol{v}^* \tag{7-60}$$

式（7-60）的离散结果称为 Poisson 方程，其结果为

$$p_P^{t+\Delta t}=\frac{\chi_E p_E^t+\chi_W p_W^t+\chi_N p_N^t+\chi_S p_S^t+\chi_T p_T^t+\chi_B p_B^t-\left(\dfrac{\rho}{\Delta t}+\dfrac{\mu_l}{K}\right)\left(\dfrac{u_e-u_w}{\Delta x_P}+\dfrac{v_n-u_s}{\Delta y_P}+\dfrac{w_t-w_b}{\Delta z_P}\right)}{-\chi_P} \tag{7-61}$$

对式（7-61）采用 PCG（Preconditioned Conjugate Gradient）算法进行迭代求解，获得（$t+\Delta t$）时刻的压力场，再将其回代到式（7-58），即可获得（$t+\Delta t$）时刻速度 $\boldsymbol{v}^{t+\Delta t}$ 的值。

2. 流动边界条件

流动场的计算中，除了对流体区域内数值求解外，流动场的边界条件也十分重要。流场的边界条件包含了速度边界条件和压力边界条件。

本书研究的三维螺旋电磁场下铸造熔炼和凝固行为多物理场耦合数值模拟中，流动场的计算不涉及充型过程，速度边界条件为固壁边界条件。在物理模型的描述上可以看出，速度固壁边界条件分为无滑移边界条件和自由滑移边界条件。

假设研究对象微元体 P 的相邻微元体 E 为边界时，如炉体结构、金属型或空气等，将其边界条件描述为

$$\begin{aligned} u_E &= 0 \\ v_E &= \eta_v v_P \\ w_E &= \eta_w w_P \end{aligned} \tag{7-62}$$

式中，η_v 和 η_w 为边界因子，其取值范围为[−1，1]。当 $\eta_v=\eta_w=-1$ 时，该边界为无滑移边界；当 $\eta_v=\eta_w=1$ 时，该边界为自由滑移边界；当 η_v、η_w 都属于（−1，1）时，介于自由滑移边界与无滑移边界之间，其取值与边界网格类型，合金种类，网格尺寸及速度边界层均相关。

压力边界条件分为两种：

1）Dirichlet 边界条件，即 $p_E=const$。

2）Neumann 边界条件，即 $p_E=p_P$。

3. 流动收敛条件

流场数值计算时，首先必须保证单位时间步长 Δt 内，流体运动路程不能超过当前微元体网格步长，即对任一微元体 P，必须满足

$$|u_{P\max}| \cdot \Delta t<\Delta x_P$$

$$|v_{P\max}| \cdot \Delta t<\Delta y_P$$

$$|w_{P\max}| \cdot \Delta t < \Delta z_P \tag{7-63}$$

动量方程中的扩散项可以使速度逐步趋于平稳，但是过大的时间步长可能会打破这种平衡，使其发生突变而发散，因此收敛时间步长 Δt 还应满足

$$\Delta t < \frac{\rho}{2\mu_l}\left(\frac{1}{\Delta x_P^2}+\frac{1}{\Delta y_P^2}+\frac{1}{\Delta z_P^2}\right)^{-1} \tag{7-64}$$

综上，流动收敛条件总结为

$$\Delta t = \left(\frac{1}{3} \sim \frac{1}{2}\right)\min\left\{\frac{\rho}{2\mu_l}\left(\frac{1}{\Delta x_P^2}+\frac{1}{\Delta y_P^2}+\frac{1}{\Delta z_P^2}\right)^{-1}, \frac{\Delta x_P}{|u_{P\max}|}, \frac{\Delta y_P}{|v_{P\max}|}, \frac{\Delta z_P}{|w_{P\max}|}\right\} \tag{7-65}$$

7.4.4 传热与传质耦合求解技术

1. 固液相分数求解

在耦合求解铸造熔炼和凝固过程中的传热、流动和传质多物理场问题时，必然会涉及糊状区域内固液相分数的求解。而固液相分数的求解方法与合金体系、温度和溶质浓度均有关。

1）当合金体系为一元合金时，固液相分数的求解仅考虑温度因素，将其表达为

$$\begin{cases} f_s = \dfrac{T_l - T}{T_l - T_s} \\ f_l = \dfrac{T - T_s}{T_l - T_s} \end{cases} \tag{7-66}$$

2）当合金体系为二元合金时，采用二元合金相图法，并用杠杆原理进行简化求解。假定固液相线均为直线，其斜率分别为 r_s 和 r_l，元素 A 为溶剂，元素 B 为溶质，元素 A 纯熔点温度为 T_m，当前温度为 T，当前浓度为 C_0。温度线 T 与固相线 T_s 交点处值为固相中元素 B 的浓度 C_s，温度线 T 与液相线 T_l 交点处值为液相中元素 B 的浓度 C_l。

于是，将热溶质耦合方程描述为

$$\begin{cases} T = T_m + r_l C_l \\ T = T_m + r_s C_s \end{cases} \tag{7-67}$$

对任意一个时刻计算的任意一个单元内，固液相分数之和必须为 1，且区间内应满足溶质守恒，即固液相分数与浓度乘积之和为 C_0，将其表达为

$$\begin{cases} f_s + f_l = 1 \\ C_s f_s + C_l f_l = C_0 \end{cases} \tag{7-68}$$

此时，界面溶质分配系数 $k = C_s / C_l$，代入式（7-68），有

$$\begin{cases} C_s = \dfrac{C_0}{1 + f_l\left(\dfrac{1}{k} - 1\right)} \\ C_l = \dfrac{C_0}{1 + f_s(k-1)} \end{cases} \tag{7-69}$$

将式（7-69）与式（7-67）联立，得出

$$\begin{cases} f_s = \dfrac{C_l - C_0}{C_l - C_s} = \dfrac{1}{1-k}\dfrac{T - T_l}{T - T_m} \\ f_l = \dfrac{C_0 - C_s}{C_l - C_s} = \dfrac{k}{1-k}\dfrac{T_s - T}{T - T_m} \end{cases} \tag{7-70}$$

3）当合金体系为三元以上的多元合金体系时，将其视为伪二元合金体系，采用与上述方法类似的处理，首先将热溶质耦合方程描述为

$$\begin{cases} T = T_m + \sum\limits_{i=1}^{n} r_l^i C_l^i \\ T = T_m + \sum\limits_{i=1}^{n} r_s^i C_s^i \end{cases} \tag{7-71}$$

任意一个时刻界面溶质分配系数采用平均处理，表达为

$$\bar{k} = \frac{\sum\limits_{i=1}^{n}(r_l^i C_l^i k^i)}{\sum\limits_{i=1}^{n}(r_l^i C_l^i)} = \frac{\sum\limits_{i=1}^{n}(r_s^i C_s^i k^i)}{\sum\limits_{i=1}^{n}(r_s^i C_s^i)} \tag{7-72}$$

于是就可以得出按照伪二元合金体系处理方式下的多元合金体系固液相分数，即

$$\begin{cases} f_s = \dfrac{C_l - C_0}{C_l - C_s} = \dfrac{1}{1-\bar{k}}\dfrac{T - T_l}{T - T_m} \\ f_l = \dfrac{C_0 - C_s}{C_l - C_s} = \dfrac{\bar{k}}{1-\bar{k}}\dfrac{T_s - T}{T - T_m} \end{cases} \tag{7-73}$$

2. 相变潜热处理方法

在铸造熔炼和凝固的过程中始终伴随着潜热现象。潜热的处理方法主要有等效比热容法，温度回升/下降法和热焓法。本节将采用温度下降法研究感应电炉熔炼过程潜热吸收现象，采用温度回升法研究金属凝固过程潜热释放现象。

（1）熔化过程的温度下降法处理潜热吸收　假设在单位时间步长 Δt 内，研究对象微元体 P 内的液相率增加 Δf_l，则该时间步长内微元体吸收的内能为 $\rho L \cdot \Delta V_P \cdot \Delta f_l$；此内能的吸收将（$t+\Delta t$）时刻计算温度 $T_P^{t+\Delta t^*}$ 下降到实际温度 $T_P^{t+\Delta t}$，因此该微元体内能减少 $\rho c_p \cdot \Delta V_P(T_P^{t+\Delta t^*} - T_P^{t+\Delta t})$。此过程应满足能量守恒，则

$$\Delta f_l = \frac{c_p}{L}(T_P^{t+\Delta t^*} - T_P^{t+\Delta t}) \tag{7-74}$$

前文已经讨论过固液相分数的求解，在研究的感应电炉熔炼过程中，C 元素含量达不到共晶反应成分，固液相分数与温度的关系如图 7-4a 所示。当液相分数 $f_l = 1$ 后，认为体系已经完全熔化，温度达到液相线温度之上，相变潜热处理结束。

实际计算过程中，研究对象微元体 P 在 t 时刻的温度 T_P^t、（$t+\Delta t$）时刻的计算温度 $T_P^{t+\Delta t^*}$ 和实际温度 $T_P^{t+\Delta t}$ 可能出在固液相区不同区域，总体有六种情况，如图 7-5 所示。

1）如图 7-5a 所示，对象微元体 P 在 t 时刻的温度 T_P^t 低于固相线温度，（$t+\Delta t$）时刻的计算温度 $T_P^{t+\Delta t^*}$ 和实际温度 $T_P^{t+\Delta t}$ 均高于液相线温度，其数学控制方程为 $T_P^t \leqslant T_s$，$T_P^{t+\Delta t^*} > T_l$

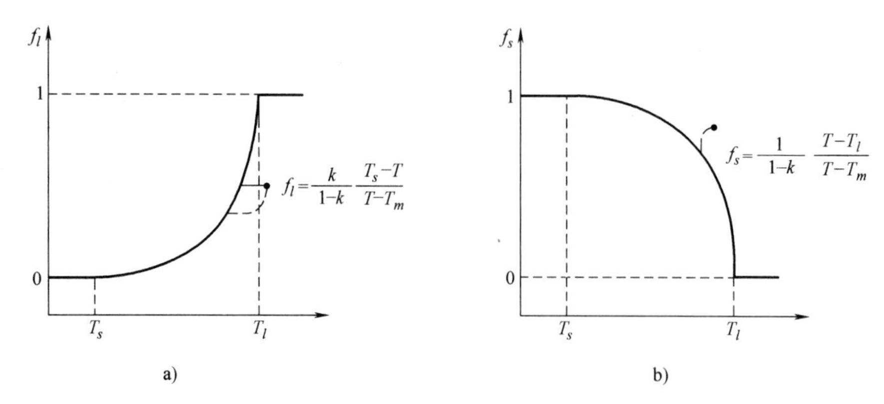

图 7-4 固液相分数与温度的关系

a）熔化时液相分数与温度的关系 b）凝固时固相分数与温度的关系

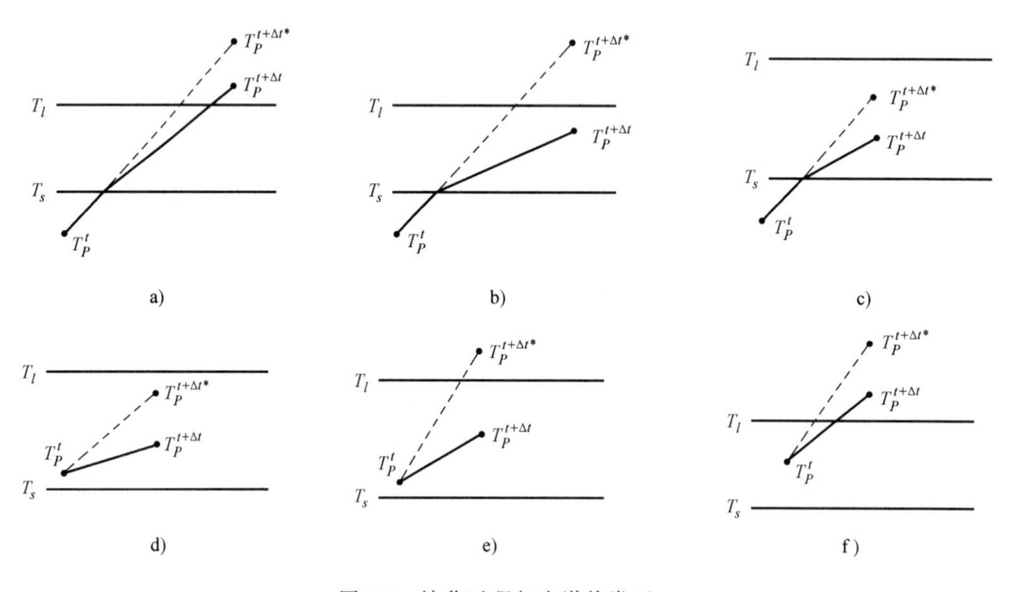

图 7-5 熔化过程相变潜热类型

和 $T_P^{t+\Delta t}>T_l$，此时液相分数变化为 $\Delta f_l=1$，（$t+\Delta t$）时刻的实际温度 $T_P^{t+\Delta t}$ 为

$$T_P^{t+\Delta t}=T_P^{t+\Delta t^*}-\frac{L}{c_p} \tag{7-75}$$

2）如图 7-5b 所示，对象微元体 P 在 t 时刻的温度 T_P^t 低于固相线温度，（$t+\Delta t$）时刻的计算温度 $T_P^{t+\Delta t^*}$ 高于液相线温度，但实际温度 $T_P^{t+\Delta t}$ 处于固液相线温度之间，其数学控制方程为 $T_P^t\leqslant T_s$，$T_P^{t+\Delta t^*}>T_l$ 和 $T_s<T_P^{t+\Delta t}\leqslant T_l$，此时液相分数变化如式（7-74），联立式（7-70），求得（$t+\Delta t$）时刻的实际温度 $T_P^{t+\Delta t}$ 为

$$T_P^{t+\Delta t}=\frac{\left[T_m+T_P^{t+\Delta t^*}+\frac{Lk}{(1-k)c_p}\right]-\sqrt{\left[T_m+T_P^{t+\Delta t^*}+\frac{Lk}{(1-k)c_p}\right]^2-4\left[\frac{LkT_s}{(1-k)c_p}+T_mT_P^{t+\Delta t^*}\right]}}{2} \tag{7-76}$$

3）如图 7-5c 所示，对象微元体 P 在 t 时刻的温度 T_P^t 低于固相线温度，$(t+\Delta t)$ 时刻计算温度 $T_P^{t+\Delta t^*}$ 和实际温度 $T_P^{t+\Delta t}$ 均处于固液相线温度之间，其数学控制方程为 $T_P^t \leqslant T_s$，$T_s < T_P^{t+\Delta t^*} \leqslant T_l$ 和 $T_s < T_P^{t+\Delta t} \leqslant T_l$，此时 $(t+\Delta t)$ 时刻实际温度 $T_P^{t+\Delta t}$ 如式（7-76）。

4）如图 7-5d 所示，对象微元体 P 在 t 时刻的温度 T_P^t、$(t+\Delta t)$ 时刻的计算温度 $T_P^{t+\Delta t^*}$ 和实际温度 $T_P^{t+\Delta t}$ 均处于固液相线温度之间，其数学控制方程为 $T_s < T_P^t \leqslant T_l$，$T_s < T_P^{t+\Delta t^*} \leqslant T_l$ 和 $T_s < T_P^{t+\Delta t} \leqslant T_l$，此时液相分数变化如式（7-74），$T_P^{t+\Delta t}$ 的求解需要考虑 t 时刻的温度 T_P^t，联立式（7-70），求得 $(t+\Delta t)$ 时刻的实际温度 $T_P^{t+\Delta t}$ 为

$$T_P^{t+\Delta t} = \left\{\left[T_m + T_P^{t+\Delta t^*} + \frac{Lk}{(1-k)c_p}\left(1+\frac{T_s - T_P^t}{T_P^t - T_m}\right)\right] - \frac{\sqrt{\left[T_m + T_P^{t+\Delta t^*} + \frac{Lk}{(1-k)c_p}\left(1+\frac{T_s-T_P^t}{T_P^t-T_m}\right)\right]^2 - 4\left[\frac{LkT_s}{(1-k)c_p} + T_m\left(T_P^{t+\Delta t^*} + \frac{Lk}{(1-k)c_p}\frac{T_s-T_P^t}{T_P^t-T_m}\right)\right]}\right\}}{2} \tag{7-77}$$

5）如图 7-5e 所示，对象微元体 P 在 $(t+\Delta t)$ 时刻的计算温度 $T_P^{t+\Delta t^*}$ 高于液相线温度，t 时刻的温度 T_P^t、$(t+\Delta t)$ 时刻的实际温度 $T_P^{t+\Delta t}$ 均处于固液相线温度之间，其数学控制方程为 $T_s < T_P^t \leqslant T_l$，$T_P^{t+\Delta t^*} > T_l$ 和 $T_s < T_P^{t+\Delta t} \leqslant T_l$，$(t+\Delta t)$ 时刻的实际温度 $T_P^{t+\Delta t}$ 如式（7-77）。

6）如图 7-5f 所示，对象微元体 P 在 t 时刻的温度 T_P^t 处于固液相线温度之间，$(t+\Delta t)$ 时刻的计算温度 $T_P^{t+\Delta t^*}$ 和实际温度 $T_P^{t+\Delta t}$ 均高于液相线温度，其数学控制方程为 $T_s < T_P^t \leqslant T_l$，$T_P^{t+\Delta t^*} > T_l$ 和 $T_P^{t+\Delta t} > T_l$，此时液相分数变化如式（7-74），$T_P^{t+\Delta t}$ 的求解需要考虑 t 时刻温度 T_P^t，联立式（7-70），求得 $(t+\Delta t)$ 时刻的实际温度 $T_P^{t+\Delta t}$ 为

$$T_P^{t+\Delta t} = T_P^{t+\Delta t^*} - \frac{L}{c_p}\left(1 - \frac{k}{1-k}\,\frac{T_s - T_P^t}{T_P^t - T_m}\right) \tag{7-78}$$

（2）凝固过程的温度回升法处理潜热释放　假设在单位时间步长 Δt 内，研究对象微元体 P 内固相率增加 Δf_s，该时间步长内微元体释放的内能为 $\rho L \cdot \Delta V_P \cdot \Delta f_s$；此内能释放将 $(t+\Delta t)$ 时刻的计算温度 $T_P^{t+\Delta t^*}$ 回升到实际温度 $T_P^{t+\Delta t}$，因此该微元体内能增加 $\rho c_p \cdot \Delta V_P$ $(T_P^{t+\Delta t} - T_P^{t+\Delta t^*})$。此过程应满足能量守恒定律，则

$$\Delta f_s = \frac{c_p}{L}(T_P^{t+\Delta t} - T_P^{t+\Delta t^*}) \tag{7-79}$$

该过程的固相分数与温度之间的关系应如图 7-4b 所示。当固相分数 $f_s = 1$ 后，认为体系已经完全凝固，温度达到固相线温度之下，相变潜热处理结束。实际计算过程中，研究对象微元体 P 在 t 时刻的温度 T_P^t、$(t+\Delta t)$ 时刻计算温度 $T_P^{t+\Delta t^*}$ 和实际温度 $T_P^{t+\Delta t}$ 可能出在固液相区不同区域，总体有六种情况，如图 7-6 所示。

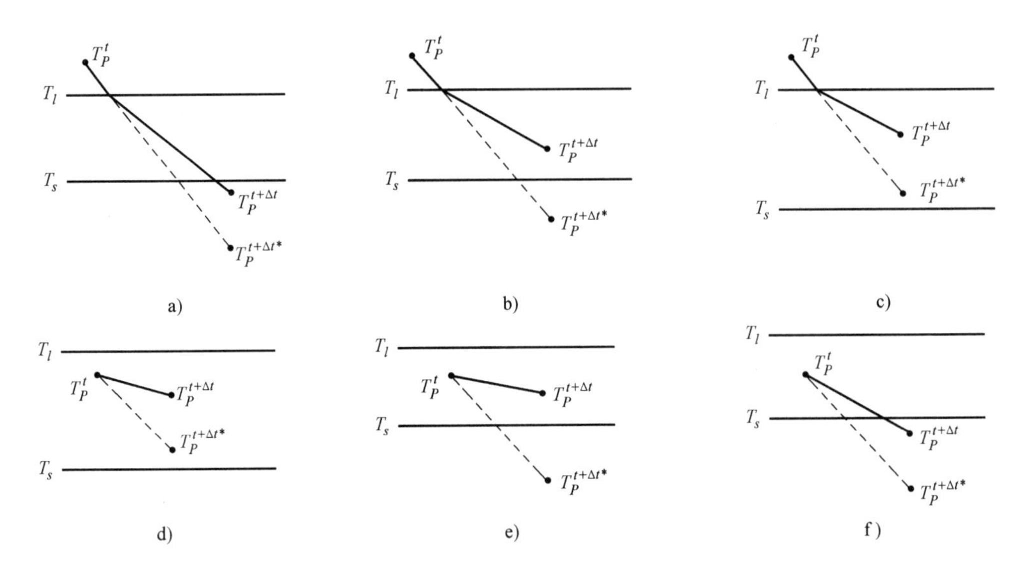

图 7-6　凝固过程相变潜热类型

1）如图 7-6a 所示，对象微元体 P 在 t 时刻的温度 T_P^t 高于液相线温度，$(t+\Delta t)$ 时刻的计算温度 $T_P^{t+\Delta t^*}$ 和实际温度 $T_P^{t+\Delta t}$ 均低于固相线温度，其数学控制方程为 $T_P^t \geqslant T_l$，$T_P^{t+\Delta t^*} < T_s$ 和 $T_P^{t+\Delta t} < T_s$，此时固相分数变化为 $\Delta f_s = 1$，$(t+\Delta t)$ 时刻的实际温度 $T_P^{t+\Delta t}$ 为

$$T_P^{t+\Delta t} = T_P^{t+\Delta t^*} + \frac{L}{c_p} \tag{7-80}$$

2）如图 7-6b 所示，对象微元体 P 在 t 时刻的温度 T_P^t 高于液相线温度，$(t+\Delta t)$ 时刻的计算温度 $T_P^{t+\Delta t^*}$ 低于固相线温度，但实际温度 $T_P^{t+\Delta t}$ 处于固液相线温度之间，其数学控制方程为 $T_P^t \geqslant T_l$，$T_P^{t+\Delta t^*} < T_s$ 和 $T_s \leqslant T_P^{t+\Delta t} < T_l$，此时固相分数变化如式（7-79），联立式（7-70），求得 $(t+\Delta t)$ 时刻的实际温度 $T_P^{t+\Delta t}$ 为

$$T_P^{t+\Delta t} = \frac{\left(T_m + T_P^{t+\Delta t^*} + \dfrac{L}{(1-k)c_p}\right) - \sqrt{\left(T_m + T_P^{t+\Delta t^*} + \dfrac{L}{(1-k)c_p}\right)^2 - 4\left(\dfrac{LT_l}{(1-k)c_p} + T_m T_P^{t+\Delta t^*}\right)}}{2} \tag{7-81}$$

3）如图 7-6c 所示，对象微元体 P 在 t 时刻的温度 T_P^t 高于液相线温度，$(t+\Delta t)$ 时刻的计算温度 $T_P^{t+\Delta t^*}$ 和实际温度 $T_P^{t+\Delta t}$ 均处于固液相线温度之间，其数学控制方程为 $T_P^t \geqslant T_l$，$T_s \leqslant T_P^{t+\Delta t^*} < T_l$ 和 $T_s \leqslant T_P^{t+\Delta t} < T_l$，此时 $(t+\Delta t)$ 时刻的实际温度 $T_P^{t+\Delta t}$ 如式（7-81）。

4）如图 7-6d 所示，对象微元体 P 在 t 时刻的温度 T_P^t、$(t+\Delta t)$ 时刻的计算温度 $T_P^{t+\Delta t^*}$ 和实际温度 $T_P^{t+\Delta t}$ 均处于固液相线温度之间，其数学控制方程为 $T_s \leqslant T_P^t < T_l$，$T_s \leqslant T_P^{t+\Delta t^*} < T_l$ 和 $T_s \leqslant T_P^{t+\Delta t} < T_l$，此时固相分数变化如式（7-79），此时 $T_P^{t+\Delta t}$ 的求解需要考虑 t 时刻温度 T_P^t，联立式（7-70），求得 $(t+\Delta t)$ 时刻的实际温度 $T_P^{t+\Delta t}$ 为

$$T_P^{t+\Delta t}=\left\{\left[T_m+T_P^{t+\Delta t^*}+\frac{L}{(1-k)c_p}\left(1-\frac{T_P^t-T_l}{T_P^t-T_m}\right)\right]-\right.$$

$$\left.\frac{\sqrt{\left[T_m+T_P^{t+\Delta t^*}+\frac{L}{(1-k)c_p}\left(1-\frac{T_P^t-T_l}{T_P^t-T_m}\right)\right]^2-4\left[\frac{LT_l}{(1-k)c_p}+T_m\left(T_P^{t+\Delta t^*}-\frac{L}{(1-k)c_p}\frac{T_P^t-T_l}{T_P^t-T_m}\right)\right]}}{2}\right\}$$

(7-82)

5）如图 7-6e 所示，对象微元体 P 在（$t+\Delta t$）时刻的计算温度 $T_P^{t+\Delta t^*}$ 低于固相线温度，t 时刻的温度 T_P^t、（$t+\Delta t$）时刻的实际温度 $T_P^{t+\Delta t}$ 均处于固液相线温度之间，其数学控制方程为 $T_s\leqslant T_P^t<T_l$，$T_P^{t+\Delta t^*}<T_s$ 和 $T_s\leqslant T_P^{t+\Delta t}<T_l$，此时（$t+\Delta t$）时刻实际温度 $T_P^{t+\Delta t}$ 如式（7-82）。

6）如图 7-6f 所示，对象微元体 P 在 t 时刻的温度 T_P^t 处于固液相线温度之间，（$t+\Delta t$）时刻的计算温度 $T_P^{t+\Delta t^*}$ 和实际温度 $T_P^{t+\Delta t}$ 均低于固相线温度，其数学控制方程为 $T_s\leqslant T_P^t<T_l$，$T_P^{t+\Delta t^*}<T_s$ 和 $T_P^{t+\Delta t}<T_s$，此时固相分数变化如式（7-79），此时 $T_P^{t+\Delta t}$ 的求解需要考虑 t 时刻的温度 T_P^t，联立式（7-70），求得（$t+\Delta t$）时刻的实际温度 $T_P^{t+\Delta t}$ 为

$$T_P^{t+\Delta t}=T_P^{t+\Delta t^*}+\frac{L}{c_p}\left(1-\frac{1}{1-k}\frac{T_P^t-T_l}{T_P^t-T_m}\right) \tag{7-83}$$

7.5　数值求解计算流程

数值求解流程包含三维造型、前置处理、计算分析和后置处理，如图 7-7 所示。核心内容是计算分析模块，在读取华铸 CAE 网格文件基础上，基于 VS2010 平台，采用 C++语言自主研发数值计算求解器，利用 Tecplot 软件对结果进行可视化分析与处理。多物理场耦合数值的求解较为复杂，以电磁场求解为基础，电磁场求解算法流程图如图 7-8 所示。而后进行传热、流动与传质耦合物理场求解，其求解算法流程图如图 7-9 所示。

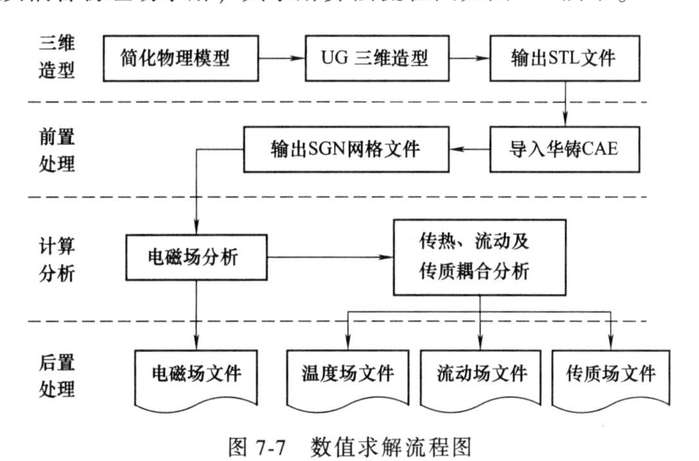

图 7-7　数值求解流程图

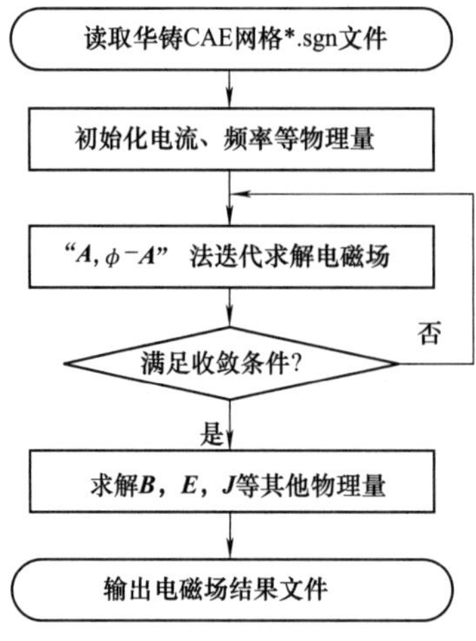

图 7-8 电磁场求解算法流程图

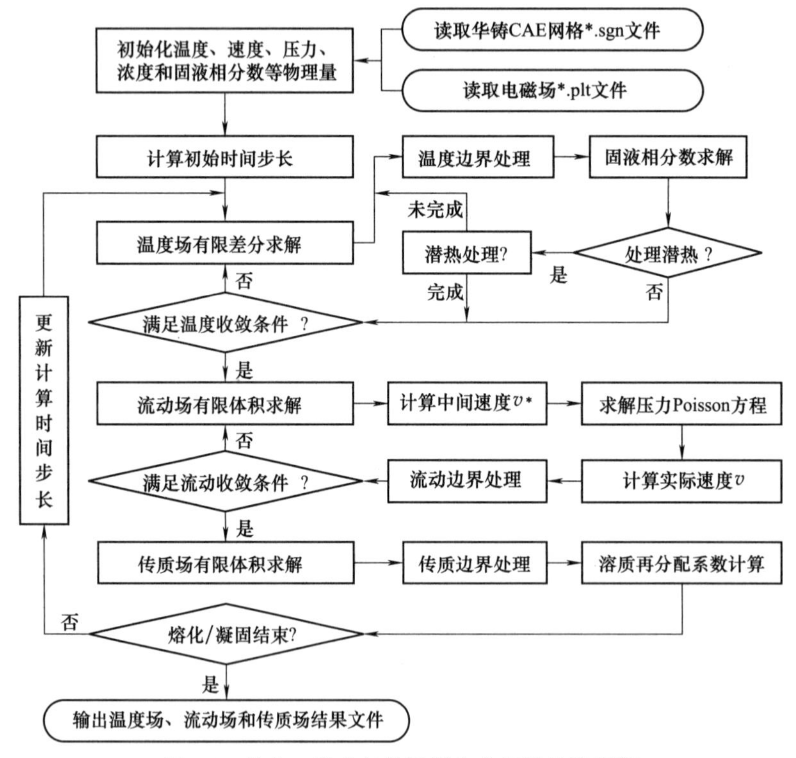

图 7-9 传热、流动与传质耦合求解算法流程图

第 8 章

感应电炉熔炼模拟算例与分析

本章将介绍基于感应电炉熔炼过程物理模型的铸钢锭凝固过程的三维数值计算模型，将铸钢锭材质简化为 Fe-0. 8%C-0. 15%Si，详细阐释模型的网格与计算参数；探讨铸钢锭凝固过程三维螺旋电磁场数值计算结果，并分析电磁参数对其结果的影响；探讨自然对流与不同电磁条件下铸钢锭凝固过程传热、流动与传质行为的机理，分析电磁参数对传热、流动与传质行为的影响。

8.1 模型网格与计算参数

感应电炉熔炼过程研究的物理模型如图 6-2 所示。本章将金属炉料简化为圆柱体形状，并将感应线圈考虑为无螺距结构，且该螺旋感应线圈轮廓为正方形，其尺寸为 10cm×10cm。金属炉料尺寸为 ϕ120cm×250cm，炉体与炉盖的厚度均为 24cm。整个模型（包含外围空气层）的外形尺寸为 240cm×240cm×350cm。

模型的网格剖分使用的是华铸 CAE 软件，采用六面体网格进行剖分，网格剖分步长为 20mm×20mm×20mm，总网格数为 2. 52×10^6。二维网格剖分结果如图 8-1 所示，三维网格剖分结果如图 8-2 所示（外围的空气层被省略）。

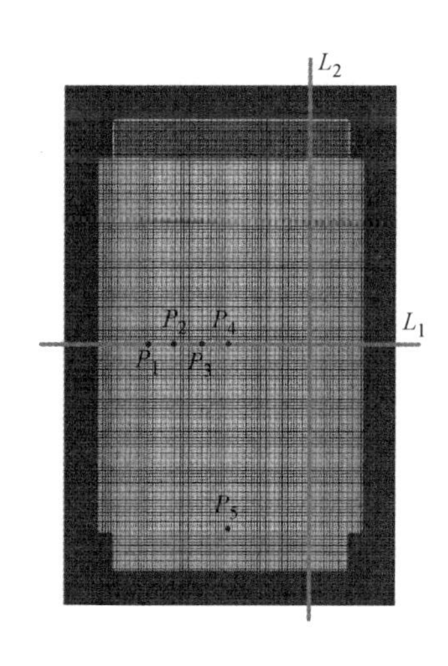

图 8-1 模型二维网格剖分图

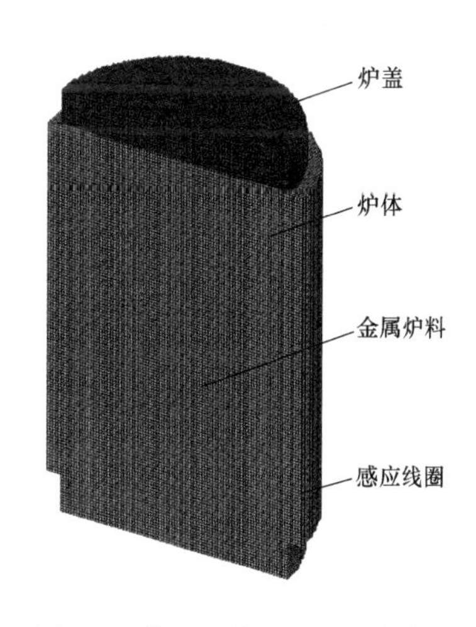

图 8-2 模型三维网格图（半剖）

本章数值计算中，将合金成分简化为 Fe-1. 5%C 合金，所用到的金属炉料、炉体、炉盖和空气的热物性参数见表 8-1，研究对象合金热物性参数见表 8-2。

表 8-1 金属炉料、炉体结构和空气热物性参数

材料	ρ/ (kg/m^3)	λ/[W/(m · ℃)]	c_p/[J/(kg · ℃)]	初始温度/℃
金属炉料(固相)	7750	470	20.8	30
金属炉料(液相)	7270	686.7	30.2	30
炉体	1900	1093	1.98	30
炉盖	2100	1130	0.93	30
空气	1.21	1005	0.0379	30

表 8-2 研究对象合金热物性参数

参数	符号	值	参数	符号	值
纯熔点/℃	T_m	1536.34	相变潜热/(J/kg)	L	2.51×10^5
固相线温度/℃	T_s	1400	运动黏度/(Pa · s)	μ_l	6.0×10^{-4}
液相线温度/℃	T_l	1495	电导率/(S/m)	σ	9.93×10^6

8.2 电磁场模拟结果与分析

电磁场的数值计算是后续传热、流动与传质耦合计算的基础。铸钢锭凝固过程中采用的电磁条件为低频率大电流。低频率的电流不会产生趋肤效应，也不会在钢锭内部产生涡流和焦耳热，因此钢锭才能在冷却条件下进行凝固。金属液在磁场内运动时将产生洛伦兹力，该力的方向与流体运动方向相反，能抑制自然对流，降低流体速度。大电流的输出是为了产生较强的磁感应强度，从而能产生较大的洛伦兹力，对自然对流的抑制效果更为明显。

8.2.1 磁场分布数值结果

图 8-3 所示为 $f=0$Hz，$J_s=10$kA 条件下计算的全域磁感应强度分布。从图 8-3 所示的云图结果分布上看，电流的趋肤效应不存在，但磁场的边缘效应仍存在。磁感应强度的分布接近于直流电场下稳恒磁场。图 8-4 所示为 $f=0$Hz，$J_s=10$kA 条件下计算的全域磁力线分布，结果与物理规律是相符，磁力线沿与螺旋感应线圈垂直的方向穿透整个内部区域，且在螺旋感应线圈两侧方向相反。

从图 8-3 中可以看出，磁感应强度最大的地方出现在最靠近感应线圈的外部区域，在当前电磁条件下，最大磁感应强度可以达到 3.9T。由于没有趋肤效应的存在，磁力线穿透整个铸钢锭区域，且铸钢锭内部的磁感应强度大小变化并非很明显。在铸钢锭最中心区域的磁感应强度最大，随后向两端逐渐减小，这也进一步证明了磁场的边缘效应。为更加直观地定量表征磁感应强度的大小，取如图 8-1 所示的取样直线 L_1 和 L_2，分别表征沿该取样直线上的磁感应强度和各分量大小，图 8-5 和图 8-6 所示分别为相应条件下对应的磁感应强度分布曲线。

与第 7 章感应电炉熔炼模型中电磁场数值计算的结果不同的是，铸钢锭凝固过程模型电磁场数值计算的结果并非对称的，这是因为其数值计算模型考虑了螺旋感应线圈的螺距，因此在水平方向上不可能是对称的，从而结果也必然不对称。

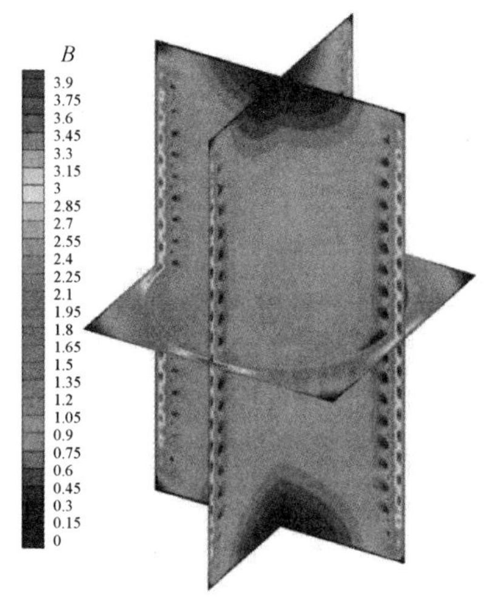

图 8-3　$f=0\text{Hz}$，$J_s=10\text{kA}$ 时全域磁感应强度分布

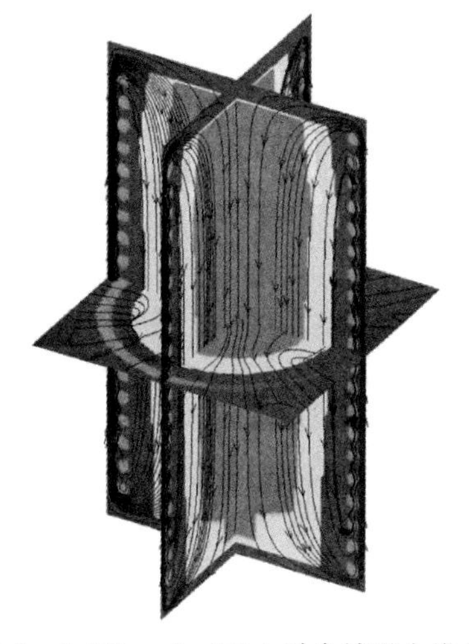

图 8-4　$f=0\text{Hz}$，$J_s=10\text{kA}$ 时全域磁力线分布

从图 8-5 中可以看出，在铸钢锭所在区域，磁感应强度 $\boldsymbol{B}$ 在 x 轴和 y 轴上的分量值 B_x 和 B_y 几乎为 0T，在 z 轴上的分量值 B_z 决定了该处磁感应强度 $\boldsymbol{B}$ 的大小。B_z 的值为负，说明其方向朝下，与规定的正方向相反。在该取样直线上，铸钢锭内部磁感应强度 $\boldsymbol{B}$ 的大小基本保持在 1T。图 8-6 很好地说明了磁场的边缘效应，磁感应强度 $\boldsymbol{B}$ 的大小从铸钢锭中心向两端逐渐减小。

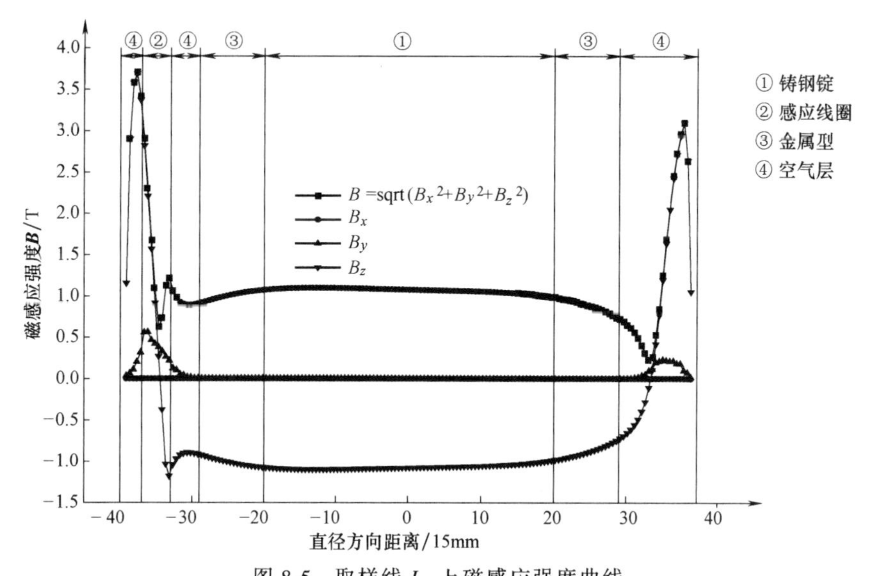

图 8-5　取样线 L_2 上磁感应强度曲线

取铸钢锭区域为研究对象，图 8-7 所示为 $f=0\text{Hz}$，$J_s=10\text{kA}$ 条件下铸钢锭与 x 轴垂直的直径截面上的磁感应强度分布与方向。

从图 8-7 可以看出，铸钢锭内部中心位置磁感应强度值最大。在流体速度一定的时候，该处产生的洛伦兹力最大，该力有利于抑制自然对流，改善流体运动条件，从而达到抑制带状偏析的目的。

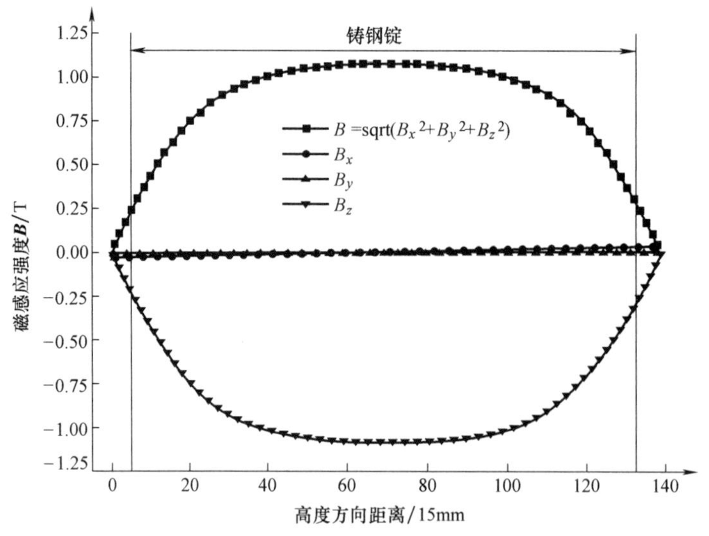

图 8-6 取样线 L_1 上磁感应强度曲线

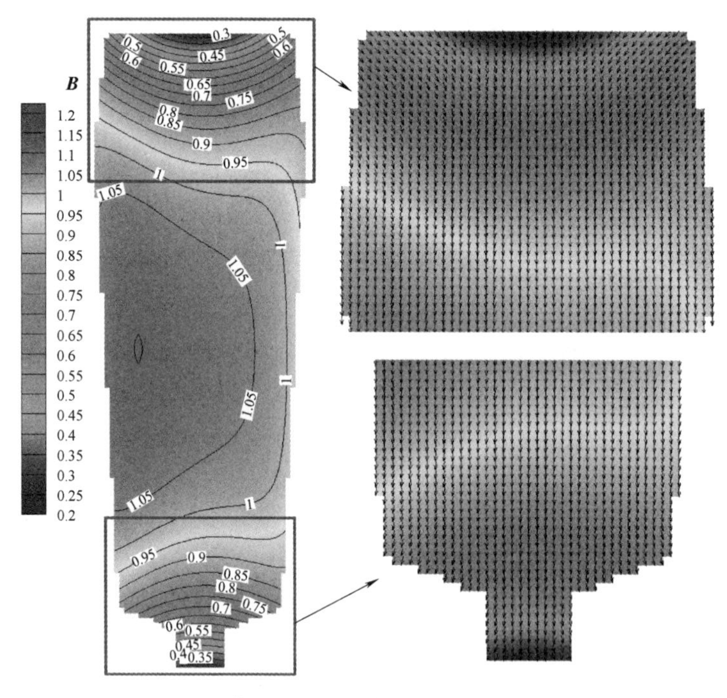

图 8-7 铸钢锭内部磁感应强度分布与方向

8.2.2 电磁参数对磁场分布的影响

1. 频率对磁场的影响

图 8-8 所示为 J_s = 10kA 时不同频率下取样线 L_2 上的磁感应强度曲线，图 8-9 所示为 J_s = 10kA 时不同频率下取样线 L_1 上的磁感应强度曲线。从两图所示曲线可以看出，随着频率的增加，磁感应强度减小，并且趋肤效应逐渐凸显。

保持源电流大小为 10kA 不变，将频率从 0Hz 增加到 30Hz 时，在取样曲线 L_2 上，铸钢锭中心位置磁感应强度从 1.075T 下降到 0.900T，铸钢锭最外围的磁感应强度基本不变，在 $x-$方向保持在 1.08T，在 $x+$方向保持在 0.980T；在取样曲线 L_1 上，铸钢锭最顶端和最低端的磁感应强度几乎不变，保持在 0.2T。

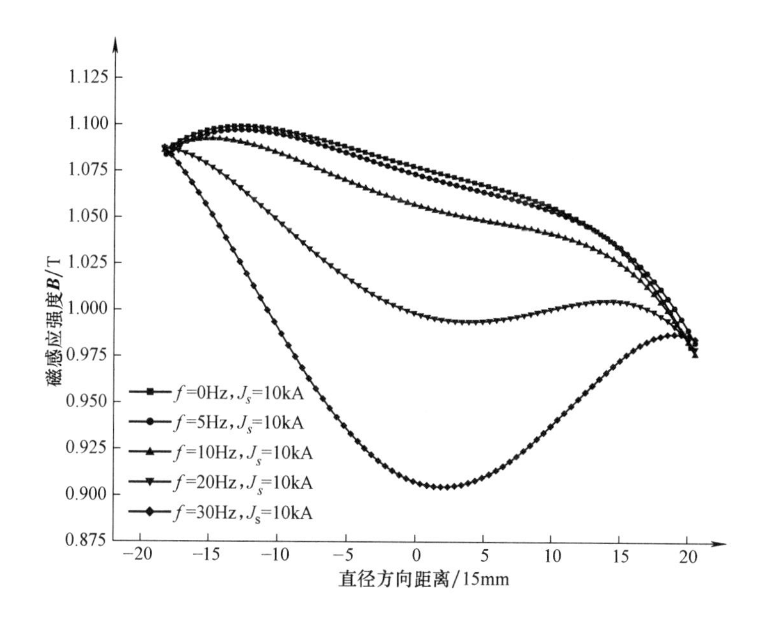

图 8-8　$J_s = 10\mathrm{kA}$ 时不同频率下取样线 L_2 上的磁感应强度曲线

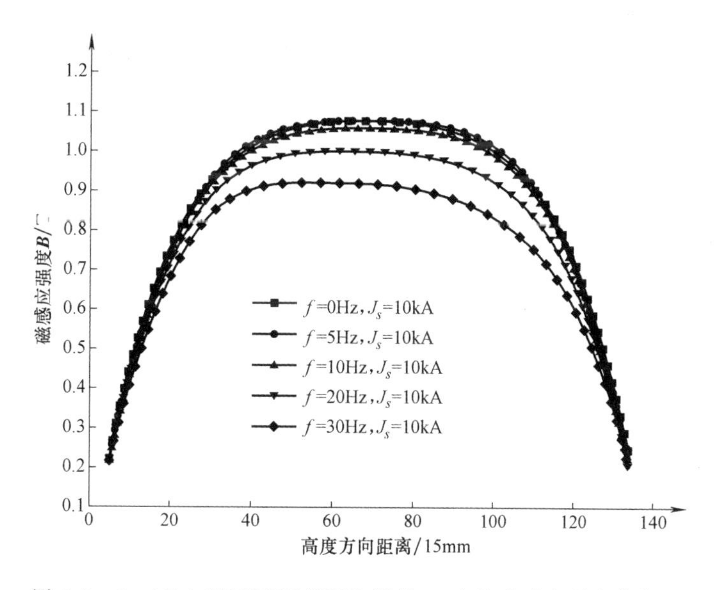

图 8-9　$J_s = 10\mathrm{kA}$ 时不同频率下取样线 L_1 上的磁感应强度曲线

2. 源电流对磁场的影响

图 8-10 所示为 $f=0\mathrm{Hz}$ 时不同电流下取样线 L_2 上的磁感应强度曲线，图 8-11 所示为 $f=$

0Hz 时不同电流下取样线 L_1 上的磁感应强度曲线。没有外界频率和趋肤效应，铸钢锭区域的磁感应强度变化很小。伴随着源电流的增加，磁感应强度增加，且电流对磁感应强度的影响比频率显著很多。

从图 8-10 和图 8-11 中可以得出如下结论：铸钢锭区域的磁感应强度值与输入的源电流成正比例关系。当源电流 $J_s=1\text{kA}$ 时，$B=0.1099\text{T}$；$J_s=2\text{kA}$ 时，$B=0.2198\text{T}$；$J_s=5\text{kA}$ 时，$B=0.5496\text{T}$；$J_s=10\text{kA}$ 时，$B=1.099\text{T}$。

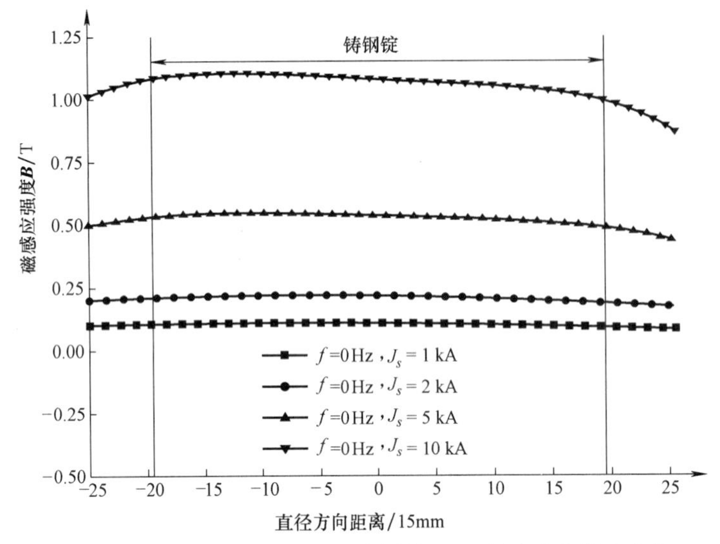

图 8-10　$f=0\text{Hz}$ 时不同电流下取样线 L_2 上的磁感应强度曲线

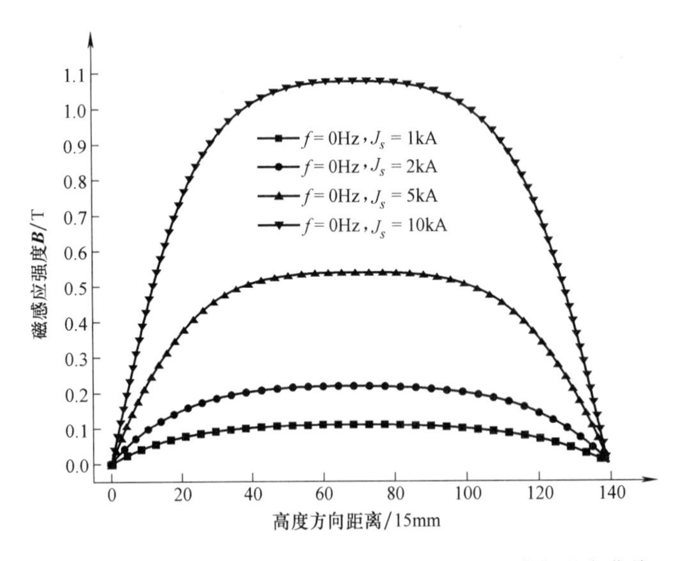

图 8-11　$f=0\text{Hz}$ 时不同电流下取样线 L_1 上的磁感应强度曲线

8.3　电磁传热耦合行为模拟结果与分析

图 8-12 所示为自然对流和电磁条件下铸钢锭凝固过程中不同时刻的固相率和温度分布

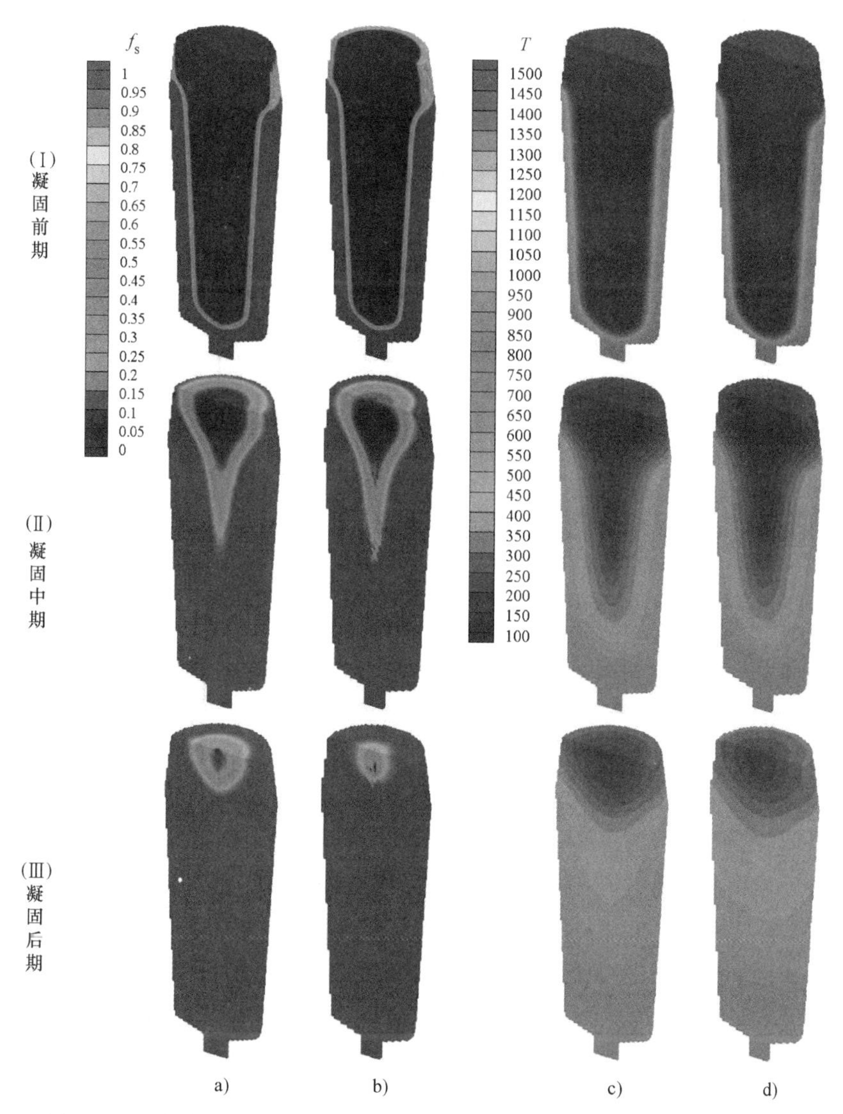

图 8-12　不同凝固时刻、不同工艺条件下铸钢锭的固相率和温度分布云图

a）自然对流条件下的固相率　b）电磁条件下的固相率　c）自然对流条件下的温度　d）电磁条件下的温度

云图。从图 8-12 看出，电磁场对铸钢锭凝固过程传热行为几乎没有影响。观察该工艺条件下的铸钢锭凝固过程传热行为，冒口处绝热材料的保温效果很明显，铸钢锭从底部开始逐渐向上凝固，这是有利于最后冒口补缩的。由于金属型对铸钢锭底部和壁面的冷却，在凝固中期会在铸钢锭中心形成狭长的液相区域，在凝固后期该区域缩短为桃形的液相区域，并最终完全凝固。

为更为直观地理解电磁条件对传热行为的影响是否明显，取铸钢锭圆心处中心线上的固相率和温度分布绘制曲线，如图 8-13 所示。

图 8-13 中的数据很好地解释了图 8-12 的云图分布结果。从图 8-13 中可以看出，该二元合金体系的固液相温度不是固定值，而是与当前合金体系内溶质的浓度有关，这与 7.5.4 节的固相分数求解是对应的。铸钢锭从最底部开始凝固，在高度方向上，由于冒口处绝热材料

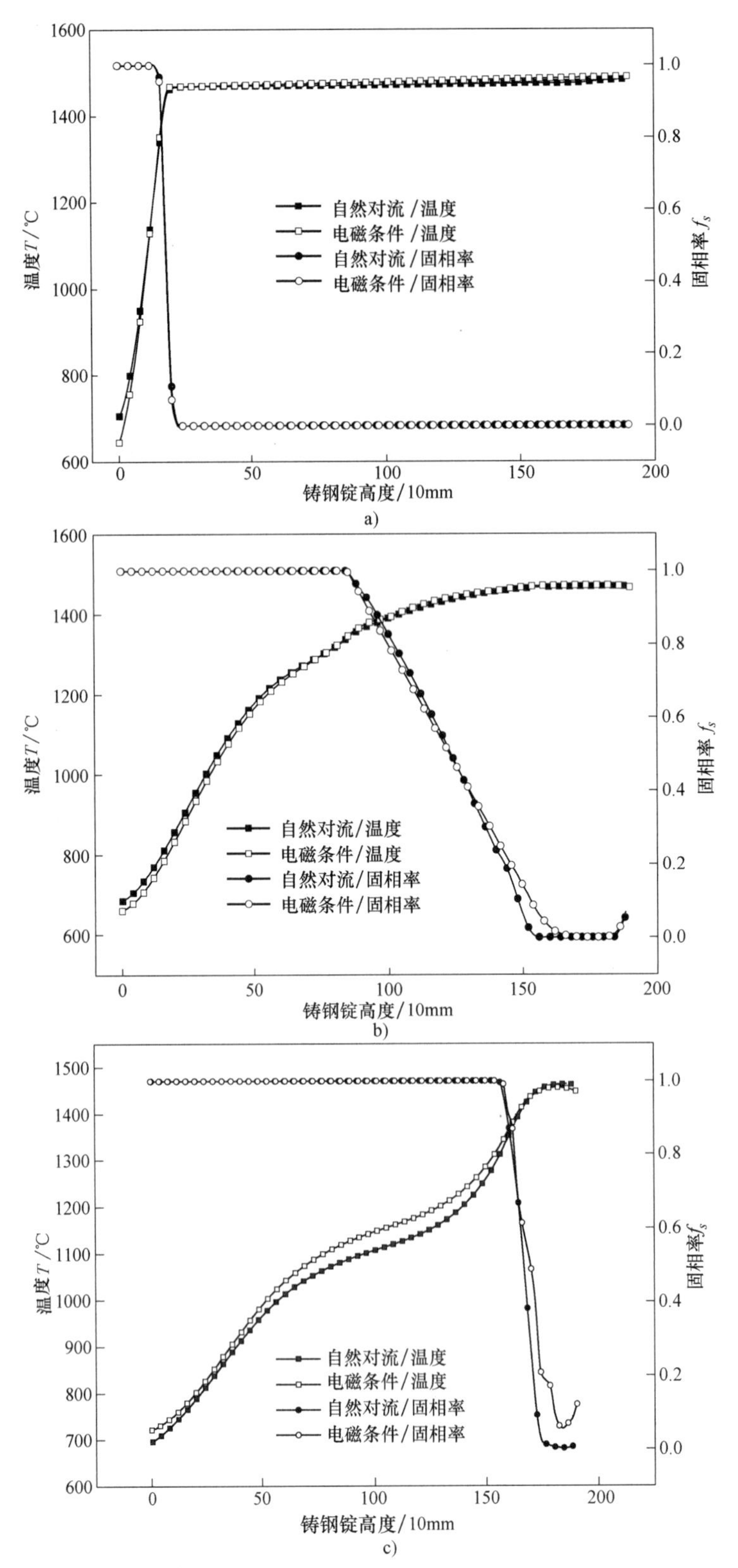

图 8-13　不同凝固时刻、不同工艺条件下铸钢锭中心线上温度与固相率曲线

a）凝固前期　b）凝固中期　c）凝固后期

的保温作用，固液界面沿着中心线向上推进；在直径方向上，由于铸型的冷却作用，固液界面由铸钢锭外围向内推进。

从图 8-13c 中可以看出，当凝固接近完成的时候，在自然对流和电磁条件下，铸钢锭中心位置的温度和顶端的固相率分布稍有差异。这是由于加入电磁条件后，电磁力改变了钢液的流动行为，导致结果稍有差异。8.4 节将分析不同工艺条件下的流动行为数值模拟结果。

8.4 传质行为数值模拟结果与分析

8.4.1 网格步长对数值结果的精度影响

从 8.3 节的分析可知，电磁条件对铸钢锭凝固过程的传热行为影响并不是非常明显，但是对流动行为的影响却十分明显，而流动行为对传质行为的结果有直接影响。网格步长的选取对数值计算很重要，合适的网格步长不仅可以满足数值计算结果的精度要求，更可以大幅度节约数值计算时间。基于本章提出的铸钢锭数值计算模型，分别对自然对流条件下网格步长为 10mm 和 15mm 时的流动和传质数值计算结果的差异进行阐释。

1. 不同网格步长下的流动状态

在进行数值计算的过程中，网格步长对计算结果的精度也有影响。图 8-14 所示为自然对流条件下网格步长为 10mm 时的凝固前期流动场流线图与速度矢量图。

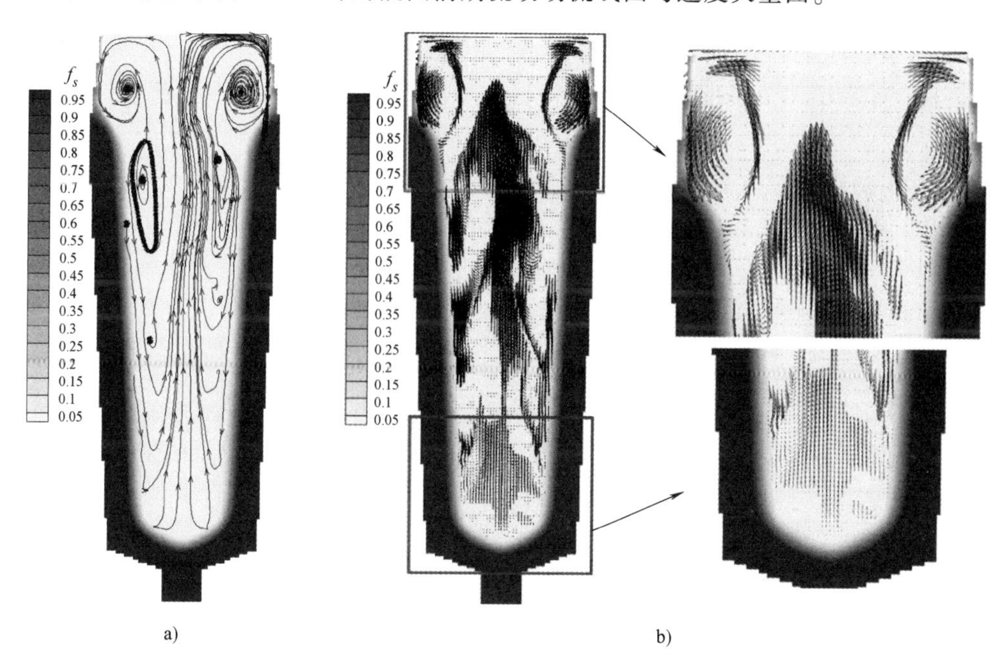

图 8-14 自然对流条件下网格步长为 10mm 的凝固前期流线图与速度矢量图

a）流线图 b）速度矢量图

从流线分布图可知，网格步长对流动状态的影响不是非常明显，并未改变整体流动行为。在不同网格参数下，铸钢锭中上部形成的四个漩涡流均存在，只是在单位网格单元内速度矢量的分布稍有不同，如图 8-14b 所示。在铸钢锭的上部，顶部的漩涡流和中心处的向上流动状态相同；在铸钢锭底部，流动状态并未有差异。

从上述不同网格步长下的流动结果分析，网格步长对流动状态的几乎没有影响，但是细微的流动差异会导致传质结果的不同。

2. 不同网格步长下的传质结果

图 8-15 所示为自然对流条件下不同网格步长的传质计算结果。从数值计算结果可知，网格步长越小，计算结果精度越高，可靠性越高。当网格步长为 15mm 时，自然对流条件下的铸钢锭通道偏析很难被计算；而当网格步长为 10mm 时，通道偏析的计算结果十分明显。网格步长变小，要求计算的时间步长更短，能在更小的单位时间内体现铸钢锭整体流动状态，使流动计算结果更为精确，传质的计算结果直接受流动状态影响；但是随着网格步长的减小，网格数量激增，计算耗时将增加。

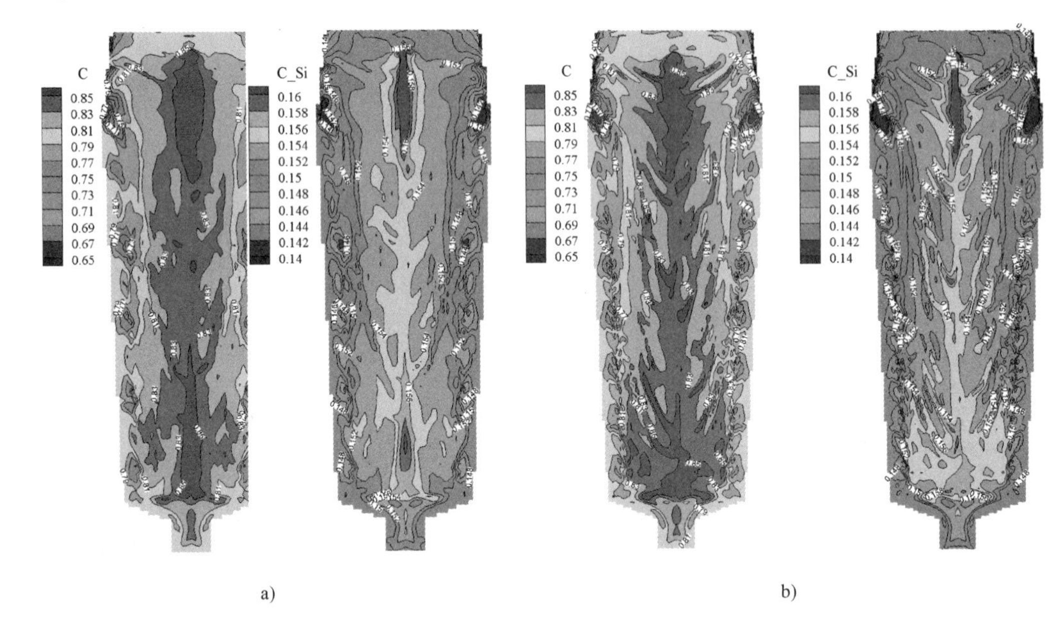

图 8-15 自然对流条件下不同网格步长的传质计算结果

a) 网格步长为 15mm 时的计算结果 b) 网格步长为 10mm 时的计算结果

从上述不同网格步长下的流动和传质结果对比分析，考虑计算结果的精度和可靠性，本节在计算宏观偏析数值模拟时采用 10mm 的网格步长，即保证了计算结果的精度，同时计算耗时也可以接受。

8.4.2 宏观偏析数值模拟结果分析

图 8-16 所示为不同工艺条件下铸钢锭凝固过程的宏观偏析模拟结果，合金体系为 Fe-0.8%C-0.15%Si，图 8-16 的上半部分为凝固过程完成后 C 元素分布，图 8-16 的下半部分为 Si 元素分布。从图 8-16 中的模拟结果可知，添加三维螺旋电磁场以后，不同电磁条件对宏观偏析的抑制效果也不一样，并非输入电流越高，对宏观偏析的抑制效果越明显，得到的成分分布更均匀。

图 8-16a 所示为自然对流条件下铸钢锭完全凝固后宏观偏析模拟结果。从图 8-14 所示的流线图可以看出自然对流条件下铸钢锭凝固过程中形成了一个紊乱的热溶质流动，该紊乱的

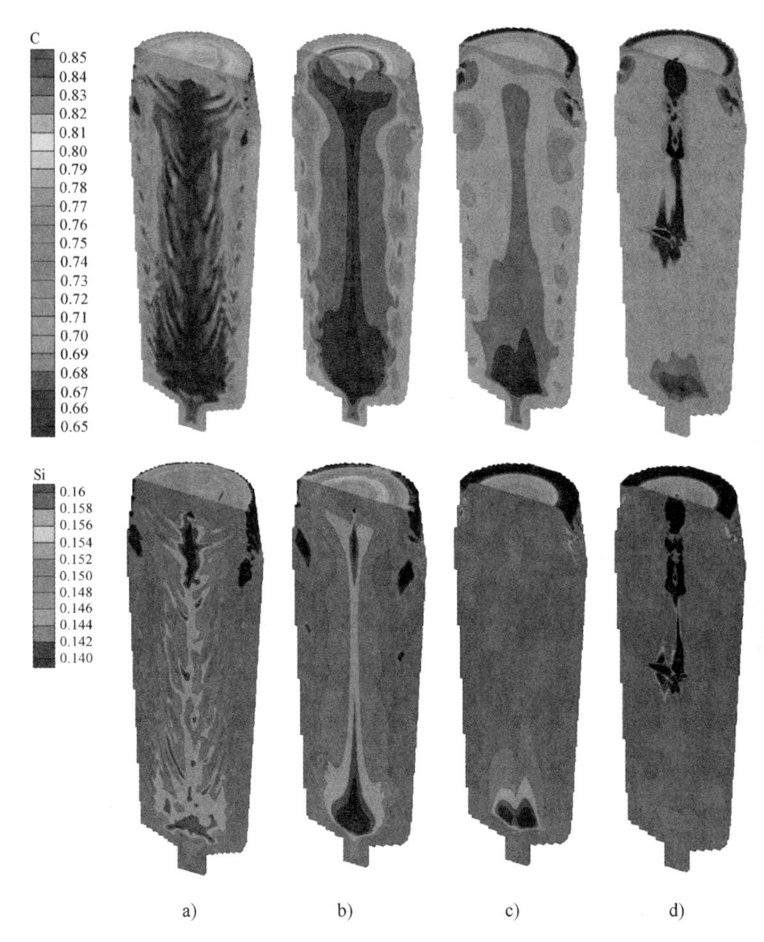

图 8-16　不同工艺条件下的宏观偏析模拟结果

a）自然对流　b）$J_s = 1\text{kA}$　c）$J_s = 5\text{kA}$　d）$J_s = 10\text{kA}$

热溶质流动使得最终铸钢锭内部成分非常不均匀，且分布杂乱。温度场的模拟结果表明，钢锭从底部开始凝固，在凝固前期，析出的富集元素随冷却液体向下流动，在铸钢锭底部形成明显的正偏析区域；伴随凝固过程的进行，铸钢锭从底部和侧面向中心推进，半径方向出现通道偏析，富集的 C 元素和 Si 元素伴随枝晶长大形成正偏析。

图 8-16b 所示为 $J_s = 1\text{kA}$ 条件下铸钢锭完全凝固后的宏观偏析模拟结果。从图 8-14 所示的流线图结果可以看出，紊乱的热溶质流关于铸钢锭中心线趋于对称。该模拟结果表明，电磁条件有效地抑制了枝晶流动，消除了通道偏析的形成，但是在该电磁条件下，铸钢锭中心线附近的热溶质流不能被有效地抑制，除了凝固前期在底部形成的正偏析区域外，凝固完成后在铸钢锭中心线附近形成正偏析带。由此可见，该电磁条件并不能完全有效地抑制宏观偏析的产生。

图 8-16c 所示为 $J_s = 5\text{kA}$ 条件下铸钢锭完全凝固后的宏观偏析模拟结果。该模拟结果表明，铸钢锭凝固前期在底部形成的正偏析区域得到抑制，该区域减小；在该电磁条件下，铸钢锭内的枝晶流动被有效抑制，通道偏析被明显消除，并且在铸钢锭中心线附近，没有形成明显的正偏析带，整体铸钢锭区域元素分布较为均匀，宏观偏析现象得到有效抑制。

图 8-16d 所示为 $J_s = 10\text{kA}$ 条件下铸钢锭完全凝固后的宏观偏析模拟结果。该模拟结果

表明，随着源电流的增加，铸钢锭内部的磁感应强度增大，铸钢锭内钢液的流速明显减缓，其凝固前期的速度分布云图如图 8-22 所示。凝固前期铸钢锭底部形成的正偏析区域被显著抑制，但是在铸钢锭中心线的中上部区域形成了杂乱的正负偏析区域，该区域的形成主要发生在铸钢锭凝固后期。关于其主要的形成原因将在后文进行详细阐述。

图 8-16 所示的模拟结果显示 C 元素与 Si 元素的传质结果分布相同。在铸钢锭完全凝固后，宏观偏析主要产生在铸钢锭中心线附近区域，因此取铸钢锭中心线上的偏析率绘制曲线并进行分析。

图 8-17 所示为铸钢锭中心线上的元素偏析率曲线，图 8-17a 所示为 C 元素偏析率，图

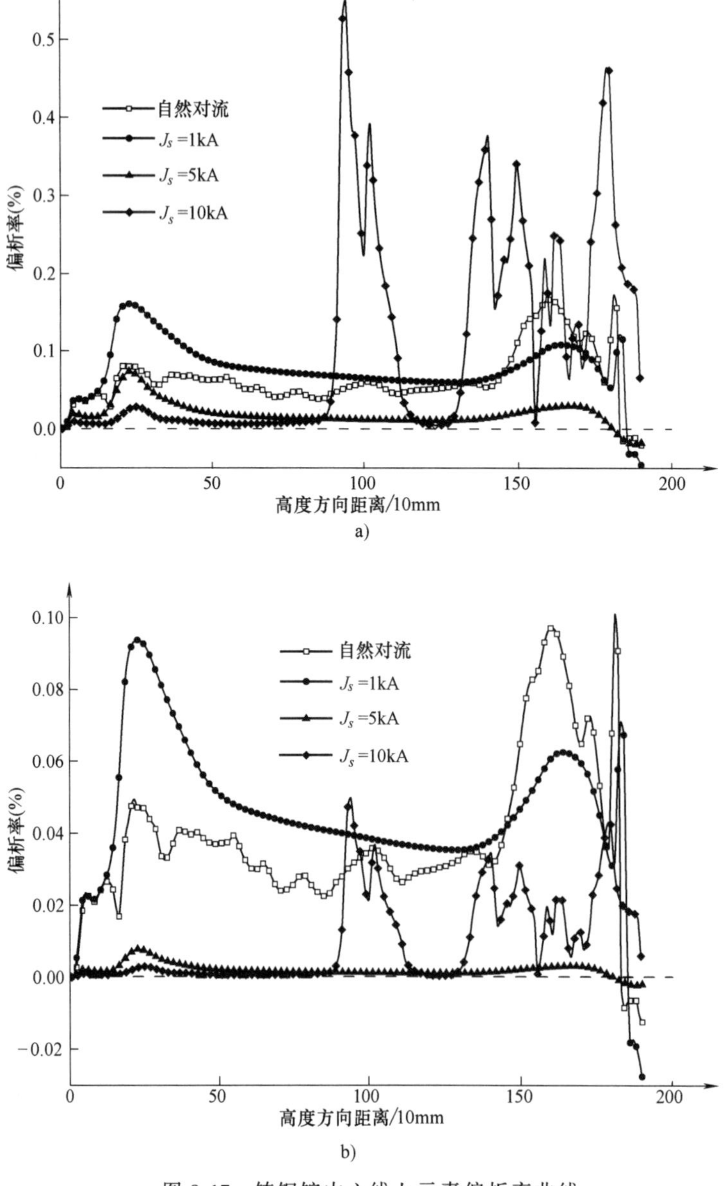

图 8-17　铸钢锭中心线上元素偏析率曲线

a）C 元素偏析率　b）Si 元素偏析率

8-17b 所示为 Si 元素偏析率。从图 8-17 中可知，在铸钢锭中心线上，只有顶部区域才出现负偏析，这是因为该处热溶质流向两边扩散，富集的元素随热溶质流移动到别处，从而在该处形成负偏析区域，而铸钢锭中心线整体呈明显的正偏析。在自然对流条件下，正偏析率稍高的区域位于铸钢锭中上部，铸钢锭从开始凝固到凝固中后期的偏析率偏差不明显。在 $J_s=$ 1kA 条件下，偏析率并未减小反而增加，这是因为在电磁条件下铸钢锭中心线附近区域形成明显的向上热溶质流。在 $J_s=5$kA 条件下，偏析率得到明显的抑制，只在铸钢锭高度约 25cm 处附近出现明显的正偏析；在凝固后期，铸钢锭顶部对流现象明显，出现偏析率稍高的正负偏析区域。在 $J_s=10$kA 条件下，凝固前期铸钢锭底部的正偏析被明显抑制，在凝固周期进行一半之前，整个铸钢锭区域的宏观偏析得到明显抑制，但是在凝固中后期，偏析率出现明显的振荡，这是由于凝固后期铸钢锭中上部不规则的流动状态引起的。

图 8-18 所示为 $J_s=5$kA 和 $J_s=10$kA 条件下铸钢锭凝固一半时其中上部和高度一半处截面的流线图。当 $J_s=5$kA 时，在横截面上，热溶质流从固液相凝固前沿向铸钢锭中心流动，中心处的热溶质向上流动，在固液相凝固界面推进的同时，搅拌液相区域，使析出的元素均匀分布。当 $J_s=10$kA 时，从横截面可以看出，固液相凝固前沿出现流动中心，并在该截面上形成一个涡流，导致此截面附近区域的元素无法随热溶质流移动到其他区域，当凝固完成后，在该处形成了正负偏析区域。此外，在铸钢锭中上部形成了无序的漩涡流，该漩涡流与

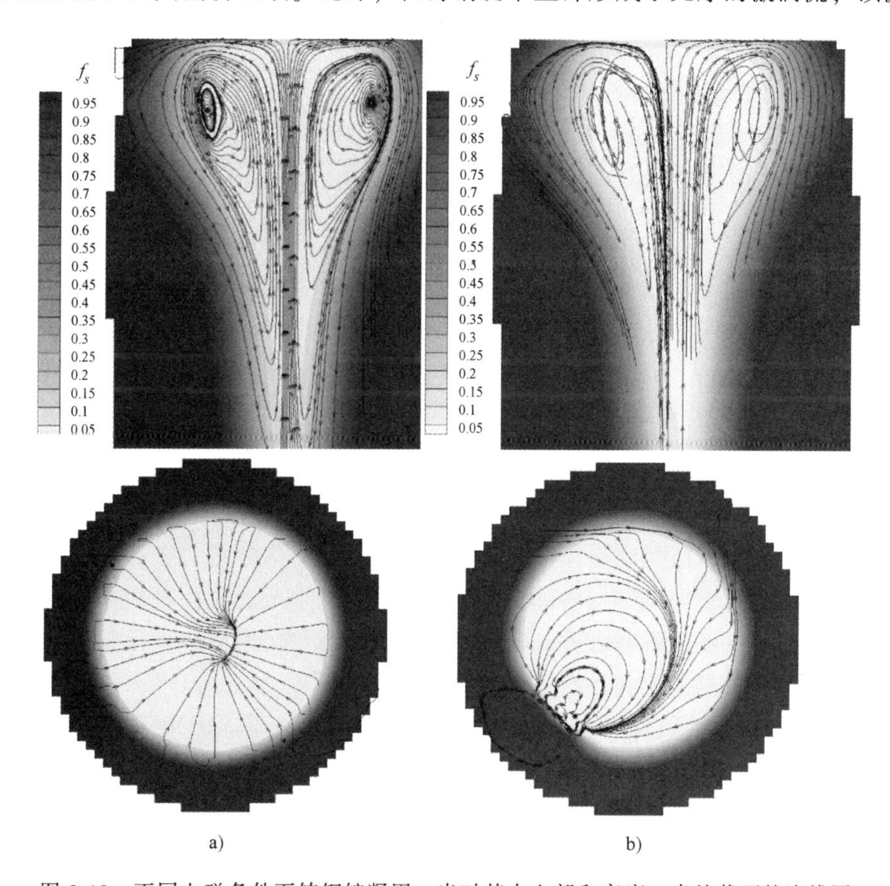

图 8-18　不同电磁条件下铸钢锭凝固一半时其中上部和高度一半处截面的流线图

a）$J_s=5$kA　b）$J_s=10$kA

中部的漩涡流相互独立，在铸钢锭凝固完成后，在铸钢锭中上部形成了明显的正负偏析区域。

综上所述，合适的电磁条件可以明显地改变铸钢锭凝固过程的流动状态，抑制宏观偏析产生。在铸钢锭凝固前期，铸钢锭内部磁感应强度达到 1T，可以明显抑制底部正偏析区域的形成，并且消除通道偏析；在凝固进程一半之后，应减小磁感应强度，在钢液区域内形成对称的搅拌漩涡流，使析出的元素分布更为均匀，抑制整体铸钢锭宏观偏析的产生。

8.5 传热与流动行为耦合模拟结果与分析

图 8-19 所示为自然对流条件下网格步长为 15mm 的凝固前期流线图与速度矢量图，图 8-20 所示为 $f=0\text{Hz}$，$J_s=10\text{kA}$ 条件下凝固前期的流线图与速度矢量图。对比两图数值模拟结果可以得出，由于电磁力的作用，钢液的流动行为被改变。

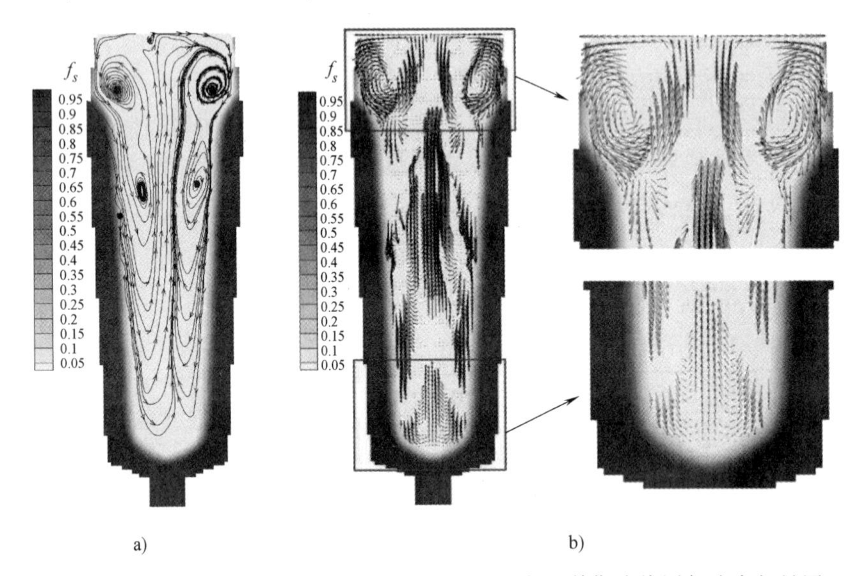

图 8-19 自然对流条件下网格步长为 15mm 的凝固前期流线图与速度矢量图

a）流线图 b）速度矢量图

图 8-19 所示的模拟结果表明：在自然对流条件下，合金体系中 $|r_1\beta_T|/|\beta_s|<1$，凝固界面前沿析出的溶质元素引起的热溶质流为主体流动，元素富集导致的金属液密度减小，形成向上的溶质流。此溶质流与铸钢锭中部由于自然对流作用形成的流动碰撞形成漩涡流，且溶质流与自然对流形成的漩涡没有合并，均在独立流动。从伴随凝固的进行，钢液逐渐冷却形成固相铸钢锭，析出的溶质流将逐渐占据主导。

图 8-20 所示的模拟结果表明：在电磁条件下，铸钢锭在凝固前期没有形成与自然对流条件下相同的漩涡流。由于电磁力的存在，自然对流被削弱，析出的富集元素溶质流占据主导地位，向上的溶质流遇到铸钢锭顶部阻碍，向左右两侧分流，并形成左右两个漩涡流。洛伦兹力的存在，使得钢液内部的流动区域流速降低。

为更好地表达电磁条件对流动行为的影响，选取该截面上速度矢量 $\boldsymbol{v}$ 的三个方向分量速度值 u、v 和 w 绘制分布云图。

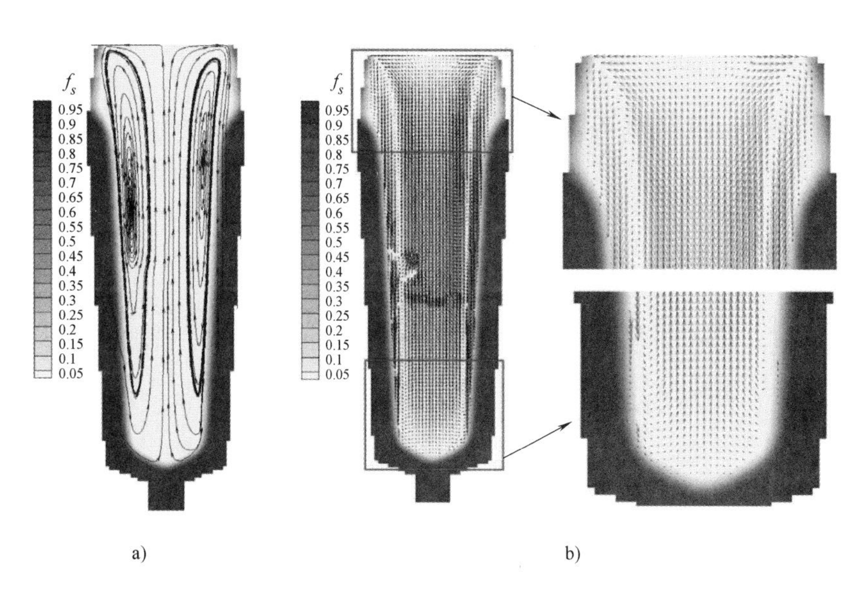

图 8-20　$f=0\text{Hz}$，$J_s=10\text{kA}$ 条件下凝固前期流线与速度矢量图

a）流线图　b）速度矢量图

图 8-21 所示为自然对流条件下凝固前期速度矢量 $\boldsymbol{v}$ 的三个方向分量速度值 u、v 和 w 的分布云图。图 8-22 所示为 $f=0\text{Hz}$，$J_s=10\text{kA}$ 条件下凝固前期速度矢量 $\boldsymbol{v}$ 的三个方向分量速度值 u、v 和 w 的分布云图。对比数值模拟结果可以得出：电磁力的作用对钢液的流动状态和流速都有影响。从流速上看，x 方向速度 u 的最大值从 $2.5\times10^{-3}\text{m/s}$ 减小到 $7.5\times10^{-4}\text{m/s}$，$y$ 方向速度 v 的最大值从 $1.4\times10^{-2}\text{m/s}$ 减小到 $5\times10^{-4}\text{m/s}$，z 方向速度 w 的最大值几乎不变，保持在 $3\times10^{-3}\text{m/s}$。

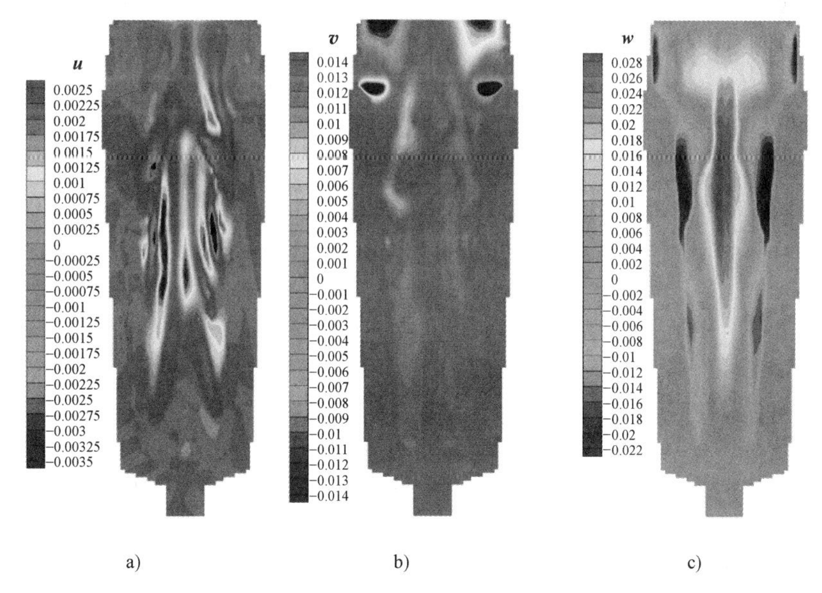

图 8-21　自然对流下凝固前期速度分布云图

a）x 方向速度 u　b）y 方向速度 v　c）z 方向速度 w

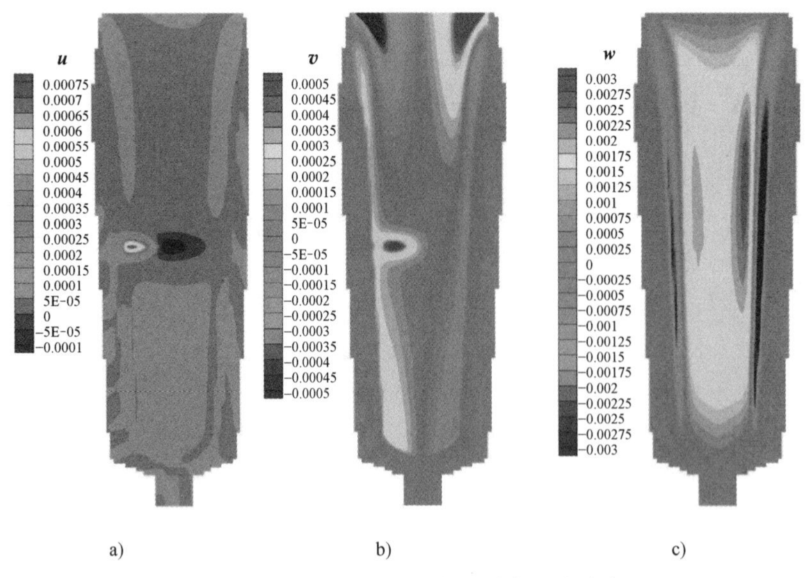

图 8-22　$f=0\text{Hz}$，$J_s=10\text{kA}$ 下凝固前期速度分布云图

a）x 方向速度 u　b）y 方向速度 v　c）z 方向速度 w

从流动状态上看，电磁力对流动速度状态的影响非常明显。x 方向速度 u 改变了铸钢锭中部紊乱的漩涡流，只剩铸钢锭中心界面一个漩涡流。y 方向速度 v 在铸钢锭顶部的流动状态并未改变，而是在铸钢锭高度方向上，在半径一半的区域形成漩涡流，该漩涡流的方向与速度 u 形成的漩涡流方向一致。z 方向速度 w 的流动状态变化不明显，主要减弱了该方向的流动速度。

从上述分析可知，电磁条件强烈地改变了铸钢锭凝固过程的流动状态。

下　篇

计算机炉料优化配比技术及应用

第9章

计算机炉料优化配比数学建模

本章主要探讨铸造炉料配比计算建模分析过程，主要内容包括：对铸造炉料配比计算技术的现状进行分析，分别介绍当前广泛使用的手工配料方法、基于电子表格的经验计算方法和计算机配比方法，并对配比计算的工作步骤进行介绍；对炉料配比问题进行分析，明白问题需要达到的目的和可能的约束条件，以及炉料配比问题的可控变量等相关参数，随后将问题中的参数、变量和目标函数与约束条件之间的关系用数学模型表示出来，完成对铸造炉料配比问题分析和数学建模过程，这将为后期的问题解决方案提供数学基础。

9.1 计算机炉料配比技术发展现状及趋势

9.1.1 炉料配比工艺简介

熔炼后获得的炉料化学成分需要满足铸件的规格要求。当使用冲天炉进行熔炼时，炉料配比是保证熔炼液体化学成分在合理范围内的核心技术。因此通常需要根据目标铸件的要求，再结合冲天炉在实际熔炼中各种化学元素的变化及其损失，从而计算出各金属炉料的加入比例；当使用感应电炉熔炼时，两者的炉料配比原则是相同的，金属炉料的加入比例随着铸件要求而变化。

9.1.2 工业配料问题研究概况

20世纪五六十年代，铸锻厂通过经验方法和手工配料方法计算所需金属炉料的配比。手工配料方法有圆介法、三角形图解法、混合比例法和分析法等。李亚晋提出一种新的配料计算圆介法，具有较高的精度。沈阳机电学院的辛成哲使用手工配料方法中的三角形图解法来解决炉料配比问题，三角形图解法可以解决三种炉料控制两种元素百分含量的炉料配比计算问题。经验方法在传统工厂中比较常见，一般先根据目标值以及相关经验确定加入的主要炉料的搭配方式，然后根据各炉料的化学成分并考虑熔炼过程中的元素烧损，微调炉料配比方式直至满足最终炉料要求。E. D. Sosnovskii 等人研究了炼钢和低硅铸铁炉料成分的配比过程，通过对炉料合理配比分析使制造成本有所下降。

随着计算机技术的发展与普及，计算机辅助工程等相关计算机应用技术在工业上的应用也越来越广泛。在高炉配料、转炉配料、烧结矿和水泥等制造行业中都应用了计算机进行辅助工业配料。使用计算机进行炉料配比可以充分发挥计算机快速运算的特点，相比传统的配料方法更容易实现最低成本的方案，有效降低计算和生产成本。

1980年，韩树人等人应用计算机技术解决了高炉冶炼中的上料配料问题，在精度上相比手动配料提高了0.5%~0.6%。

1981 年，哈尔滨科技大学和哈尔滨锅炉厂提出使用计算机实现炉料最低成本配料方法，并通过实践证明该方法可以降低成本，具有一定经济价值。

1987 年，西北工业大学的刘元亨等人使用微型计算机控制物料的配比和产量，不仅可以解决自动计量问题，还可以解决自动控制问题。同年，袁绍藻在分析水泥配料的特点后，提出了一种用于解决水泥配料问题的控制系统方案，控制系统包括上料、下料和成分分析等部分。

1995 年，A. P. Sivko 等人设计了一种新型的管材成型系统，对玻璃配比合成提出了切实可行的指导建议。

1998 年，王晓东提出在水泥厂配料中使用 Microsoft Excel 电子表格，从而减少手工计算的工作量。

2000 年，赵辉等人针对电弧炉和中频感应炉的铸造熔炼生产过程，使用计算机炉料优化配料系统对炉料进行优化配算，对配比进行优化且降低了成本，扩大了返回料的使用范围。

2003 年，卢晓兵提出利用 Microsoft Excel 电子表格进行辅助配料，代替手工配比的烦琐数学计算，能有效地提高冲天炉熔炼炉料配料的计算速度。

2004 年，李智、李伟分别使用 MATLAB 语言编写模拟退火算法和蚁群算法，对数学模型进行优化计算，通过实验配比计算结果表明该类智能算法可以应用于铸造配料工艺中，具有节约成本的效果。

2006 年，周建新等人针对铸造炉料配比过程，采用穷举法算法解决了炉料的自动配比问题，开发的华铸 FCS 软件能获得较优的配比方案，可以指导铸造企业进行计算机炉料配比生产过程。

2007 年，吕学伟等人针对烧结配料优化问题，运用 MATLAB 编制遗传算法程序，解决了线性规划不能处理的问题，实现了快速全面的烧结矿优化配比。

2013 年，桂海东在对高炉炼铁配料问题研究的基础上，利用线性规划算法设计了高炉配料系统。

2014 年，Omole 等人对回转炉内调配系统进行优化设计以最大限度地减少熔炼过程中的元素损失。

2015 年，于水婧等人通过模糊 PID 算法开发设计了炉料智能配置系统，实现了炉料的精确配比。

2016 年，B X Wang 等人为了最大限度地降低生铁成本，确保生铁的产量和质量，在 VB 和 MATLAB 软件上使用一系列智能算法，如 BP 神经网络，多目标线性规划、遗传算法等，通过这些优化算法，开发了烧结矿配料系统。

目前国内外各类制造业有一些各具特色的工业配料配比的计算机软件。奥地利、芬兰某些自动化公司开发了高炉炉料配料计算的软件，主要针对企业的原料和炉料重力进行的计算模型设计，作为专家系统的一个模块，在高炉配料工艺中具有一定的实际应用效果。周常立针对国内钢铁企业烧结厂的实际情况，开发了烧结配料优化配比软件系统，具有烧结配比的方案优化、信息管理等功能，提高了相关工艺的计算效率，降低了生产成本。在计算机铸造炉料配比研究中，成果较好的有华中科技大学华铸软件中心开发的计算机铸造炉料配比软件研究，并开发了华铸 FCS 铸造炉料配比软件。国内外工业配料计算软件系统界面如图 9-1 所示。

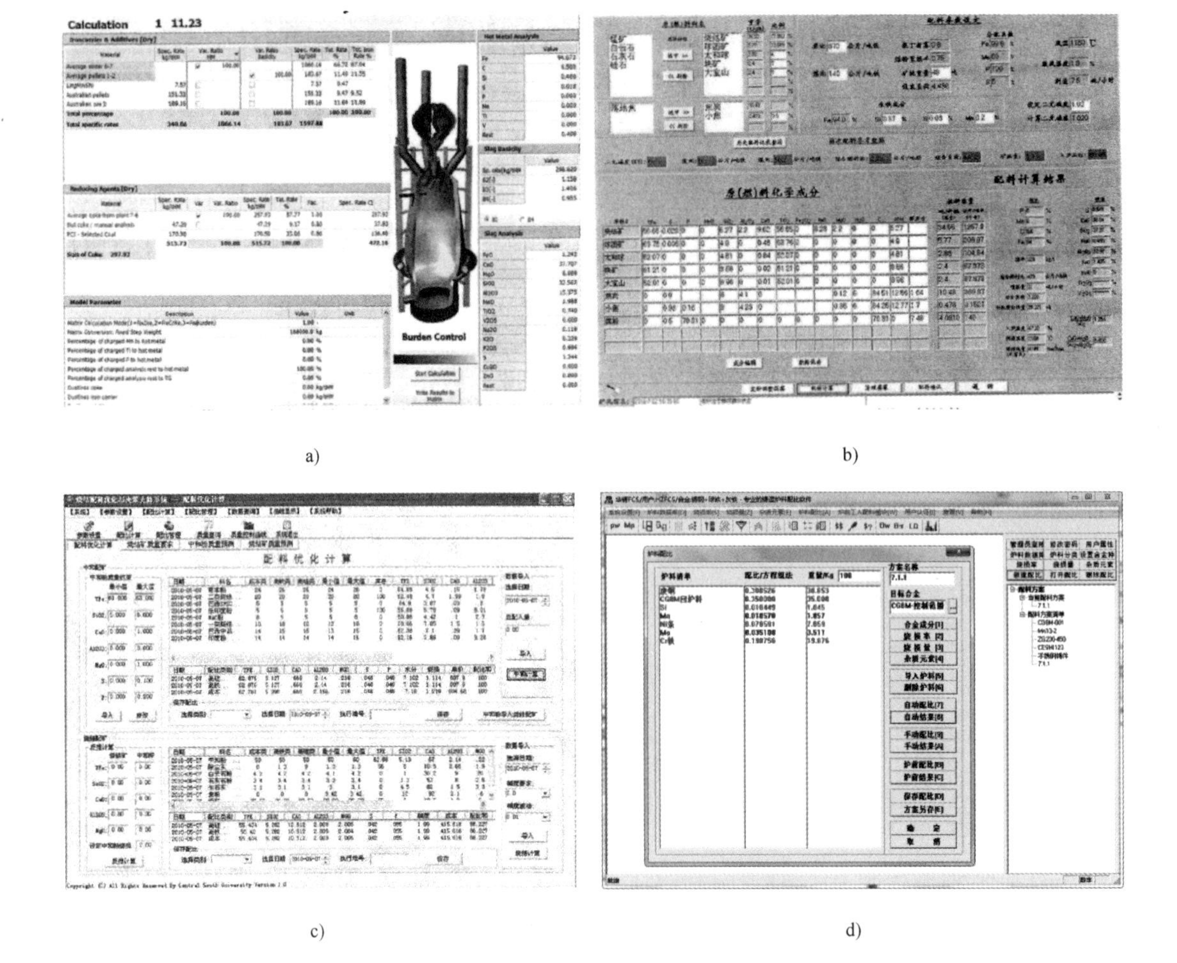

a)

b)

c)

d)

图 9-1　国内外工业配料计算软件系统界面

a）奥地利某高炉炉料配料计算软件　b）芬兰某燃料配料计算软件

c）国内烧结配料优化计算软件　d）国内铸造炉料配料计算软件

9.1.3　约束优化算法的研究概况

优化算法本质是基于某种数学方法或者机制，按照一定的规则进行搜索过程以获得满足问题要求的解，是一种寻找最优方案的搜索过程。优化算法包括线性规划优化算法、穷举算法、分支界定算法、解析优化算法和拉格朗日松弛算法等精确算法及启发式算法与元启发式算法等近似算法。

在精确算法研究方面，1947 年美国数学家 G. B. Dantzig 提出了解决线性规划问题的单纯形算法。近似算法的研究始于 20 世纪 50 年代，得益于计算机的快速发展，该算法在 20 世纪 80 年代才逐渐走向成熟。启发式算法是相对于最优化算法提出的，包括蚁群算法、模拟退火算法和神经网络算法等。元启发式算法以仿自然体算法为主，包括禁忌搜索算法、遗传算法、蚁群优化算法、粒子群优化算法、人工鱼群算法、人工蜂群算法和人工神经网络算法等。优化方法的分类如图 9-2 所示。

约束优化是优化问题的分支，是在一系列约束条件下，搜寻一组合适的参数值，使函数的目标值达到最优或者局部最优的算法，该算法是运筹学的一部分并可以以此为数学基础，用于解决工程问题中具有约束条件的各种优化问题，是一种在工程中具有实际应用价值的技术。约束优化算法是在众多可行方案中选择其中结果最佳的方案，以获得较优目标的一门数学学科。

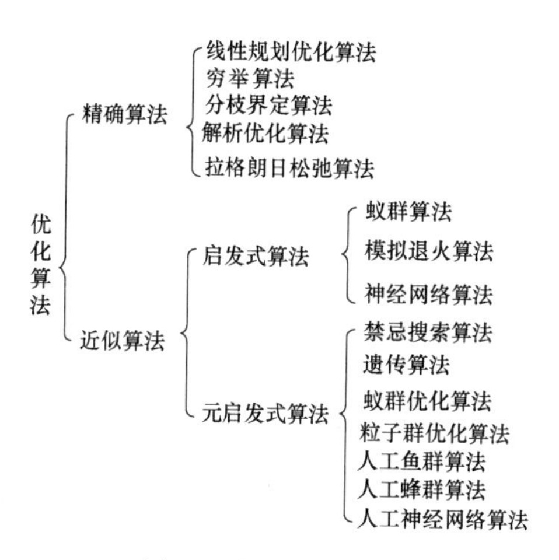

图 9-2 优化方法的分类

1967 年，美国密歇根大学的 L. E. Freund 和 T. L. Sadosky 通过研究线性规划算法解决了仪表板及其工作场所中布局的一些应用问题，结果表明，通过这种方法解决运输和分配问题是可行的，且能为最优化问题提供较好的解决方案。

1984 年，N. Karmarkar 提出了有效解决实际线性规划问题的多项式时间算法，激发了后人对内点法的研究。

1988 年，A. D. Uchitel 等人将优化算法应用在装有金属装药部件的现代化筛网高炉工业配料工艺中。同年，V. I. Mesyats 等人也将优化算法应用于电弧炉炼钢中，保证了成本钢质量的稳定性，改善了所需质量的废钢供应需求关系，采用了最优的配料方法提高了效率。

1989 年，天津水泥工业设计研究院的凌士键使用线性规划算法进行水泥的配料计算，不仅提高了水泥质量，而且使熟料煅烧工艺更加稳定，降低了原料配比成本。

在实际生产中，面对复杂问题时，大多情况下并不需要十分准确的结果，而是希望能有更快的解决速度，近似算法解决的也是优化问题，相比精确算法，其搜索速度有明显的优势。

1993 年，D. Whitley 提出了基于交叉算子的简单遗传算法模型。E. Triantaphyllou 提出了基于线性规划的分解法及其在优化问题中对误差的分析处理。

2000 年，Chang Soo. Y 等人研究了连铸机上批量分组的相关算法，采用启发式算法，对熔炼浇注过程进行了计算实验。

2002 年，Carlos. A. Coello Coello 全面阐述了与进化技术相关的约束处理算法，包括简单的罚函数及其他利用生物学上免疫系统、蚁群仿真等更加复杂的方法。

2006 年，贺向阳等人使用线性规划松弛方法解决了生产调度中的排序问题，介绍了基于线性规划松弛的近似算法和随机松弛算法。

2011 年，Mezura-Montes 等人分析了受自然启发得到的进化算法等智能算法的约束处理技术。

2013 年，Cao Weichao 等人针对烧结矿和高炉炉料优化问题，考虑高炉多元碱度，以炉渣、烧结矿的成分作为约束因素，提出了一种新的数学模型，通过遗传算法求解优化模型，降低了铁液成本。

到了 21 世纪，约束优化算法在人工智能、大数据处理、系统控制、生产调度、金融经济和工程设计等领域都有广泛的应用。例如：苏凯使用遗传算法解决了决策空间离散分布约束优化问题，在对数学特性要求严格和普通约束条件处理方法无法有效解决的情况下，选择算法和搜索策略，并将改进的遗传算法应用于风电场、火电场的生产调度问题；也有学者使用罚函数并进行相关优化的方法有效地处理约束优化问题；还有学者使用神经网络算法解决磷炉配比计算和工艺参数优化，采用回归分析和遗传算法等相关数学方法解决炼焦配煤的优化配比，通过线性规划算法解决转炉炼钢以及高炉炼铁配矿的炉料配比方法等。

综上所述，计算机配比方法的数学模型在各国各行业都大同小异，但是具体问题需要结合实际实践中的情况加以改进。尽管国内外学者已经对配比问题做了大量的研究，但是研究铸造炉料优化配比软件的还是比较少，尤其是在使用约束优化算法提高炉料配比计算的精度和效率等这方面。

9.2 计算机炉料优化配比建模

在有限的生产条件下，铸造炉料配比问题可以通过对配比过程统筹安排，改进熔炼生产计划，合理安排铸造操作人员与炉料物力资源以及组织铸造熔炼配比生产过程来获得合适的配比结果和良好的经济效益。假定已知所加入炉料的价格和各种元素成分，则加入炉料的比例为变量，总的单位成本为一个求和过程，是求极值的目标函数。为保证炉料质量，应考虑目标合金的成分要求构成的约束条件，同时还需要考虑到实际情况，如变量非负等其他约束。

9.2.1 目标函数

在铸造炉料配比问题的计算过程中，优化方向为使单批次炉料使用成本最低。通常采用增加价格相对较低的回炉料所占比重的方法降低成本，但是回炉料的比重在一定范围内不可能无限增加。对于某些其他炉料，操作人员可以根据企业的实际需求，用经验权重或者现有库存权重等数值代替。目标函数可表示为

$$f(x) = \sum_{i=1}^{cn} C_i \times x_i \tag{9-1}$$

式中，$f(x)$ 为该炉料的价格（元/t）；cn 为炉料的种类数量；C_i 为第 i 种炉料的价格（元/t）；x_i 为第 i 种炉料在配比中的质量分数。

9.2.2 约束条件

1. 目标合金的成分约束

目标合金的成分一般在一个范围内浮动，同样的，加入的炉料成分也是在一个允许范围内，所以约束条件是一组不等式，则可表示为

$$N_j \leqslant \sum_{i=1}^{cn} a_{ij\max} \times x_i \leqslant M_j (j = 1,2,3,\cdots,n) \tag{9-2}$$

$$N_j \leqslant \sum_{i=1}^{cn} a_{ij\min} \times x_i \leqslant M_j (j = 1,2,3,\cdots,n) \tag{9-3}$$

式中，N_j 为目标合金的第 j 种元素的成分要求下限；M_j 为目标合金的第 j 种元素的成分要求上限；$a_{ij\max}$ 为第 i 种原料的第 j 种元素含量的质量分数的最大值；$a_{ij\min}$ 为第 i 种原料的第 j 种元素含量的质量分数的最小值。

考虑到各炉料成分在某一范围内浮动，即可以设置炉料中某种元素的最大含量 $a_{ij\max}$ 和最小含量 $a_{ij\min}$，则最终获得的目标成分也在一定范围（$N_j \sim M_j$）内浮动。其中，若需考虑目标成分中元素在熔炼过程中的增减，则有以下关系：

$$M_j = \frac{m_j}{1+\zeta_j} \quad (j=1,2,3,\cdots,n) \tag{9-4}$$

$$N_j = \frac{n_j}{1+\zeta_j} \quad (j=1,2,3,\cdots,n) \tag{9-5}$$

式中，m_j 为目标合金实际所需的质量分数的最大值；n_j 为目标合金实际所需的质量分数的最小值；ζ_j 为熔炼过程中第 j 种元素的增减率百分比（元素增加时为正数，元素减少时为负数）。

这样使得该数学模型贴近实际情况而有利于指导实际生产。

2. 炉料比例的非负条件

炉料的比重均为正值，则有以下关系：

$$x_i \geqslant 0 \qquad (i=1,2,3,\cdots,cn) \tag{9-6}$$

3. 物质平衡的条件

所有加入的炉料比重质量分数的总和为 100%，则有以下关系：

$$\sum_{i=1}^{cn} x_i = 100\% \tag{9-7}$$

4. 其他的约束条件

结合铸造企业的实际经验，在炉料配比的过程中，可能还存在其他的约束条件。例如某种炉料的加入量有固定值，或者库存量有限，比如回炉料的加入量：

$$g_k \leqslant x_k \leqslant h_k \tag{9-8}$$

式中，g_k 为第 k 种炉料比重在配比中的要求下限；x_k 为第 k 种炉料的比重；h_k 为第 k 种炉料比重在配比中的要求上限。

9.2.3 优化配比数学模型

在分析清楚铸造炉料配比问题的目标函数和约束条件后，将建立铸造炉料配比的数学模型来解决这类优化问题。因此求解该问题的数学模型如下：

$$\min \sum_{i=1}^{cn} C_i \times x_i \tag{9-9}$$

$$\text{s.t.} \quad \frac{n_j}{1+\zeta_j} \leqslant \sum_{i=1}^{cn} a_{ij\max} \times x_i \leqslant \frac{m_j}{1+\zeta_j} \quad (j=1,2,3,\cdots,n) \tag{9-10}$$

$$\frac{n_j}{1+\zeta_j} \leqslant \sum_{i=1}^{cn} a_{ij\min} \times x_i \leqslant \frac{m_j}{1+\zeta_j} \quad (j=1,2,3,\cdots,n) \tag{9-11}$$

$$x_i \geqslant 0 \quad (i=1,2,3,\cdots,cn) \tag{9-12}$$

$$\sum_{i=1}^{cn} x_i = 100\% \tag{9-13}$$

$$g_k \leqslant x_k \leqslant h_k \tag{9-14}$$

式中，min 是极小化的问题的标记符号；s. t. 是约束条件的标记符号。

将铸造炉料配比问题抽象为数学模型后，可以看出这个问题是在约束条件下，求解目标函数的最小值，同时目标函数和约束条件均为线性函数，所以可以采用线性规划建模方法。采用此方法建模的分析过程如下：

1）配比问题是在一个问题的众多解决方案中选择最佳方案。线性规划是运筹学的一个基本分支，应用范围十分广泛，其解决问题的方式也十分成熟。在计算机逐渐普及的情况下，采用线性规划建模方法可以快速准确地求解出问题的最优解。

2）目前国内大多数铸造企业使用的炉料配比方法能满足目标成分的要求，但是没有考虑配料方法是否为最优，配料人员更加关注的是配比过程是否顺利，对炉料成批配比成本的高低并不太注意。出于规范性的要求，优化目标是合理的。

3）对于铸造企业来说，模型也考虑到了炉料成分不为定值的实际情况以及烧损情况，因此将目标成分作为主要约束条件。约束条件是符合实际需求的。

4）模型主要考虑的是成本最优，对于今后需要考虑的因素，只要将模型转化为相关决策变量的目标函数，同样的，未考虑的约束条件也可以增加到约束方程中，模型具有可扩展性。

综上所述，使用约束优化算法解决铸造炉料配比问题是可行的。

第 10 章

计算机炉料优化配比求解方法

本章将介绍约束优化的相关算法，在计算机辅助条件下，分别采用最优化算法和次优解算法来解决铸造炉料配比问题，并形成针对不同应用需求的求解方案，包括：线性规划优化算法、约束松弛求解方案和遗传算法等。

10.1 约束优化算法

没有任何相关约束条件的优化问题被称为无约束优化问题；有任何约束条件的优化问题被称为约束优化问题。从建模结果可以看出铸造炉料配比问题是在约束条件下求目标函数的最优值，这类问题可以使用数学优化的方法来解决。优化方法按照一定的搜索规则来求解，根据其搜索规律可以分为精确算法和近似算法。

10.1.1 精确算法

精确算法是采用精确搜索的方法找到优化问题中最优解的算法。精确算法能够获得准确的解，但往往求解速度慢，且不容易处理复杂的约束。到目前为止，精确算法种类比较多，常见的有线性规划优化算法、非线性优化算法等。

1. 线性规划优化算法

线性规划是运筹学中最成熟的一部分，是研究线性约束条件下，函数的最值、极值问题。线性规划是指优化问题中涉及的目标函数、约束条件等相关函数都是线性函数。线性规划问题的一般形式为

$$\min \quad z = c_1x_1 + \cdots + c_nx_n \tag{10-1}$$

$$\text{s.t} \quad a_{i1}x_1 + a_{i2}x_2 + \cdots + a_{in}x_n = b_i \quad (i = 1, 2, 3, \cdots, p) \tag{10-2}$$

$$a_{i1}x_1 + a_{i2}x_2 + \cdots + a_{in}x_n \geqslant b_i \quad (i = p+1, 2, 3, \cdots, m) \tag{10-3}$$

$$x_j \geqslant 0 \quad (j = 1, 2, 3, \cdots, n) \tag{10-4}$$

式中，x_j，$j = 1$，…，n，为待定的决策变量；已知的系数 a_{ij} 组成的矩阵为约束矩阵；$c_1x_1 + \cdots + c_nx_n$ 为目标函数。式（10-1）~式（10-4）这种形式的线性规划称为一般形式，若没有式（10-3），则称为线性规划的标准形式。一般形式可以通过添加松弛变量转换为标准形式。线性规划问题的求解方法主要有单纯形法（二阶段单纯形法、对偶单纯形法等）和内点法等。

2. 非线性优化算法

非线性函数数值最优化问题的求解方法通常采用非线性优化算法。它与线性规划的区别在于，其目标函数或者约束条件至少有一个为非线性的函数。解决非线性的优化问题需要根据问题的特点给出不同的求解方法，因而这些解法均有各自的适用范围。常用求解方法有梯

度法、牛顿法、共轭梯度法和拟牛顿法等。

数学模型中具有多个变量时，线性规划是解决该问题最优决策方法，也能解决或者规划线性目标函数对象的最优化问题。该算法作为决策系统静态最优化的数学规划方法，有着十分成熟的解决方法，在现代决策中有着广泛的应用。虽然线性规划方法在大规模计算时计算量大且耗时，但是使用计算机辅助可以解决这一问题。所以本书将采用线性规划优化算法进行最优化方案设计。

10.1.2 近似算法

近似算法是使用近似方法解决优化问题的算法。近似算法一般都能找到合适的问题解决方案且解决速度很快。近似算法需要可证明的解决方案质量和运行时间范围，因此其一般能获得一个有质量保证的解。

1. 遗传算法

遗传算法是通过模拟在自然环境中生物的遗传和进化过程，从而生成的一种具有自适应的不依赖于具体问题的全局优化搜索算法。自然界的生物体在遗传、选择和变异等过程中，“适者生存，优胜劣汰”，不断地由低级生物向高级生物进化发展。同样的，遗传算法借鉴自然法则，在搜索过程中，从潜在的解决方案中逐渐产生一个近似最优解，每次迭代搜索根据个体在该问题下的适应度和“遗传变异”情况产生新的近似解。这个过程使种群个体得到进化，最终获得更能适应环境的新个体。

2. 差分进化算法

差分进化算法以群体智能理论的优化方法为基础，其搜索方式是通过种群内个体之间的合作和竞争产生的智能优化选择。该方法最初是用来解决切比雪夫多项式相关问题的，后来主要用于解决复杂的优化问题，是对进化算法的改进。

3. 免疫算法

免疫算法是模仿生物体内的免疫机制和生物基因的进化机制，人为地构建出的一种智能搜索方法。该算法与一般的免疫系统类似，使用群体搜索策略，通过迭代计算后，最后以较大概率得到问题的近似解。

4. 蚁群算法

蚁群算法是通过模拟在自然界中蚂蚁群体寻找食物路径的行为，从而提出的一种启发式随机搜索方法。蚂蚁在寻找食物时，能通过体内释放的信息素来标记路径，随着时间推移，后面跟随的蚂蚁可以根据前者留下的信息素进行选择，信息素的强度越高，选择该路径的概率也随之增加。

5. 粒子群优化算法

粒子群优化算法是通过模拟鸟群寻找食物过程中的群聚和迁徙等相关过程，从而提出的一种智能全局随机搜索方法。该算法是基于种群和进化理念，通过个体之间的协作和竞争，实现复杂空间的搜索过程，同时又将种群中的个体看作没有质量和体积的粒子。

6. 模拟退火算法

模拟退火算法是通过模拟物理中固体物质退火的过程，从而提出的一种迭代求解策略的随机搜索方法。该算法使用独特的方法和技术，以某一概率选择领域中目标值的状态，是一种全局最优算法。

7. 禁忌搜索算法

禁忌搜索算法是通过灵活的存储结构和有效的禁忌搜索准则来避免局部最优解的一种全局逐步寻优算法。使用该算法可以通过设置禁忌点以减少重复搜索，从而保持有效多样性的搜索，实现全局优化搜索。

8. 人工神经网络算法

人工神经网络算法是通过模拟人脑和动物的感知学习能力的神经系统，设置一些节点和连接结构形成网络的算法。该算法不需要确切的数学模型，容易实现并行计算，适用于预测、组合优化和模式识别等问题。

10.2 最优化求解方法

通过数学建模分析可知，铸造炉料配比问题是在一组线性等式或者不等式的约束下求解一个线性函数的最优值的问题，可以将这个问题归为线性规划问题。单纯形法是解决线性规划问题最常规的方法。

考虑标准形式的线性规划问题如式（10-2）与式（10-4）所示。假设可行域 $D=\{x\in\mathbf{R}^n\,|\,\boldsymbol{Ax}=\boldsymbol{b},\ \boldsymbol{x}\geqslant 0\}\neq\varnothing$，秩（$\boldsymbol{A}$）$=m<n$，$\boldsymbol{A}$ 为一 $m\times n$ 实矩阵，可以得知，如果式（10-1）有最优解，则必定为某一基本可行解，因而只需在基本可行解集合中寻求即可。

单纯形法是先搜寻出一个基本可行解并判断其是否为目标函数的最优解，如果不是问题的最优解，则需要搜寻更优的基本可行解，再进行判别，如此迭代搜寻，直至找到问题的最优解，或者判定该问题无界，完成变换计算后转入最优化判断。二阶段单纯形法流程图如图10-1所示。

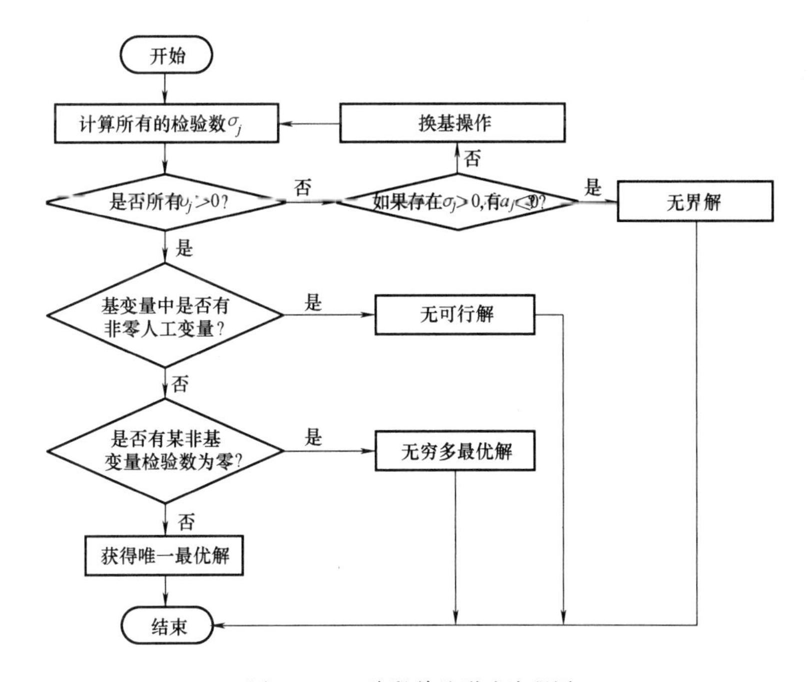

图 10-1 二阶段单纯形法流程图

1. 标准形式化

首先需要将数学模型转化为标准形式，为后期计算做好准备。对于所有的线性规划问题都可以将其转化成标准形式。

（1）目标函数　如果目标函数是求线性函数的极大值（max），可利用以下关系式将其转化为线性函数的极小值：

$$\max \boldsymbol{c}^{\mathrm{T}}\boldsymbol{x} = -\min(-\boldsymbol{c}^{\mathrm{T}}\boldsymbol{x}) \tag{10-5}$$

$$\sum_{i=1}^{n} a_i x_i \geqslant b_i \tag{10-6}$$

$$\sum_{j=1}^{m} a_j x_j \leqslant b_j \tag{10-7}$$

（2）不等式约束　对于不等式约束，可以加入松弛变量 x_{n+1} 或 x_{m+1}（均非负），将其转化为等价约束

$$\sum_{i=1}^{n} a_i x_i - x_{n+1} = b_i \tag{10-8}$$

$$\sum_{j=1}^{m} a_j x_j + x_{m+1} = b_j \tag{10-9}$$

（3）自由变量　自由变量即没有非负性要求的变量，对于自由变量 x_i 可以引入两个非负的变量 u_{i1} 和 u_{i2}，同时令

$$x_i = u_{i1} - u_{i2} \tag{10-10}$$

对于线性规划中的标准形式，约定系数矩阵 $\boldsymbol{A}$ 是行满秩的，如果行不是满秩则可以通过消元法去除掉多余的约束方程。同时，在一般情况下，约定 $\boldsymbol{b}$ 是非负向量，如果 $\boldsymbol{b}$ 不是非负向量，则可以在相对应的等式约束两端同时乘以-1。

2. 求出初始基本可行解

基本可行解可采用二阶段单纯形法获得，迭代进行条件通过检验数判定。二阶段单纯形法将线性规划问题的求解过程分为两个阶段，首先是判断线性规划是否有问题的可行解，如果没有可行解，则没有基本可行解，停止最优化搜寻计算；如果问题有可行解，则按前一阶段采用的方法获得某一初始的基本可行解，此时求解运算开始第二阶段计算过程。第二阶段从寻找的初始基本可行解开始，采用单纯形法求得一个最优解或者判定线性规划问题无界。取初始基本可行解

$$\boldsymbol{x} = (\boldsymbol{x}_{\boldsymbol{B}}^{\mathrm{T}}, \boldsymbol{x}_{\boldsymbol{N}}^{\mathrm{T}})^{\mathrm{T}} = (\boldsymbol{b}^{\mathrm{T}}, \boldsymbol{0}^{\mathrm{T}})^{\mathrm{T}} \tag{10-11}$$

式中，$\boldsymbol{B}$ 为基矩阵；$\boldsymbol{N}$ 为非基矩阵

3. 最优性判定

用非基变量表示目标函数，增加非基变量的值如果不能使目标函数值增加，即为最优解。计算式子中的非基变量的检验数

$$\sigma_{\boldsymbol{N}} = \boldsymbol{c}_{\boldsymbol{N}}^{\mathrm{T}} - \boldsymbol{c}_{\boldsymbol{B}}^{\mathrm{T}}\boldsymbol{N} \tag{10-12}$$

若 $\sigma_{\boldsymbol{N}} \geqslant 0$，则可以停止计算，当前的解为最优解，最优值为

$$z = c_{\boldsymbol{B}}^{\mathrm{T}}\bar{b} \tag{10-13}$$

4. 基本可行解的转换

用非基变量表示基变量，如果存在 $\sigma_{\boldsymbol{N}} < 0$，则说明相对应非基变量从当前的值增加，使

目标函数也随之增加。在非基变量中选择换入变量 x_j（也称为“进基变量”）使

$$\sigma_j = \min\{\sigma_k, k \in N\} \tag{10-14}$$

如果存在

$$a_j = (a_{ij})_{i=1}^{m} \leqslant 0 \tag{10-15}$$

则该线性规划问题没有最优解，停止算法。确定下标 i 满足以下式子：

$$\theta_l = \frac{b_l}{a_{lk}} = \min\left\{\frac{b_i}{a_{ik}} \mid a_{ik} > 0\right\} \tag{10-16}$$

式中，x_i 称为“出基变量”。以 a_{lk} 为主元，对方程组进行初等变换

$$a_{ij} = \begin{cases} \dfrac{a_{lj}}{a_{lk}} & 当\ i = k \\ a_{ij} - a_{ik}\dfrac{a_{lj}}{a_{lk}} & 当\ i \neq k \end{cases} \tag{10-17}$$

$$b_i = \begin{cases} \dfrac{b_l}{a_{lk}} & 当\ i = k \\ b_i - a_{ik}\dfrac{b_l}{a_{lk}} & 当\ i \neq k \end{cases} \tag{10-18}$$

$$\sigma_k = \sigma_k - \sigma_j \frac{a_{lj}}{a_{lk}} \tag{10-19}$$

10.3　次优解求解方法

针对最优化算法未能解决的无最优解的求解问题，将采用次优解求解方法。约束优化问题的次优解算法性能的优劣受两个方面的影响，一方面是对约束条件进行处理的方式，另一方面是对搜索方式改进的相关算法。基于此，设计出了约束松弛求解方案和遗传算法求解方案。

10.3.1　约束松弛求解方案

约束松弛求解方案是在根据生产中的目标合金要求，在使用最优化算法无法获得结果时采用的次优解算法。约束松弛求解方案是以最优化求解方案为基础的，在所加入的炉料不能配比出满足目标合金要求的方案时，将约束条件按照一定方法进行松弛，随后获得宽约束条件再进行求解。使用该方法虽然可能获得的解有部分不能满足约束要求，但是在实际生产中，有些元素的要求没有那么严格，生产者更加关注的是一些主要元素是否满足目标合金要求，所以使用约束松弛求解方案可以获得次优解，在生产中仍有一定的适用性和指导意义。

约束松弛求解方案是在保证主要化学成分合格的情况下获得炉料配比的次优解方案。其求解的主要步骤为

1）选择需要严格计算的元素，设置松弛步长。

2）松弛约束条件后，使用最优化算法求解结果，如果有最优解则结束计算，否则继续松弛条件计算。

根据前面数学建模建立的式（9-10）和式（9-11），将采取以下方式进行松弛处理：

$$(1-R)^K \times \frac{n_j}{1+\zeta_j} \leqslant \sum_{i=1}^{cn} a_{ij\max} \times x_i \leqslant (1+R)^K \times \frac{m_j}{1+\zeta_j} \ (j=1,2,3,\cdots,n) \quad (10\text{-}20)$$

$$(1-R)^K \times \frac{n_j}{1+\zeta_j} \leqslant \sum_{i=1}^{cn} a_{ij\min} \times x_i \leqslant (1+R)^K \times \frac{m_j}{1+\zeta_j} \ (j=1,2,3,\cdots,n) \quad (10\text{-}21)$$

式中，R 为松弛步长（%）；K 为松弛次数。

从式（10-20）和式（10-21）可知，合理设置松弛步长和最大松弛次数后，基本上可以找到满足松弛约束的次优解。

10.3.2 遗传算法求解方案

遗传算法在铸造炉料优化配比中的基本运算过程如下：

（1）初始化种群　初始化种群指随机产生一群个体组合成一个初始种群，设置当前进化代数计数器、进化代数和种群规模等。在初始化之前，需要选择编码方案，遗传算法不能直接处理数学模型中的参数，需要将这些参数转化成遗传学中的染色体基因等。根据前面数学建模分析，染色体个数为加入炉料的种类个数，数值的设置区间为［0，100］，材料占比的初始值由随机方式生成。

（2）个体评价　个体评价是对种群 P（n）中每个个体进行适应度计算。首先需要构造该问题的适应度函数，在搜索过程中，将通过适应度函数得到的数值与指定的适应值比较，如果合适，则表明该值是可保留的。考虑到配比中目标函数式（9-9）为目标合金价格函数，不容易选择一个适应值，需要加入罚函数并将其包含到适应度函数中，因此设计的适应度函数公式为

$$F(x) = \sum_{i=1}^{cn} C_i \times x_i + p_1 L_1(x) + p_2 L_2(x) \quad (10\text{-}22)$$

式中，$F(x)$ 为适应度函数；$L_1(x)$ 为当前获得的化学成分与工艺要求的目标合金化学成分之间差异函数；$L_2(x)$ 为当前加入炉料比例与目标实际需求比例之间差异函数；p_1 为 $L_1(x)$ 函数的罚函数尺度系数；p_2 为 $L_2(x)$ 函数的罚函数尺度系数。

为了实现对适应度值惩罚的效果，需要 p_1、p_2 来进行调节，该系数与操作代数、罚函数和目标函数有关，$L_1(x)$、$L_2(x)$ 可以用当前情况与目标情况的比例表示差距。

（3）选择操作　选择操作根据每个个体的适应度，将选择算子作用于群体，按照选择操作规则和方法，选择种群中的优良个体遗传到子代群体。鉴于轮盘赌选择法在遗传算法中广泛使用的成熟性，选择算子时使用该方法。轮盘赌是基于比例进行选择的，子代保留的概率与每个个体的适应度相关，选取的概率公式为

$$P_i = \frac{f_i}{\sum_{i=1}^{NP} f_i} \quad (i=1,2,\cdots,NP) \quad (10\text{-}23)$$

式中，P_i 为某一个体 i 被选择的概率；f_i 为某一个体 i 的适应度；NP 为种群大小规模。

从式（10-23）可以看出个体适应度越大被选择的概率越大；反之个体适应度越小被选择的概率越小。在选择交叉操作个体前应该进行多次选择操作，每次将在［0，1］区间内产生一个随机数，并将该随机数作为当次选择指针来选中个体。

(4) 交叉操作 将交叉算子作用于选中的每对个体，以一定的概率交换规则和方法交换基因编码，从而产生新一代个体。对于炉料配比问题，将在种群中任选两种加入的炉料，按照进行单点交叉操作，交叉率在［0.6，0.8］区间内选择。

(5) 变异操作 将交叉算子作用于选中的个体，以一定的概率交换规则和方法改变某些基因编码。针对复制、删除、换位和插入等变异操作，分别可以通过对变异算子炉料采用某段编码重复、将某段编码删除归零、将某两段编码进行数值交换和将其他段编码插入原个体中的方式来实现。

(6) 终止判断 将群体经过选择操作、交叉操作和变异操作后生成的下一代群体跳转到步骤2）中进行适应度计算，如果当前进化代数计数器小于等于进化代数时，则当前进化代数计数器向前增加一次，继续步骤2）后的遗传操作，否则种群进化进程中具有最大适应度的个体将作为结果输出，终止计算。遗传算法流程图如图10-2所示。

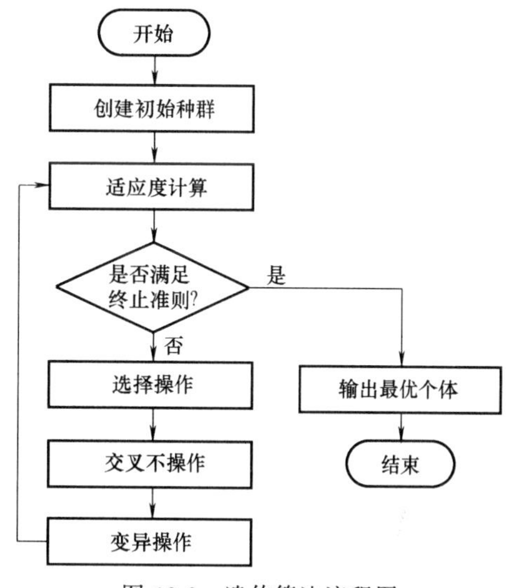

图10-2 遗传算法流程图

10.4 手动试错法

在实际配料中，熔炼配料技术的技术人员可能采用试算法来计算某个配比是否满足要求，基于此，这里提出了手动试错法，下面介绍其数学模型。

对于 m 种炉料 n 个合金元素，假设 W_i 为第 i 种炉料的加入量（kg），P_i 是第 i 种炉料的价格（元/t），第 i 种炉料含有第 j 中元素的质量分数范围为［$C_{ij\min}$，$C_{ij\max}$］（其中 $C_{ij\min}$ 为最小的质量分数，$C_{ij\max}$ 为最大的质量分数），在熔炼过程中第 j 种元素的增减率百分比（元素增加时为正数，元素减少时为负数）为 η_j，第 j 种元素目标成分为［$D_{j\min}$，$D_{j\max}$］；如果各炉料加入量 W_i 满足式（10-24）和式（10-25），则此时该配料方案可行；同时此次配料的价格 P_{Alloy}（元/t）可由式（10-26）计算。

$$\frac{D_{j\min}}{1+\eta_j} \leqslant \sum_{i=1}^{m} \frac{W_i}{\sum_{k=1}^{m} W_k} \times C_{ij\max} \leqslant \frac{D_{j\max}}{1+\eta_j} \quad (j=1,2,3,\cdots,n) \tag{10-24}$$

$$\frac{D_{j\min}}{1+\eta_j} \leqslant \sum_{i=1}^{m} \frac{W_i}{\sum_{k=1}^{m} W_k} \times C_{ij\min} \leqslant \frac{D_{j\max}}{1+\eta_j} \quad (j=1,2,3,\cdots,n) \tag{10-25}$$

$$P_{Alloy} = \frac{\sum_{i=1}^{m} W_i \times P_i}{\sum_{k=1}^{m} W_k} \tag{10-26}$$

同样的，如果炉料成分稳定，可设炉料最小值 $C_{ij\min}$ 与最大值 $C_{ij\max}$ 相等，此时手动试错法的数学模型可以简化。对于 m 种炉料 n 个合金元素，假设 W_i 为第 i 种炉料的加入量（kg），P_i 是该炉料的价格（元/t），第 i 种炉料含有第 j 种元素的增减率百分比（元素增加时为正数，元素减少时为负数）为 η_j，第 j 种元素的目标成分为［$D_{j\min}$，$D_{j\max}$］；此时，如果各炉料加入量 W_i 满足式（10-27），则此时该配料方案可行；同时此次配料的价格 P_{Alloy}（元/t）可由式（10-26）计算。

$$\frac{D_{j\min}}{1+\eta_j} \leqslant \sum_{i=1}^{m} \frac{W_i}{\sum_{k=1}^{m} W_k} \times C_{ji} \leqslant \frac{D_{j\max}}{1+\eta_j} \quad (j=1,2,3,\cdots,n) \tag{10-27}$$

第11章

计算机炉料配比系统的设计与实现

本章将重点介绍计算机炉料配比系统的总体设计，以及数据管理模块、自动炉料配比模块、手动炉料配比模块和炉前炉料配比模块的功能实现。

11.1 系统总体设计

11.1.1 需求分析

需求分析是软件开发中的一个重要步骤，需求分析的任务就是确定系统必须完成哪些工作，也就是对目标系统提出完整、准确、清晰、具体的要求。对于铸造计算机炉料配比系统的开发而言，可以从如下几个方面来简要地说明：

(1) 系统界面要求　要求系统界面友好，操作简单。

(2) 系统功能要求　本系统包括数据库管理模块、自动炉料配比模块、手动炉料配比模块、炉前炉料配比模块、配料方案的查询管理和系统维护等多个模块。

(3) 系统性能与安全性要求　本系统要求运行稳定，要保证系统运行的安全性和结果的准确性。

(4) 系统运行要求　本系统要求在中文 Windows 7/10 的环境下运行，本系统对硬件没有特殊的要求，一般使用计算机运行即可，需要占用硬盘空间 1G 左右。

(5) 异常处理要求　系统运行过程中出现异常情况时（例如，不合法或超出范围的输

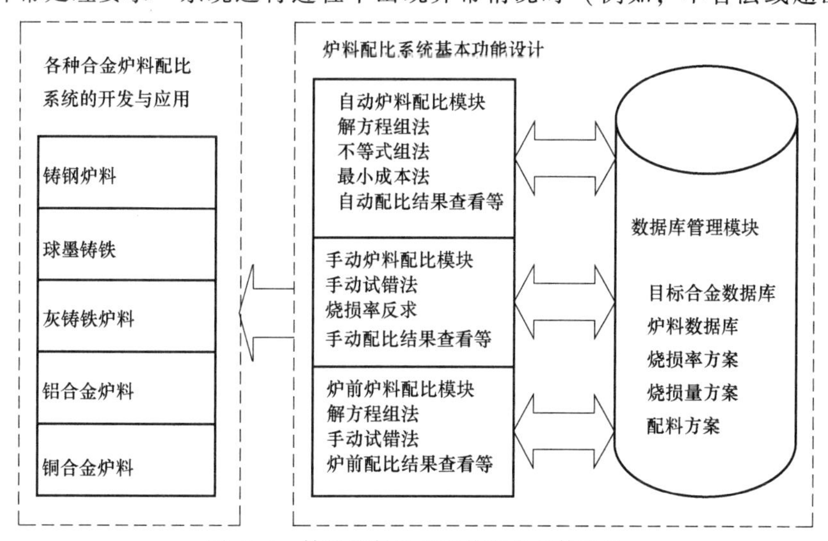

图 11-1　铸造炉料配比系统开发总体设计

入数据、非法操作等）将给出相应的提示信息。

11.1.2 总体设计

图 11-1 所示为铸造炉料配比系统开发总体设计，可以看出，对于不同的铸造合金，其炉料配比的核心功能基本一致，都包含了自动炉料配比、手动炉料配比、炉前炉料配比和数据库管理模块等，不同合金炉料配比的差异在于合金元素的差异、数据库的差异和元素烧损的差异等。

11.2 系统功能实现

根据图 11-1 所示的总体设计进行程序设计，开发了铸造炉料配比软件系统，图 11-2 为该系统主界面。下面将详细地介绍数据库管理模块、自动炉料配比模块、手动炉料配比模块以及炉前炉料配比模块的功能实现。

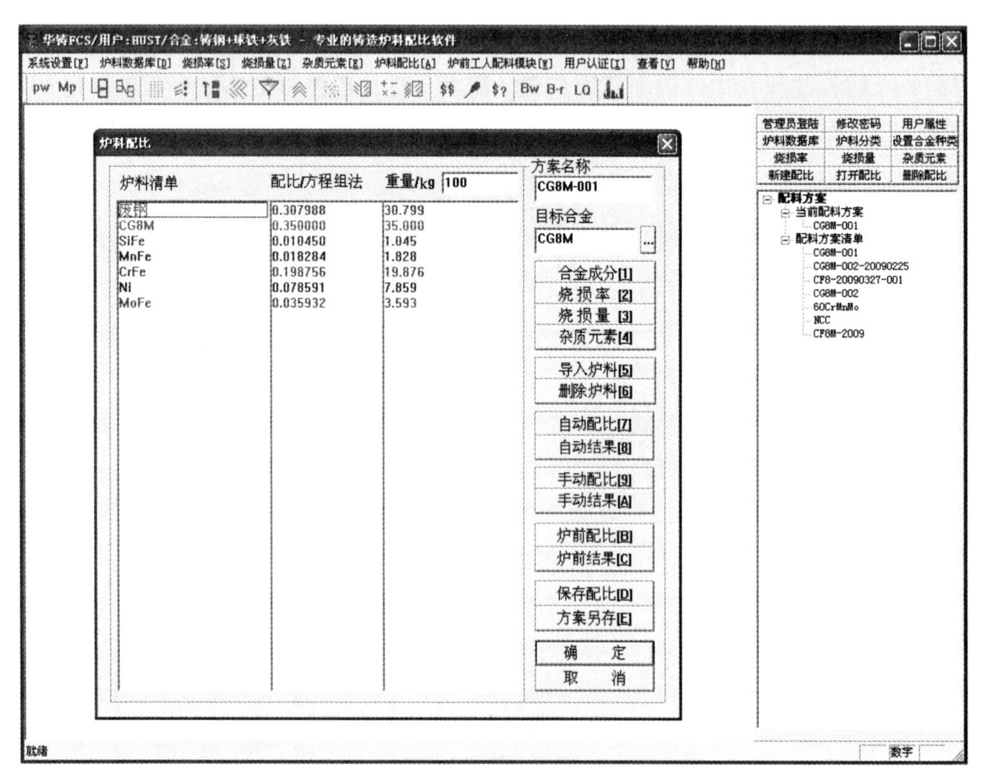

图 11-2 铸造炉料配比软件系统主界面

11.2.1 数据库管理模块的实现

数据库管理模块主要包含目标合金数据库、炉料数据库、烧损率方案、烧损量方案、配料方案、配料清单等数据管理，下面分别介绍。

1. 目标合金数据库

目标合金数据库的主要数据见表 11-1，图 11-3 所示为目标合金数据库的实现界面，

图 11-4 所示为一具体配料方案中的目标合金成分的设置界面，共考虑到了至多 30 个元素的配比计算。

表 11-1　目标合金数据库的主要数据

变量名称	具 体 含 义	数据类型	备注
AlloyName	目标合金牌号名称	cstring	
AlloyValue[30]	定义最多 30 个合金元素的名义值	float	质量分数
AlloyValueMIN[30]	定义最多 30 个合金元素的最小值	float	质量分数
AlloyValueMAX[30]	定义最多 30 个合金元素的最大值	float	质量分数
AlloyPrice	该目标合金的价格	float	

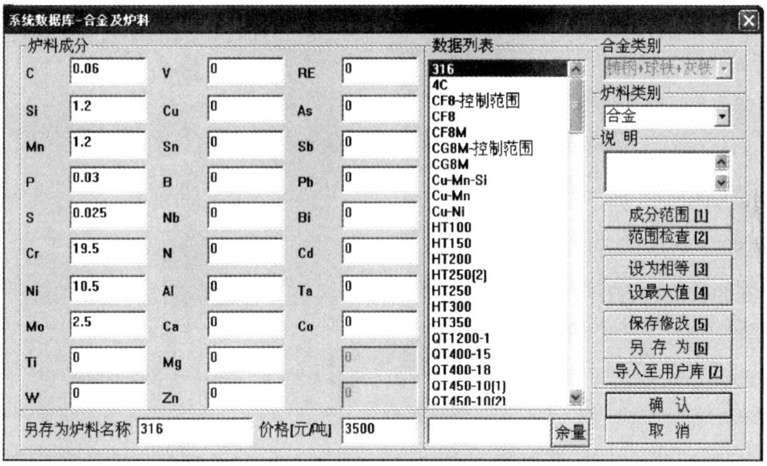

图 11-3　目标合金数据库的实现界面

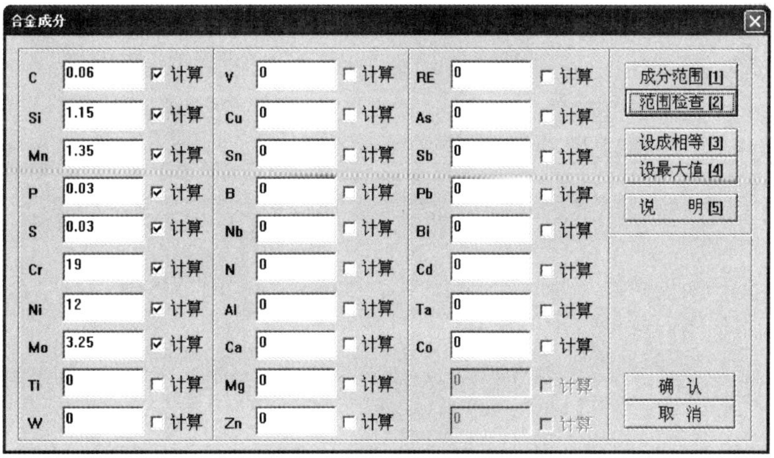

图 11-4　某一具体配料方案中的目标合金成分的设置界面

2. 炉料数据库

炉料数据库的主要数据见表 11-2，炉料数据库的实现界面与图 11-3 类似，图 11-5 所示为某一具体配料方案中的炉料成分的设置界面，炉料成分数据可以是一个确定的值，也可以是一个合适的范围。

表 11-2 炉料数据库的主要数据

变量名称	具体含义	数据类型	备注
MaterialName	炉料名称	cstring	
MaterialValue[30]	定义最多 30 个元素的名义值	float	质量分数
MaterialValueMIN[30]	定义最多 30 个元素的最小值	float	质量分数
MaterialValueMAX[30]	定义最多 30 个元素的最大值	float	质量分数
MaterialPrice	炉料价格	float	

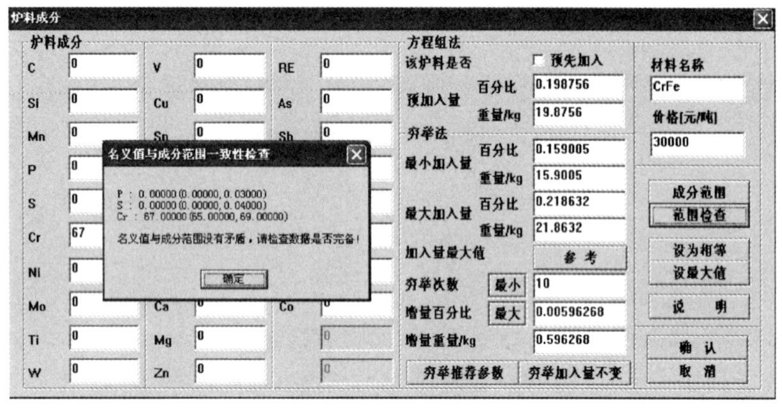

图 11-5 某一具体配料方案中的炉料成分的设置界面

3. 烧损率

合金元素烧损率方案的主要数据见表 11-3，图 11-6 所示为烧损率方案的设置界面，烧损率小于 0 表示元素烧损，烧损率大于 0 表示元素增加。

表 11-3 合金元素烧损率方案的主要数据

变量名称	具体含义	数据类型	备注
RatioName	烧损率方案名称	cstring	
RatioValue[30]	定义最多 30 个元素的烧损率	float	小于 0 表示元素烧损

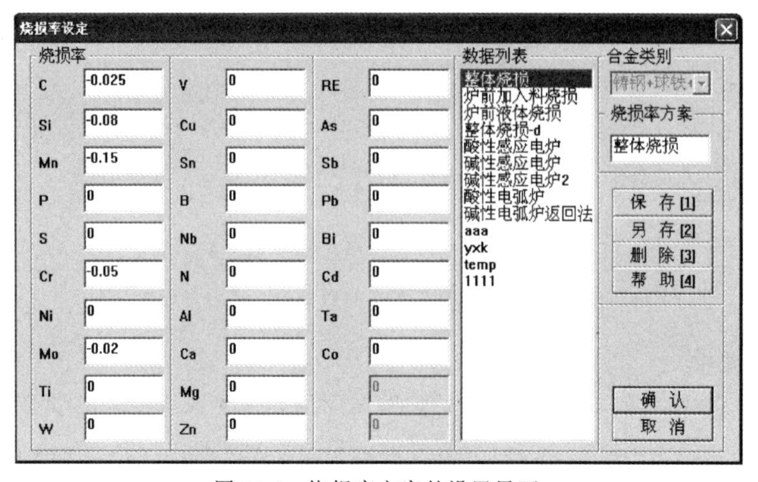

图 11-6 烧损率方案的设置界面

4. 烧损量

合金元素烧损量方案的主要数据见表 11-4，图 11-7 所示为烧损量方案的设置界面，烧损量小于 0 表示元素烧损，烧损量大于 0 表示元素增加。

表 11-4　合金元素烧损量方案的主要数据

变量名称	具体含义	数据类型	备注
AmountName	烧损量方案名称	cstring	
AmountValue[30]	定义最多 30 个元素的烧损量	float	小于 0 表示元素烧损

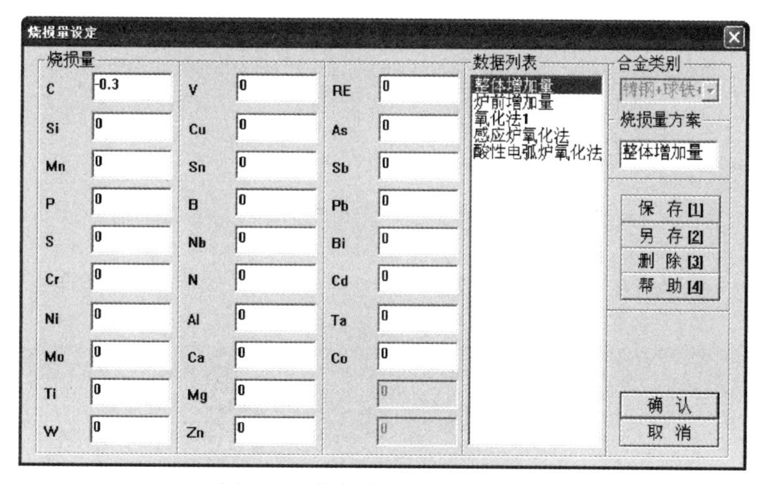

图 11-7　烧损量方案的设置界面

5. 配料方案与配料清单

配料方案中的主要数据见表 11-5。配料清单的数据来源于配料方案中的数据，后面将详细介绍自动炉料配比、手动炉料配比、炉前炉料配比的配料清单，此处不再举例说明。

表 11-5　配料方案中的主要数据

变量名称	具体含义	数据类型	备注
SchemeName	配料方案名称	cstring	
SchemeAlloyName	目标合金牌号名称	cstring	
SchemeAlloyValue[30]	定义最多 30 个合金元素的名义值	float	质量分数
SchemeAlloyValueMIN[30]	定义最多 30 个合金元素的最小值	float	质量分数
SchemeAlloyValueMAX[30]	定义最多 30 个合金元素的最大值	float	质量分数
ElementCalOrNot[30]	是否考虑该合金元素的成分约束	bool	
SchemeMaterialName[30]	30 个炉料名称	cstring	
SchemeMaterialValue[30] [30]	定义最多 30 个不同炉料其最多 30 个元素的名义值	float	质量分数
SchemeMaterialValueMIN[30] [30]	定义最多 30 个不同炉料其最多 30 个元素的最小值	float	质量分数
SchemeMaterialValueMAX[30] [30]	定义最多 30 个不同炉料其最多 30 个元素的最大值	float	质量分数
SchemeRatioValue[30]	定义最多 30 个元素的烧损率	float	小于 0 表示烧损
SchemeAmountValue[30]	定义最多 30 个元素的烧损量	float	小于 0 表示烧损
MaterialWeightRatio[30]	30 个炉料重量百分比	float	质量分数
TOTALWEIGHT	炉料总重量	float	

11.2.2 自动炉料配比模块的实现

图 11-8 所示为选择炉料自动配比的设置界面，可以看出，炉料自动配比实现了解方程组法与基于穷举法的最小成本法的配比，图 11-9 所示为查看自动配比结果的设置界面，图 11-10 所示为采用解方程组法的配料结果，图 11-11 所示为采用基于穷举法的最小成本法的配比结果。

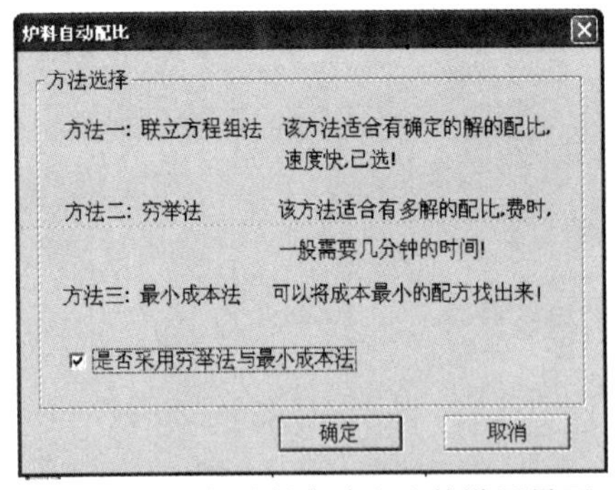

图 11-8　选择炉料自动配比的设置界面

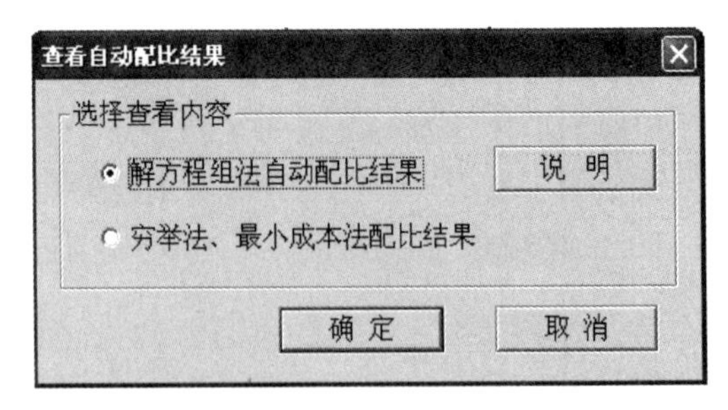

图 11-9　查看自动配比结果的设置界面

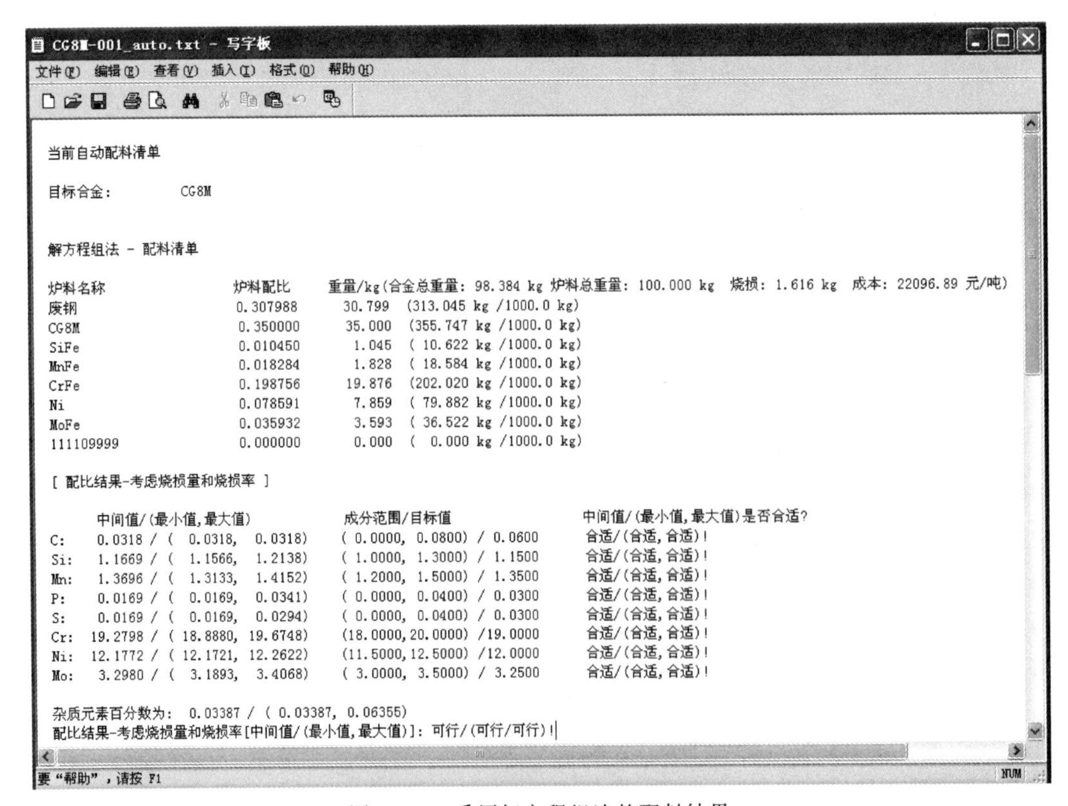

图 11-10　采用解方程组法的配料结果

11.2.3 手动炉料配比模块的实现

图 11-12 所示为手动炉料配比的程序界面，手动配比功能的基本思路是用户根据自己的

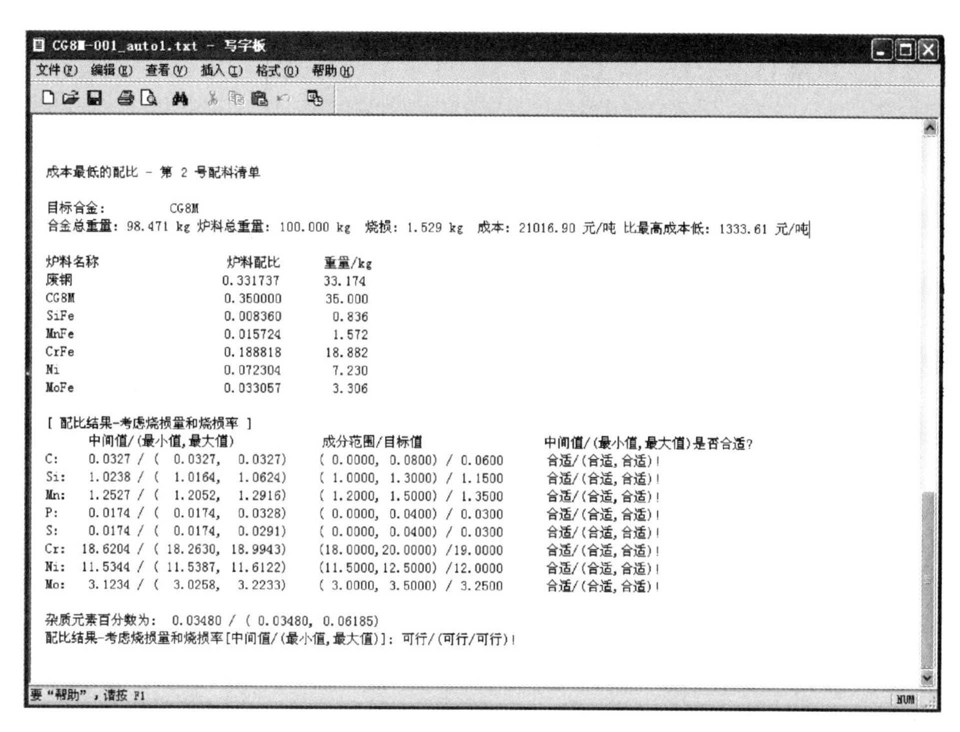

CG8M-001_auto1.txt - 写字板

成本最低的配比 - 第 2 号配料清单

目标合金： CG8M
合金总重量：98.471 kg 炉料总重量：100.000 kg 烧损：1.529 kg 成本：21016.90 元/吨 比最高成本低：1333.61 元/吨

炉料名称	炉料配比	重量/kg
废钢	0.331737	33.174
CG8M	0.350000	35.000
SiFe	0.008360	0.836
MnFe	0.015724	1.572
CrFe	0.188818	18.882
Ni	0.072304	7.230
MoFe	0.033057	3.306

[配比结果-考虑烧损量和烧损率]

	中间值/(最小值,最大值)	成分范围/目标值	中间值/(最小值,最大值)是否合适?
C:	0.0327 / (0.0327, 0.0327)	(0.0000, 0.0800) / 0.0600	合适/(合适,合适)!
Si:	1.0238 / (1.0164, 1.0624)	(1.0000, 1.3000) / 1.1500	合适/(合适,合适)!
Mn:	1.2527 / (1.2052, 1.2916)	(1.2000, 1.5000) / 1.3500	合适/(合适,合适)!
P:	0.0174 / (0.0174, 0.0328)	(0.0000, 0.0400) / 0.0300	合适/(合适,合适)!
S:	0.0174 / (0.0174, 0.0291)	(0.0000, 0.0400) / 0.0300	合适/(合适,合适)!
Cr:	18.6204 / (18.2630, 18.9943)	(18.0000, 20.0000) /19.0000	合适/(合适,合适)!
Ni:	11.5344 / (11.5387, 11.6122)	(11.5000, 12.5000) /12.0000	合适/(合适,合适)!
Mo:	3.1234 / (3.0258, 3.2233)	(3.0000, 3.5000) / 3.2500	合适/(合适,合适)!

杂质元素百分数为： 0.03480 / (0.03480, 0.06185)
配比结果-考虑烧损量和烧损率[中间值/(最小值,最大值)]：可行/(可行/可行)!

要"帮助"，请按 F1

图 11-11 采用基于穷举法的最小成本法的配比结果

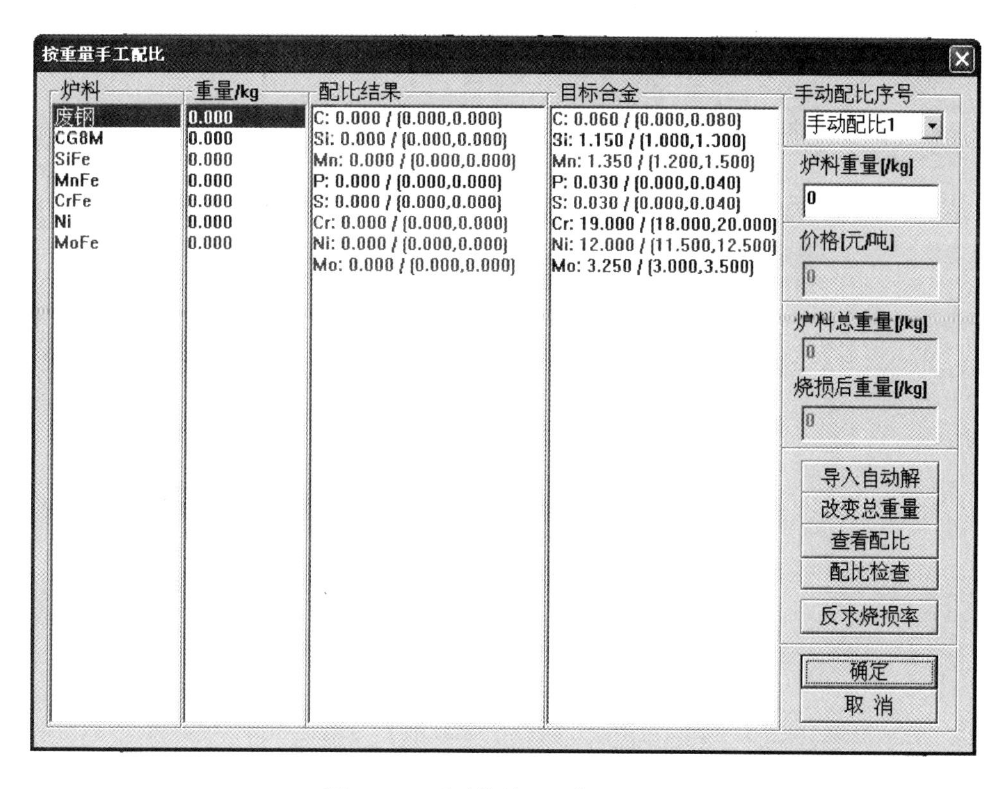

图 11-12 手动炉料配比的设置界面

经验来设定各炉料的重量，软件实时计算出用户设定的配料方案的配比结果并提示是否满足目标成分的要求。图 11-13 所示为某一未满足目标成分要求的手动炉料配比设置界面。图 11-14

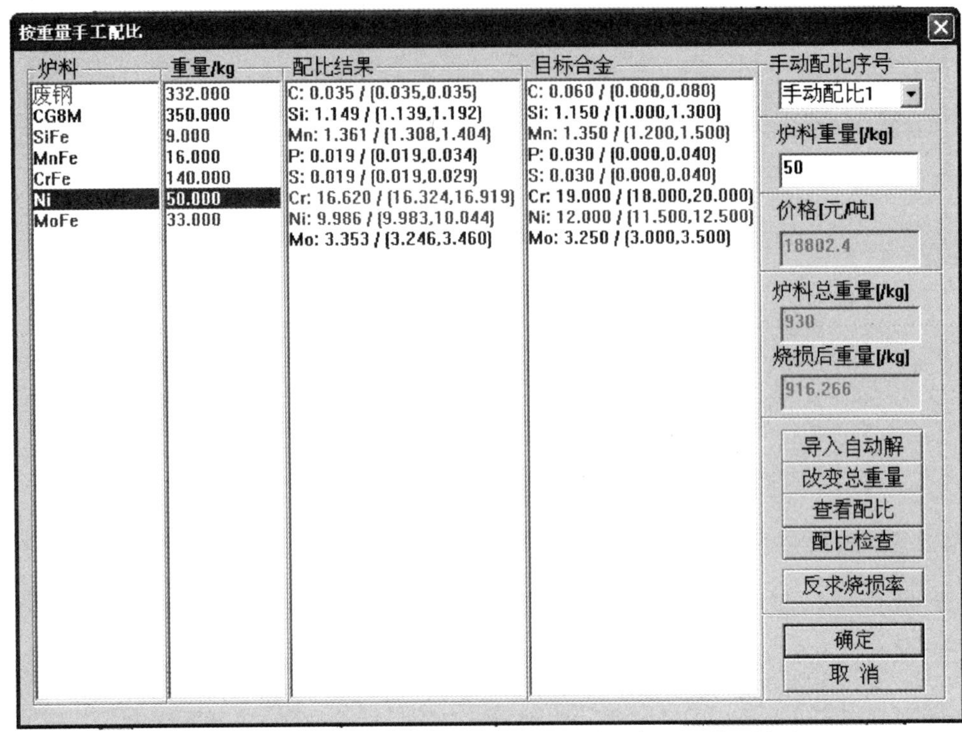

图 11-13　某一未满足目标成分要求的手动炉料配比设置界面

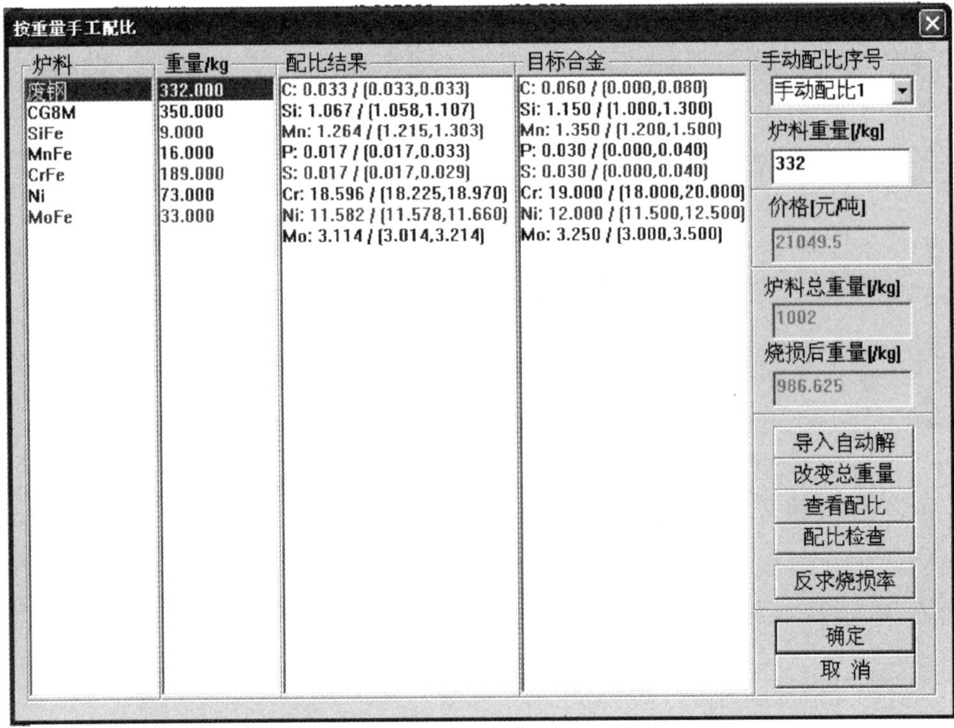

图 11-14　某一满足目标成分要求的手动炉料配比的设置界面

所示为某一满足目标成分要求的手动炉料配比设置界面，图 11-15 和图 11-16 分别是其手动

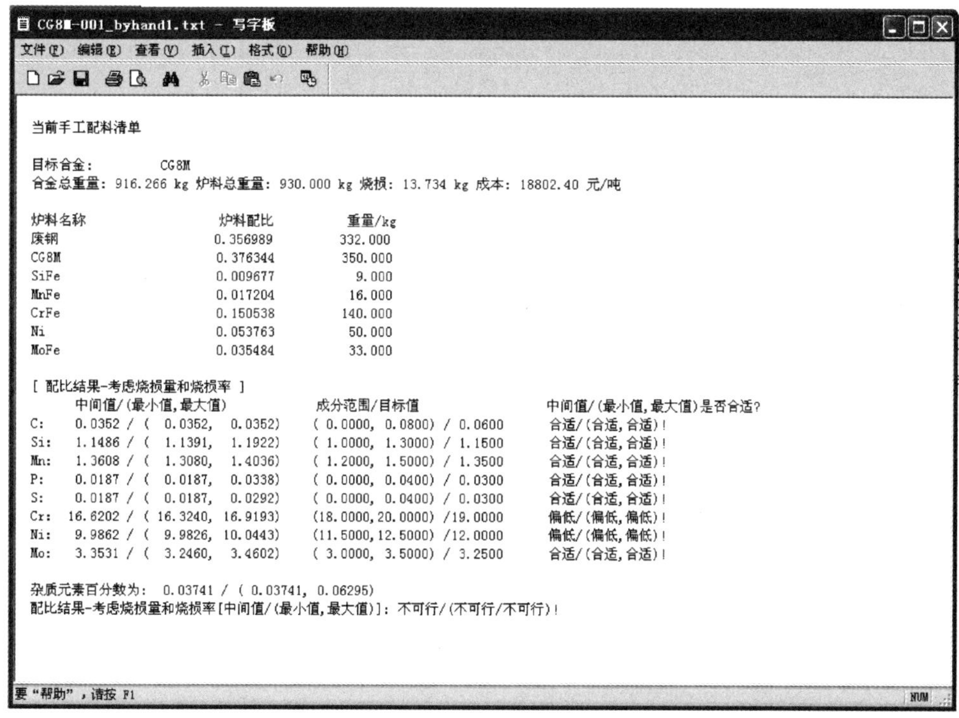

当前手工配料清单

目标合金： CG8M
合金总重量：916.266 kg 炉料总重量：930.000 kg 烧损：13.734 kg 成本：18802.40 元/吨

炉料名称	炉料配比	重量/kg
废钢	0.356989	332.000
CG8M	0.376344	350.000
SiFe	0.009677	9.000
MnFe	0.017204	16.000
CrFe	0.150538	140.000
Ni	0.053763	50.000
MoFe	0.035484	33.000

[配比结果-考虑烧损量和烧损率]

	中间值/(最小值,最大值)	成分范围/目标值	中间值/(最小值,最大值)是否合适?
C:	0.0352 / (0.0352, 0.0352)	(0.0000, 0.0800) / 0.0600	合适/(合适,合适)!
Si:	1.1486 / (1.1391, 1.1922)	(1.0000, 1.3000) / 1.1500	合适/(合适,合适)!
Mn:	1.3608 / (1.3080, 1.4036)	(1.2000, 1.5000) / 1.3500	合适/(合适,合适)!
P:	0.0187 / (0.0187, 0.0338)	(0.0000, 0.0400) / 0.0300	合适/(合适,合适)!
S:	0.0187 / (0.0187, 0.0292)	(0.0000, 0.0400) / 0.0300	合适/(合适,合适)!
Cr:	16.6202 / (16.3240, 16.9193)	(18.0000,20.0000) /19.0000	偏低/(偏低,偏低)!
Ni:	9.9862 / (9.9826, 10.0443)	(11.5000,12.5000) /12.0000	偏低/(偏低,偏低)!
Mo:	3.3531 / (3.2460, 3.4602)	(3.0000, 3.5000) / 3.2500	合适/(合适,合适)!

杂质元素百分数为： 0.03741 / (0.03741, 0.06295)
配比结果-考虑烧损量和烧损率[中间值/(最小值,最大值)]：不可行/(不可行/不可行)！

图 11-15 某一未满足目标成分要求的手动炉料配比结果

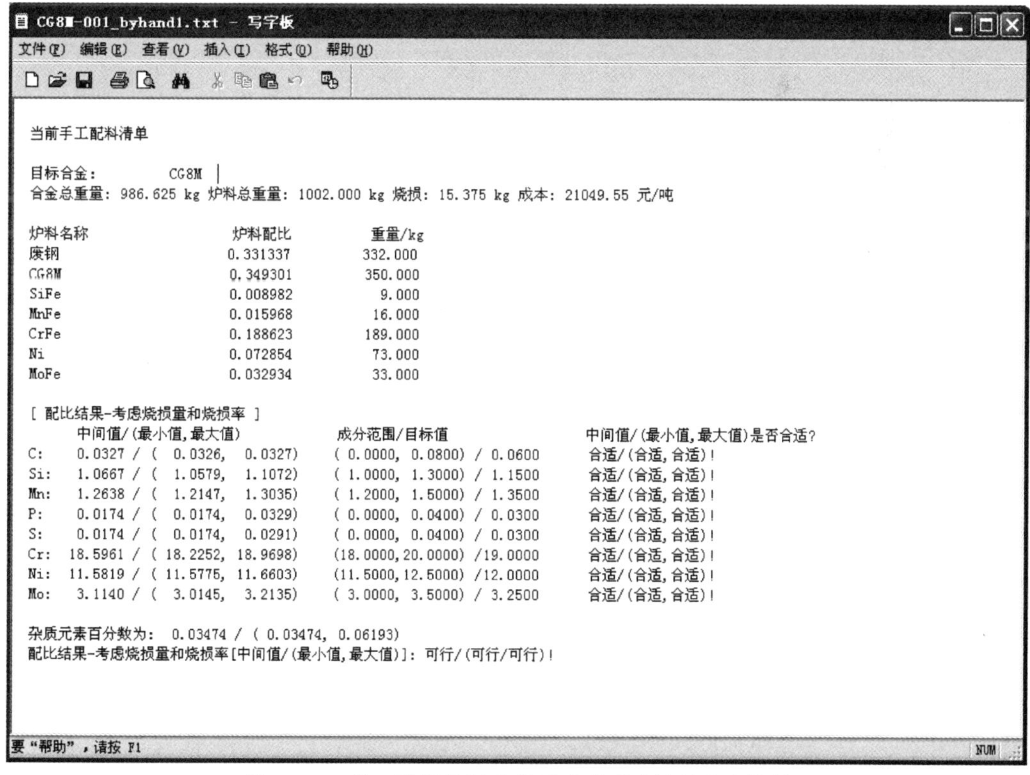

当前手工配料清单

目标合金： CG8M
合金总重量：986.625 kg 炉料总重量：1002.000 kg 烧损：15.375 kg 成本：21049.55 元/吨

炉料名称	炉料配比	重量/kg
废钢	0.331337	332.000
CG8M	0.349301	350.000
SiFe	0.008982	9.000
MnFe	0.015968	16.000
CrFe	0.188623	189.000
Ni	0.072854	73.000
MoFe	0.032934	33.000

[配比结果-考虑烧损量和烧损率]

	中间值/(最小值,最大值)	成分范围/目标值	中间值/(最小值,最大值)是否合适?
C:	0.0327 / (0.0326, 0.0327)	(0.0000, 0.0800) / 0.0600	合适/(合适,合适)!
Si:	1.0667 / (1.0579, 1.1072)	(1.0000, 1.3000) / 1.1500	合适/(合适,合适)!
Mn:	1.2638 / (1.2147, 1.3035)	(1.2000, 1.5000) / 1.3500	合适/(合适,合适)!
P:	0.0174 / (0.0174, 0.0329)	(0.0000, 0.0400) / 0.0300	合适/(合适,合适)!
S:	0.0174 / (0.0174, 0.0291)	(0.0000, 0.0400) / 0.0300	合适/(合适,合适)!
Cr:	18.5961 / (18.2252, 18.9698)	(18.0000,20.0000) /19.0000	合适/(合适,合适)!
Ni:	11.5819 / (11.5775, 11.6603)	(11.5000,12.5000) /12.0000	合适/(合适,合适)!
Mo:	3.1140 / (3.0145, 3.2135)	(3.0000, 3.5000) / 3.2500	合适/(合适,合适)!

杂质元素百分数为： 0.03474 / (0.03474, 0.06193)
配比结果-考虑烧损量和烧损率[中间值/(最小值,最大值)]：可行/(可行/可行)！

图 11-16 某一满足目标成分要求的手动炉料配比结果

配比的配比结果。手动配比充分利用了工艺人员自身的经验以及计算机的快速计算功能，该功能的原理与平常工艺人员对设定的一个配料方比例来手工验算是否满足成分要求完全一致，所以称之为手动配比。从图 11-12 中可以看出，手动炉料配比的设置界面中可以导入自动配比结果，并能在自动配比结果上修改。另外，通过手动炉料配比中的反求烧损率的功能，在反求烧损率界面输入某一配比的实际光谱检测结果（图 11-17），就可以自动反求烧损率，如图 11-18 所示。

11.2.4 炉前炉料配比模块的实现

炉前配比功能主要满足炉前成分的调整，实现的具体思路如下：若炉前光谱分析出的成分没有满足目标成分，则软件将根据炉前成分、炉前金属液体的重量等自动计算待加入炉料的重量。该方法快速准确，另外该功能采用手动与自动相结合的方式，即用户可以根据自身经验来加入某种炉料调整，该功能也就具有手动配比的优点。图 11-19 所示为炉前炉料配比

烧损率反求
实际成分
C 0.03
Si 1.01
Mn 1.25
P 0.017
S 0.018
Cr 18.3
Ni 11.5
Mo 3.18
Ti 0
W 0
V 0
Cu 0
Sn 0
B 0
Nb 0
N 0
Al 0
Ca 0
Mg 0
Zn 0
RE 0
As 0
Sb 0
Pb 0
Bi 0
Cd 0
Ta 0
Co 0
反求当前烧损率
当前烧损另存为
确 认
取 消

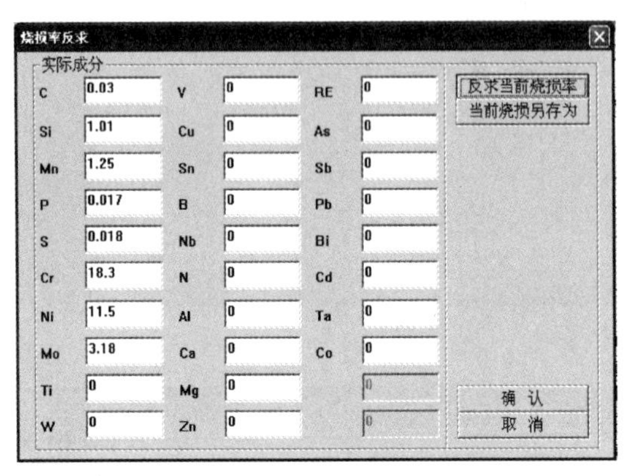

图 11-17　实际光谱检测结果输入

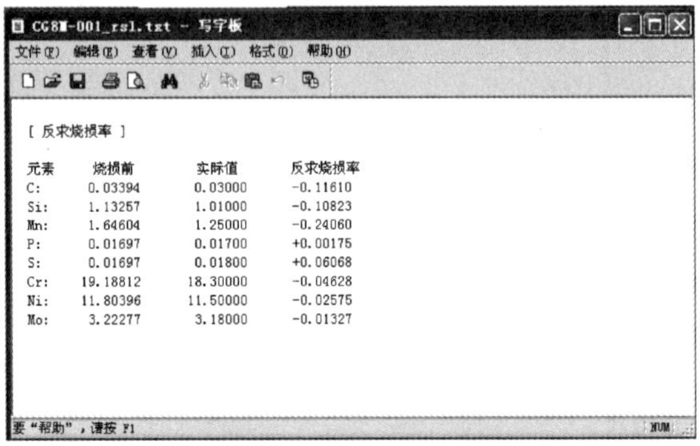

CG8M-001_rsl.txt - 写字板
文件(F) 编辑(E) 查看(V) 插入(I) 格式(O) 帮助(H)
[反求烧损率]
元素 烧损前 实际值 反求烧损率
C: 0.03394 0.03000 -0.11610
Si: 1.13257 1.01000 -0.10823
Mn: 1.64604 1.25000 -0.24060
P: 0.01697 0.01700 +0.00175
S: 0.01697 0.01800 +0.06068
Cr: 19.18812 18.30000 -0.04628
Ni: 11.80396 11.50000 -0.02575
Mo: 3.22277 3.18000 -0.01327
要"帮助"，请按 F1
NUM

图 11-18　反求烧损率

炉前配比
炉料
废钢
CG8M
SiFe
MnFe
CrFe
Ni
MoFe
炉前1
重量/kg
0.000
配比结果
C: 0.000 / [0.000, 0.000]
Si: 0.000 / [0.000, 0.000]
Mn: 0.000 / [0.000, 0.000]
P: 0.000 / [0.000, 0.000]
S: 0.000 / [0.000, 0.000]
Cr: 0.000 / [0.000, 0.000]
Ni: 0.000 / [0.000, 0.000]
Mo: 0.000 / [0.000, 0.000]
目标合金
C: 0.060 / [0.000, 0.080]
Si: 1.150 / [1.000, 1.300]
Mn: 1.350 / [1.200, 1.500]
P: 0.030 / [0.000, 0.040]
S: 0.030 / [0.000, 0.040]
Cr: 19.000 / [18.000,20.000]
Ni: 12.000 / [11.500,12.500]
Mo: 3.250 / [3.000, 3.500]
炉料重量[/kg]
成本[元/吨]
总重量/有烧损[/kg]
总重量/无烧损[/kg]
导入配比
自动调整
自动追加
配比检查
元素超标
查看配比
结果另存
确定
取 消

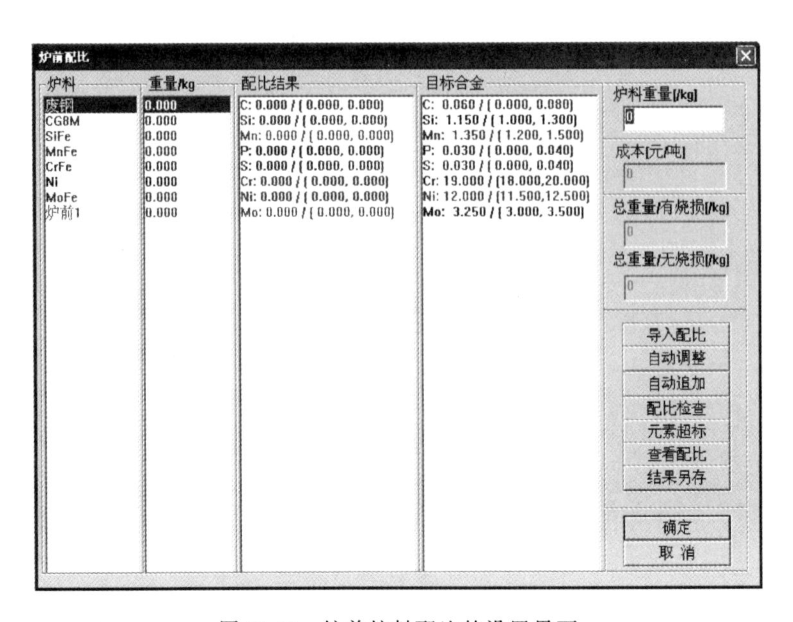

图 11-19　炉前炉料配比的设置界面

的设置界面，首先设定炉前光谱检测成分如图 11-20 所示，通过炉前炉料配比的自动或手动配比功能即可计算出炉前应加入的炉料，图 11-21 所示为采用自动调整的功能实现的炉前炉料的自动配比计算。图 11-22 所示为炉前炉料的自动配比结果。

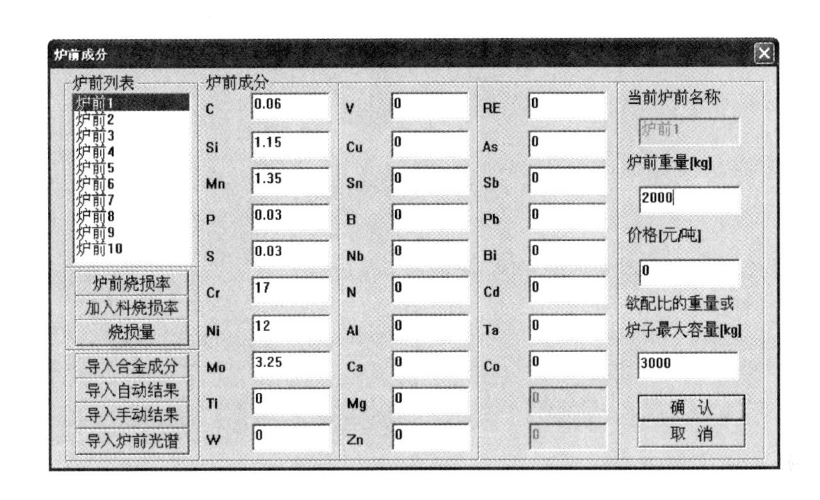

图 11-20　炉前光谱检测成分的设置界面

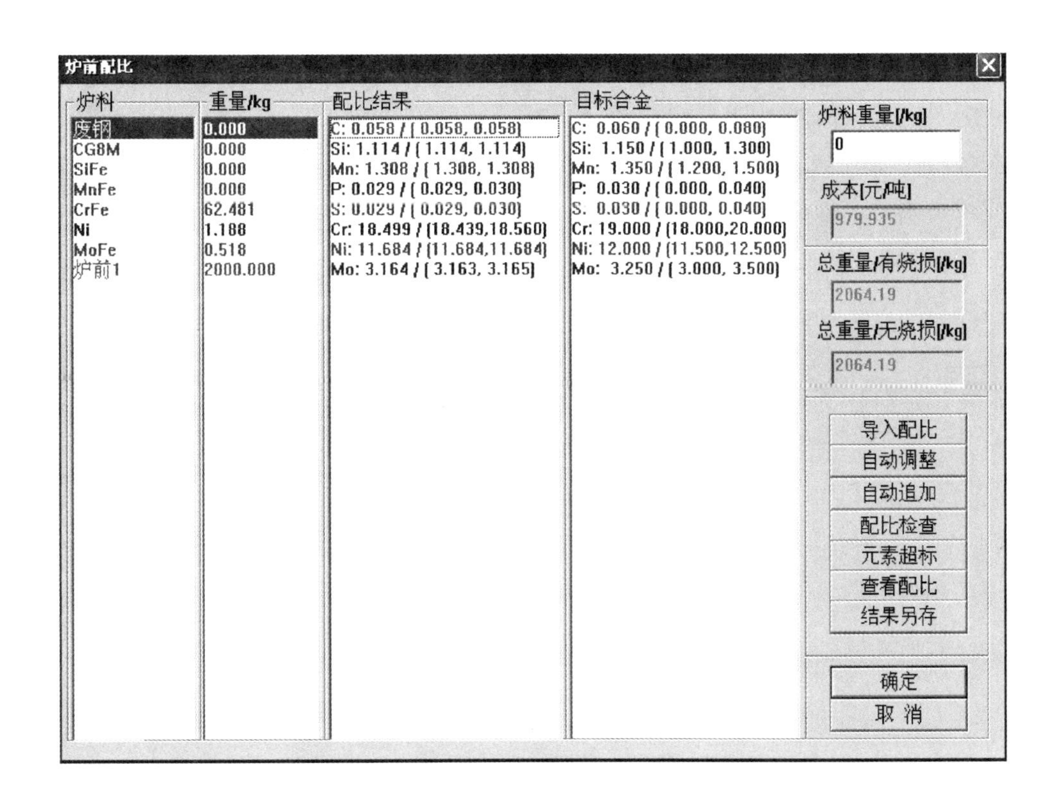

图 11-21　采用自动调整功能实现的炉前炉料的自动配比计算

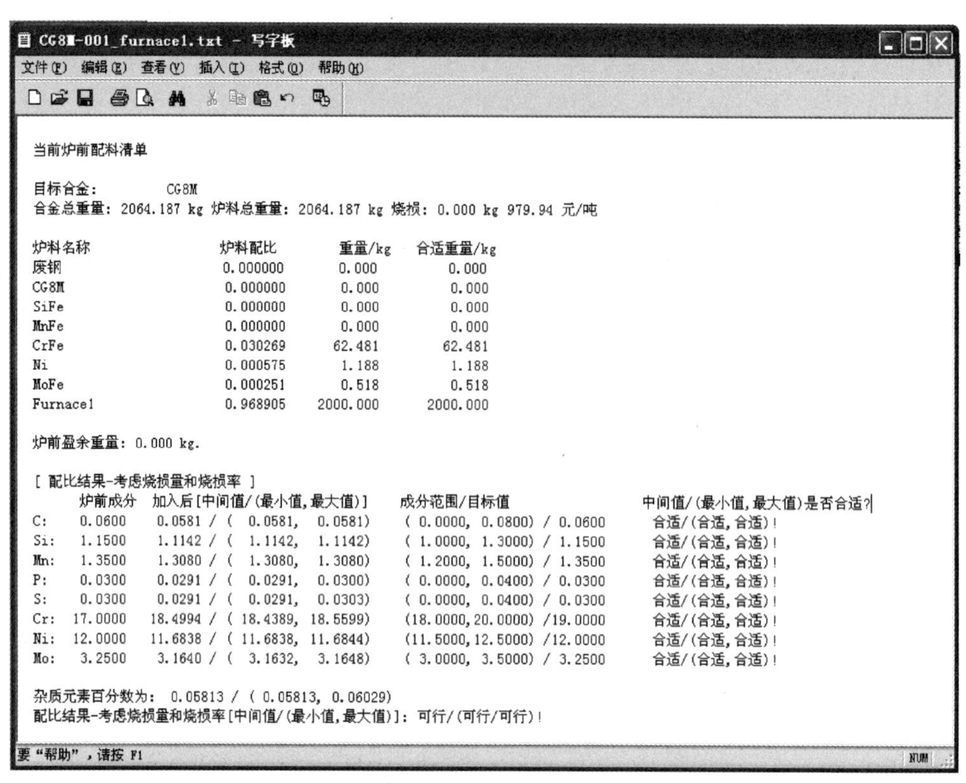

```
CG8M-001_furnace1.txt - 写字板
文件(F) 编辑(E) 查看(V) 插入(I) 格式(O) 帮助(H)

当前炉前配料清单

目标合金:        CG8M
合金总重量: 2064.187 kg 炉料总重量: 2064.187 kg 烧损: 0.000 kg 979.94 元/吨

炉料名称                 炉料配比       重量/kg     合适重量/kg
废钢                     0.000000       0.000        0.000
CG8M                     0.000000       0.000        0.000
SiFe                     0.000000       0.000        0.000
MnFe                     0.000000       0.000        0.000
CrFe                     0.030269      62.481       62.481
Ni                       0.000575       1.188        1.188
MoFe                     0.000251       0.518        0.518
Furnace1                 0.968905    2000.000     2000.000

炉前盈余重量: 0.000 kg.

[ 配比结果-考虑烧损量和烧损率 ]
      炉前成分  加入后[中间值/(最小值,最大值)]   成分范围/目标值                  中间值/(最小值,最大值)是否合适?
C:     0.0600    0.0581 / (  0.0581,   0.0581)   ( 0.0000,  0.0800) / 0.0600      合适/(合适,合适)!
Si:    1.1500    1.1142 / (  1.1142,   1.1142)   ( 1.0000,  1.3000) / 1.1500      合适/(合适,合适)!
Mn:    1.3500    1.3080 / (  1.3080,   1.3080)   ( 1.2000,  1.5000) / 1.3500      合适/(合适,合适)!
P:     0.0300    0.0291 / (  0.0291,   0.0300)   ( 0.0000,  0.0400) / 0.0300      合适/(合适,合适)!
S:     0.0300    0.0291 / (  0.0291,   0.0303)   ( 0.0000,  0.0400) / 0.0300      合适/(合适,合适)!
Cr:   17.0000   18.4994 / ( 18.4389,  18.5599)   (18.0000,20.0000) /19.0000       合适/(合适,合适)!
Ni:   12.0000   11.6838 / ( 11.6838,  11.6844)   (11.5000,12.5000) /12.0000       合适/(合适,合适)!
Mo:    3.2500    3.1640 / (  3.1632,   3.1648)   ( 3.0000,  3.5000) / 3.2500      合适/(合适,合适)!

杂质元素百分数为:  0.05813 / ( 0.05813,  0.06029)
配比结果-考虑烧损量和烧损率[中间值/(最小值,最大值)]: 可行/(可行/可行)!

要"帮助",请按 F1                                                                NUM
```

图 11-22 炉前炉料的自动配比结果

第 12 章

计算机炉料配比系统应用功能

在本书中，为了区别软件系统的专用功能按钮与一般论述用词，因此将专用功能按钮用符号“【】”框起，以便于说明操作步骤。操作者只要按“【】”中名称，单击相应的功能按钮或在相应的位置操作，就能够一步步完成人机交互，正确地操作软件。

本章将简要地介绍各功能菜单，第 13、14 两章将详细介绍数据库以及炉料配比操作与步骤、在不同类型的铸件中的应用以及常见问题解答。

12.1 软件安装

1. 软件组成

华铸炉料配比软件是专门为铸造炉料配比而开发的一套完整的炉料配比系统，用户可以选择自动配比、手动配比或炉前配比，配比结果直观明了。

该系统的组成如下：

1）华铸炉料配比软件/华铸 FCS2018 系统光盘 1 张；

2）华铸炉料配比软件/华铸 FCS2018 系统使用手册 2 本；

3）华铸炉料配比软件/华铸 FCS 2018 系统授权码 1 份（授权码是在用户安装后，依照用户注册的相关说明从软件开发商处获取。

本系统在 WIN 7/10 环境下运行，本系统对硬件没有特殊的要求，一般带网卡的微机即可，需要硬盘空间 1G 左右。

2. 软件安装

1）运行安装程序。将华铸炉料配比软件/华铸 FCS2018 系统安装光盘放入光驱，运行安装程序。

2）阅读授权协议。运行之后，系统提示用户一定要遵守法律，严禁盗版，这里特别提醒大家，该系统已经注册，受国家法律保护，没有开发商的许可，任何个人及单位使用或销售本系统，以及从事任何与本系统有关系的商业行为都属于侵权行为，开发商将保留一切权利。用户合法的话，继续安装。

3）填写相关信息。系统会询问用户的公司（单位）名称、用户名称以及序列号，注意序列号由开发商提供。正确输入后，继续安装。

4）确定安装路径。接下来系统会询问安装的硬盘目录，系统会给出默认路径，如 D：\华铸 FCS-Steel，D：\ 华铸 FCS-Iron，D：\ 华铸 FCS-Al 等，用户也可以通过单击【浏览】按钮改变安装路径。用户可以选择或手工输入安装路径。

5）系统自动安装。

3. 如何注册使用

用户可以按如下步骤进行软件注册使用：

1）运行软件后单击【用户认证】下拉菜单中的【如何注册】可得到注册码，如图 12-1 所示。

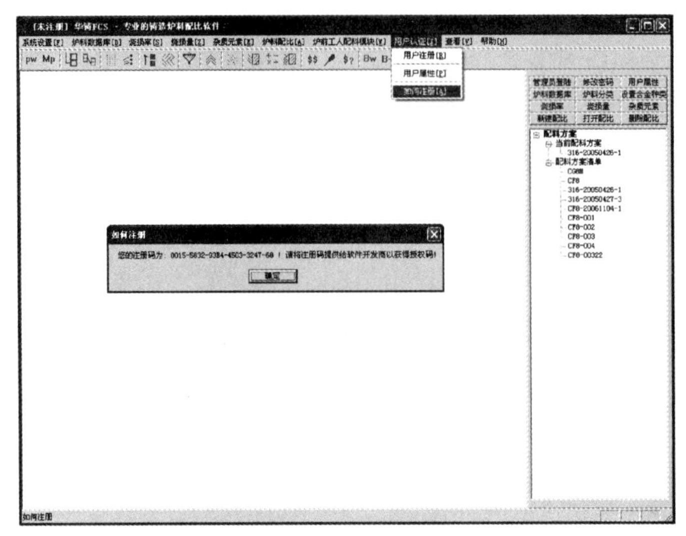

图 12-1　获取注册码

2）详细填写相关注册表，并通过传真 027-87541922 给开发商，合法用户即可得授权码。

3）凭授权码即可在【用户认证】下拉菜单中的【用户注册】进行注册使用，如图 12-2 所示。

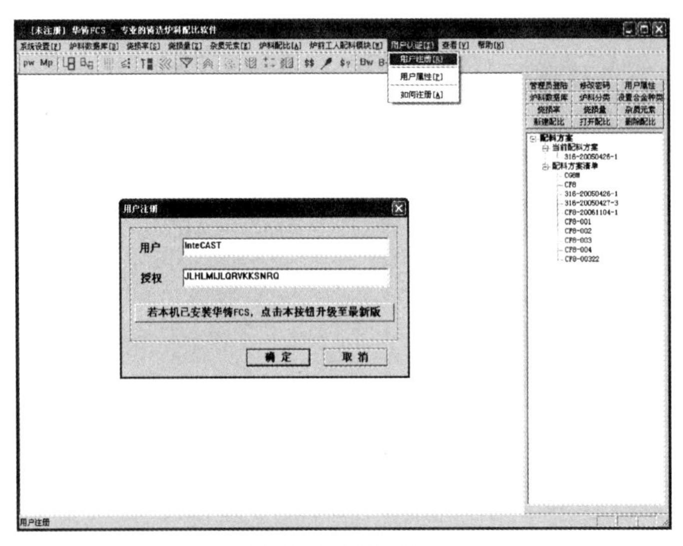

图 12-2　用户注册

4. 其他问题

1）系统安装后，不要删除该系统安装目录（如 D：\ 华铸 FCS-Fe，D：\ 华铸 FCS-

Steel，D：\ 华铸 FCS-Iron，D：\ 华铸 FCS-Al，D：\ 华铸 FCS-Cu）下的任何文件，任何删除都有可能造成系统运行不正常。

2）在重新安装前一定要对数据库进行备份，即将安装目录下的子目录\ database 中的内容全部拷贝到另一个目录。

12.2　功能概述

1. 软件的性能与特点

1）适合不同合金类型铸件的炉料配比，如铸钢件、球墨铸铁件、灰铸铁件、铝合金铸件、镁合金铸件、锌合金铸件及铜合金铸件等的炉料配比。

2）提供了多种炉料配比方法，如自动配比、手动配比和炉前配比，自动配比方法包括解方程组法、穷举法以及最小成本法。

3）不仅考虑炉料各成分的名义值，而且考虑到了各成分的最小值、最大值，实现了区间配料，允许炉料各成分在一定范围内波动而找到合适的配比。

4）解方程组法实现了快速自动炉料配比，对于某种炉料也可以设定预加入量。

5）穷举法可以找出所有满足要求的炉料配比。

6）最小成本法可以找出成本最低且满足要求的炉料配比。

7）手动炉料配比实现了快速实时的炉料配比，用户可以根据需要调整炉料的比例，手动找到一个适当的配比。

8）炉前配比让用户可以根据炉前检验成分快速计算出需要加入何种炉料及加入炉料的重量。

9）炉前配比可以保存 10 种取样结果，方便用户操作。

10）用户可以方便地设定各种元素的烧损率、烧损量，也可以事先设定烧损率方案、烧损量方案，方便用户的操作。

11）用户可以定义杂质元素，快速准确地统计杂质元素的总体含量。

12）开放的炉料数据库系统让用户可以根据需要，建立常用的数据库，系统也自带了各种合金数据库。

13）用户可以对炉料进行分类，如回炉料、废钢等可以分别建立相应类别的数据库。

14）用户可以根据实际情况选用配比炉料种类的多少，软件可以实现最多 28 种炉料的炉料配比，基本上可以满足所有实际铸件的炉料配比。

15）直观明了的配比结果让用户可以方便地查看炉料的比例、重量、总重量、烧损重量、炉料成本以及烧损前后的成分情况。

16）清楚明了的配料方案管理让用户可以方便地查看历史配料方案。

2. 软件菜单及功能

图 12-3 所示为华铸炉料配比软件系统的主要菜单栏，下面分别介绍各菜单功能。

（1）【系统设置】　该下拉菜单项的内容主要是设置系统相关配置，以及数据库的连接和备份，主要有如下菜单项。

1）【管理员登陆】：管理员登陆获得所有的使用权限。

2）【修改系统密码】：用户根据需要修改系统管理员密码，初始密码为：华铸 FCS。

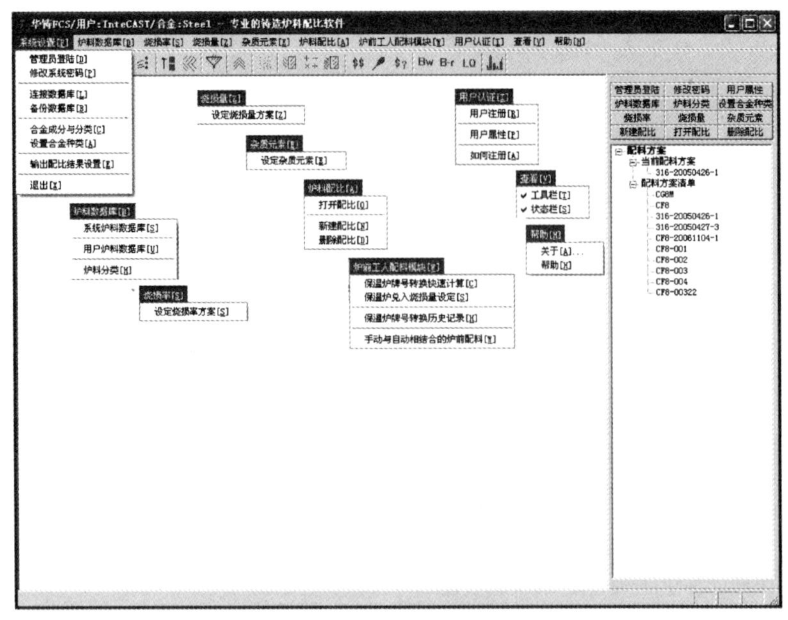

图 12-3　系统的主要菜单栏

3)【连接数据库】：连接华铸 FCS2018 的数据库，并使之成为当前系统使用的数据库。

4)【备份数据库】：备份当前华铸 FCS2018 的数据库。

5)【合金成分与分类】：定义和修改合金成分及其分类，高级用户拥有该功能。

6)【设置合金种类】：设置当前合金类别，多材质或高级用户拥有该功能。

7)【输出配比结果设置】：设置炉料配比结果为简单输出或是详细输出。

8)【退出】：退出该应用程序。

(2)【炉料数据库】　主要有如下菜单项。

1)【系统炉料数据库】：华铸 FCS2018 系统自带的合金与炉料的元素成分数据库。

2)【用户炉料数据库】：用户可以添加、修改和删除不同炉料、合金牌号及其元素成分等数据。

3)【炉料分类】：用户可以添加、修改炉料的类别。

(3)【烧损率】　主要功能包含【设定烧损率方案】：用户可以设定熔化过程中各合金元素的烧损率。

(4)【烧损量】　主要功能包含【设定烧损量方案】：用户可以设定熔化过程中各合金元素的烧损量。

(5)【杂质元素】　主要功能包含【设定杂质元素】：用户可以定义何为杂质元素以便统计杂质元素总量。

(6)【炉料配比】　主要有如下菜单项。

1)【打开配比】：打开配料方案中的当前配料方案。

2)【新建配比】：新建一个空配料方案。

3)【删除配比】：删除所选的配料方案。

(7)【炉前工人配料模块】　主要有如下菜单项。

1）【保温炉牌号转换快速计算】：快速实现保温炉牌号转换的计算。

2）【保温炉兑入烧损量设定】：设定在保温炉牌号转换过程中各合金成分的烧损量。

3）【保温炉牌号转换历史记录】：查看保温炉牌号转换的历史记录。

4）【手动与自动相结合的炉前配料】：实现手动与自动相结合的炉前配料。

（8）【用户认证】　主要有如下菜单项。

1）【用户注册】：填写用户名和授权码进行用户注册。

2）【用户属性】：显示用户的属性及权限。

3）【如何注册】：获取注册码并提供给软件开发商，从开发商处获取授权码。

（9）【查看】　主要有如下菜单项。

1）【工具栏】：显示或隐藏工具栏。

2）【状态栏】：显示或隐藏状态栏。

（10）【帮助】　主要有如下菜单项。

1）【关于】：关于炉料配比系统的说明以及菜单项的详细情况。

2）【帮助】：系统帮助。

第 13 章

计算机炉料配比系统数据库

在进行炉料配比过程中将牵涉到各种不同成分的炉料，以及各元素成分的烧损情况，华铸 FCS2018 的基本设计思路是首先建立各种炉料数据库，如对废钢、回炉料以及各种合金料等分别建库，并设定元素烧损方案，这样在进行配比的时候，用户可以调用各炉料数据库中的数据以及元素烧损方案。本章的主要内容包括：

1）如何建立炉料数据库。

2）如何设定烧损率与烧损量方案。

3）如何设定杂质元素方案。

13.1 炉料数据库

在【炉料数据库】菜单下有如下子菜单：【系统炉料数据库】【用户炉料数据库】和【炉料分类】。本节主要针对上述功能菜单对如下问题做详细说明：

1）如何进行炉料的分类？用户可以根据自己的需要来进行炉料分类，华铸 FCS2018 提供一个基本的炉料类别，用户可以修改和补充。

2）如何建立用户炉料数据库？华铸 FCS2018 提供了系统炉料数据库，用户可以导入这些炉料数据，也可以根据自己的实际情况新建用户炉料数据库。

13.1.1 炉料分类

单击【炉料数据库】菜单栏中的【炉料分类】菜单项后弹出【炉料类别】对话框，如图 13-1 所示。用户可以在此添加、修改炉料类别。

特别需要注意的是，合金也是炉料的一个类别，这里的合金是指目标合金成分，该项是不允许修改的，如图 13-2 所示。

13.1.2 系统数据库

单击【炉料数据库】下拉菜单中的【系统炉料数据库】菜单项后弹出【系统数据库-合金及炉料】对话框，如图 13-3 所示。用户可以在此定义合金各成分的含量以及该合金的单价，还可以修改该数据，也可以将该合金数据导入至用户库。

从图 13-3 可以得知，用户不仅可以设定合金各成分的含量以及合金的单价，也可以设定合金的成分范围，并可以进行数据一致性检查，下面将分别对其加以说明。

1. 成分范围

单击【成分范围】后弹出【合金成分范围】对话框，如图 13-4 所示，用户可以在此即可设置各成分范围。

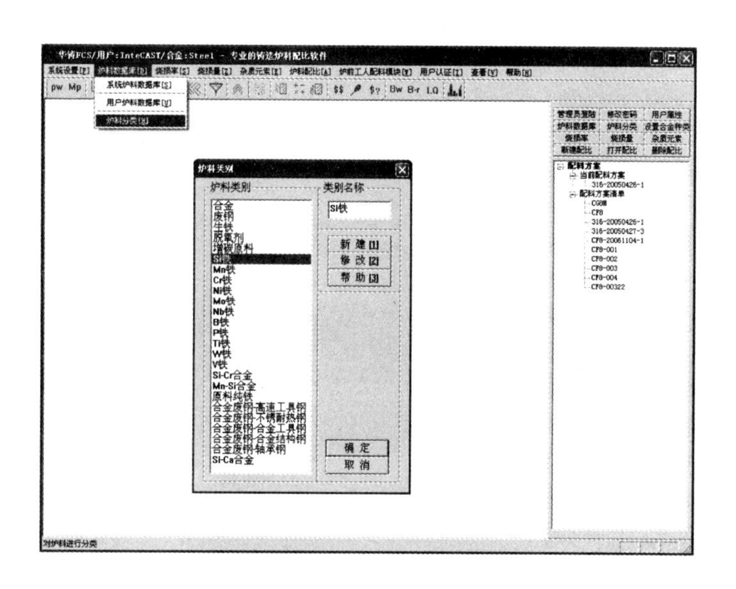

图 13-1 炉料类别

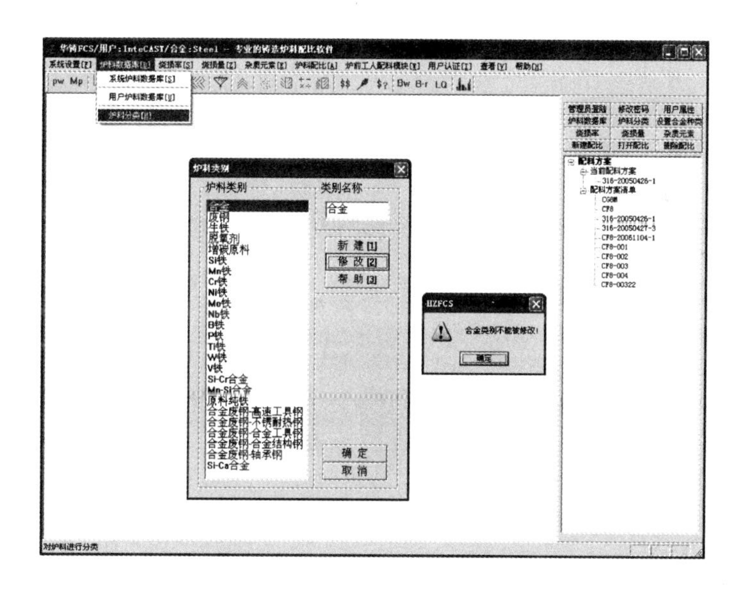

图 13-2 合金类别不能修改

2. 范围检查

单击【范围检查】后弹出【名义值与成分范围一致性检查】的结果，如图 13-5 所示。

3. 设为相等

单击【设为相等】后弹出的对话框可以让用户选择是否将成分范围的最大值、最小值设为名义值，如图 13-6 所示。

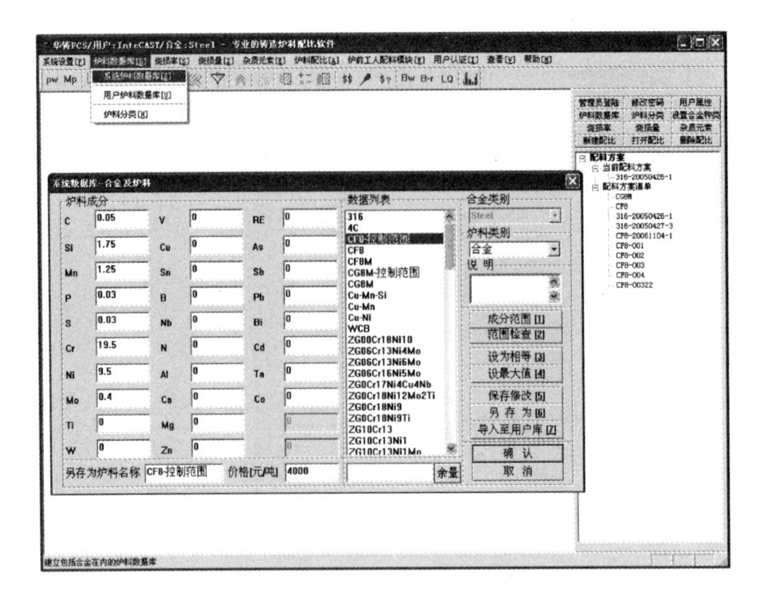

图 13-3　系统数据库-合金及炉料（一）

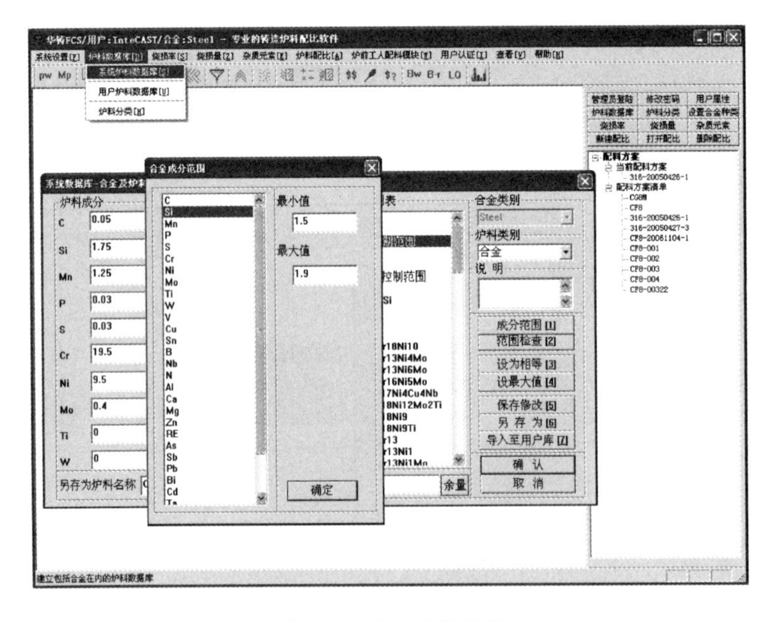

图 13-4　合金成分范围

4. 设最大值

单击【设最大值】后弹出的对话框可以让用户选择是否将成分范围的最小值设为零、最大值设为名义值，如图 13-7 所示。

单击【炉料数据库】下拉菜单中的【系统炉料数据库】菜单项后弹出【系统数据库-合金及炉料】对话框，如图 13-8 所示。用户可以在此定义各种不同炉料成分的含量以及该炉料的单价，还可以修改该数据，也可以将该炉料数据导入至用户库。

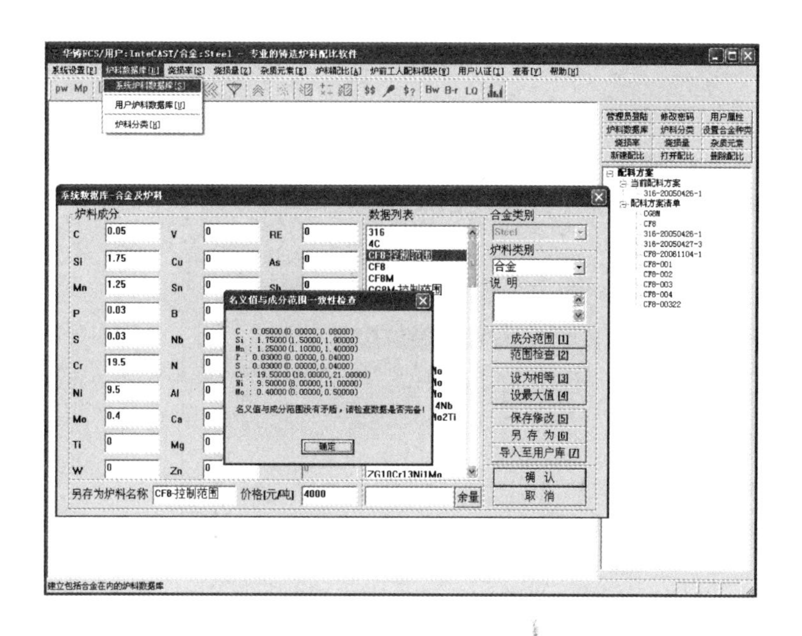

图 13-5　名义值与成分范围一致性检查

图 13-6　设为相等

华铸 FCS2018 还考虑到了炉料各成分的范围，如图 13-9 所示。其他如范围检查、设为相等、设最大值等操作与合金情况完全一致，此处不再详述。

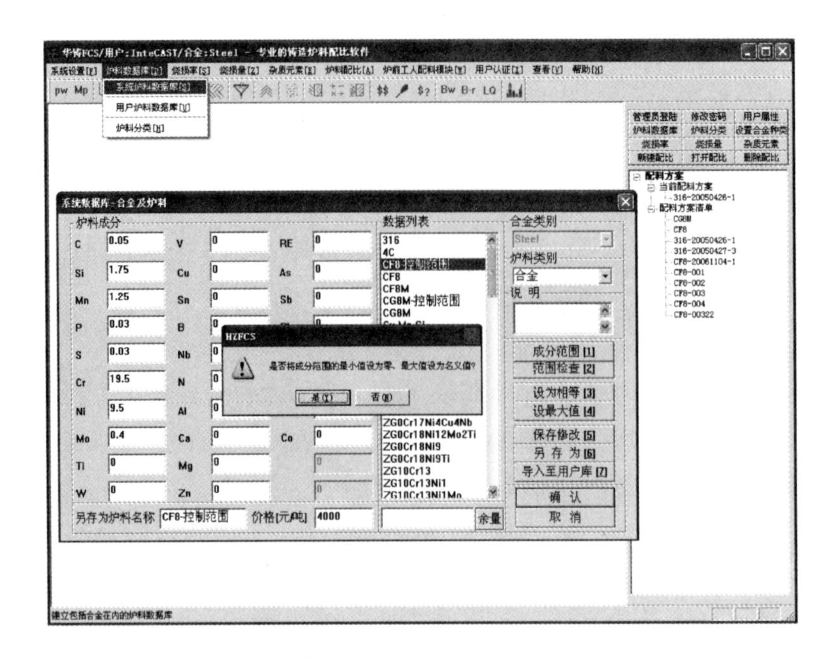

图 13-7　设最大值

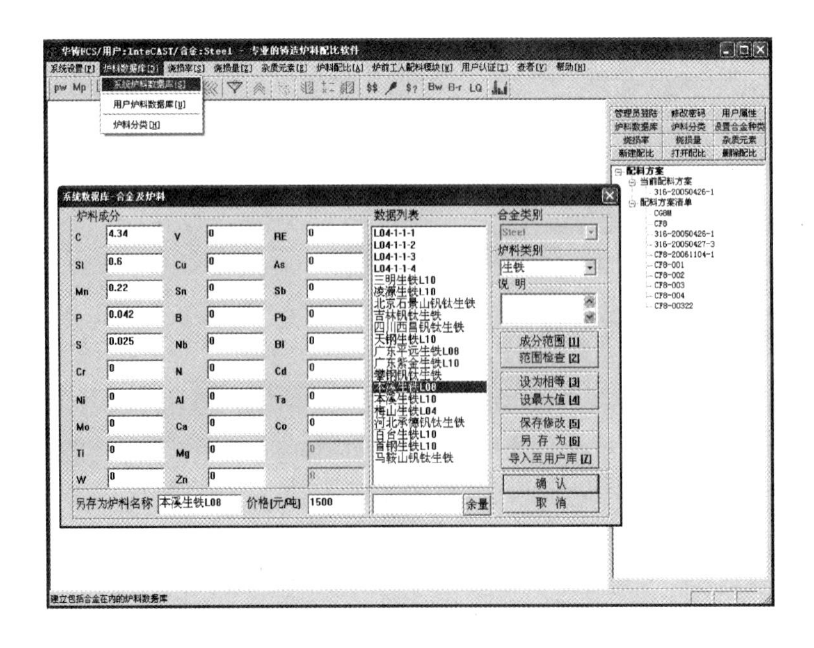

图 13-8　系统数据库-合金及炉料（二）

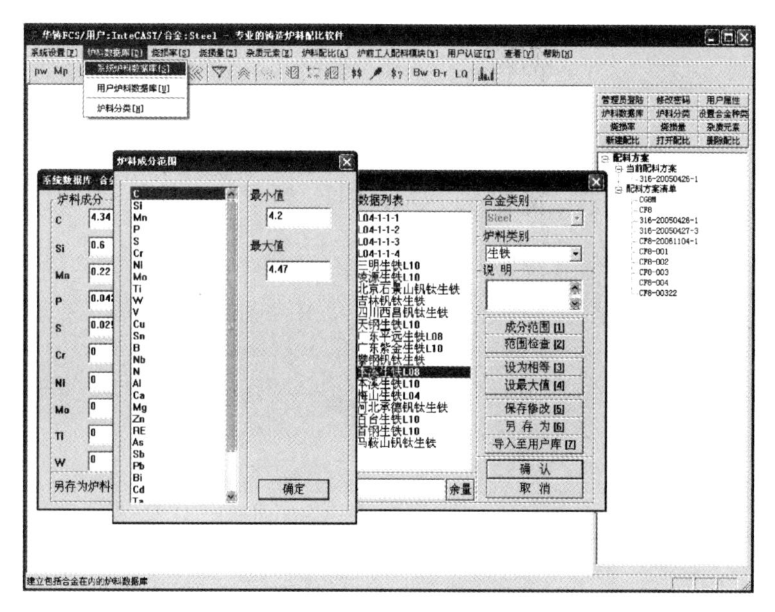

图 13-9　炉料成分范围

13.1.3　用户数据库

单击【炉料数据库】下拉菜单中的【用户炉料数据库】菜单项后弹出【用户数据库-合金及炉料】对话框，如图 13-10 所示，用户可以在此定义合金或炉料各成分的含量以及单价，还可以修改该数据，也可以新增用户炉料数据库。

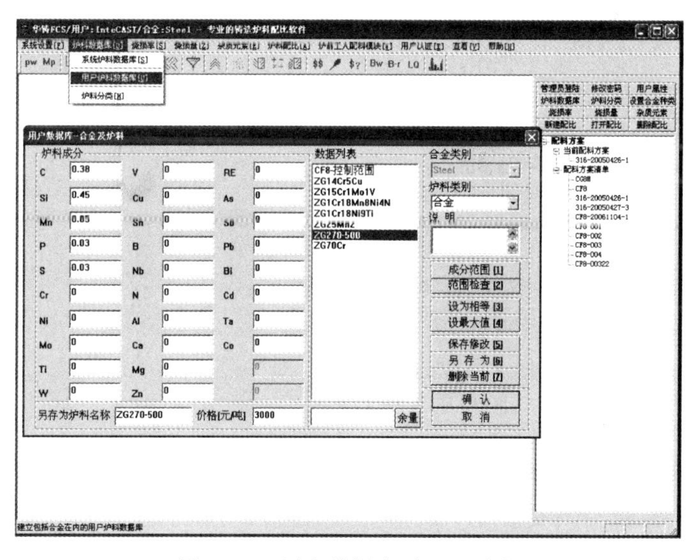

图 13-10　用户数据库-合金及炉料

用户可以通过如图 13-10 所示的【另存为】功能来实现添加新的炉料，也可以直接导入系统数据库中的炉料数据，单击【导入至用户库】按钮可以将系统数据库中的某炉料数据导入至用户数据库，如图 13-11 所示。导入后的用户数据库如图 13-12 所示。

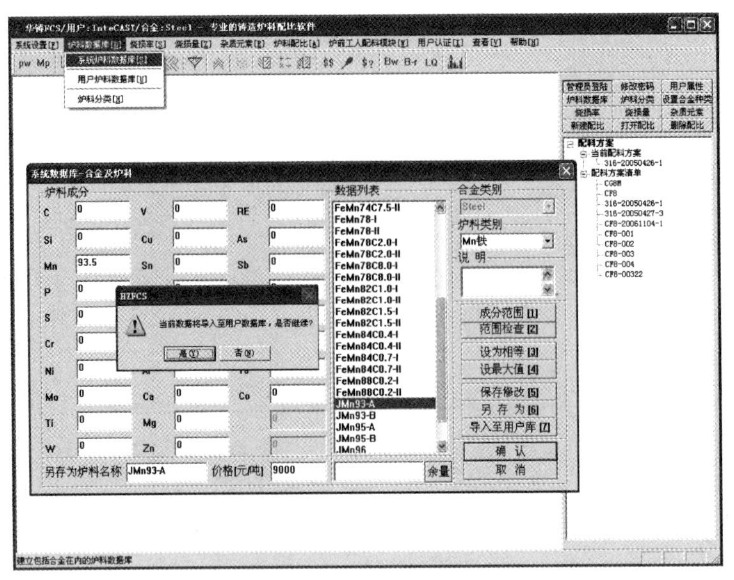

图 13-11　将系统数据库中的某炉料数据导入至用户数据库

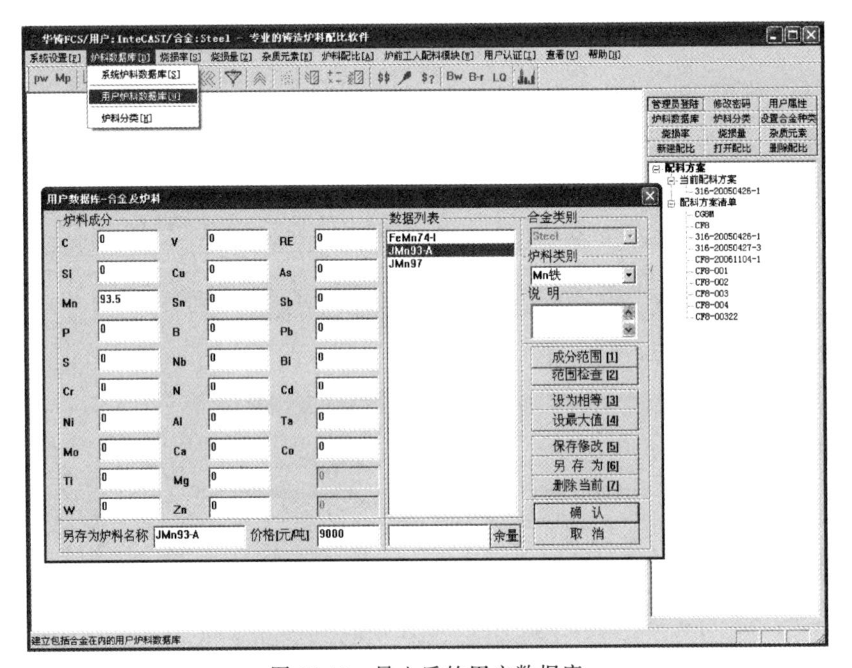

图 13-12　导入后的用户数据库

13.2　烧损率与烧损量方案

13.2.1　烧损率与烧损量

1. 烧损率

炉料在熔化过程中存在着烧损，在进行炉料配比过程中，必须考虑到各种成分的烧损情况。如果在炉料配比当中不考虑到各元素的烧损，则配比结果与实际结果会存在很大差别。实际熔炼中必须考虑各元素的烧损，同样在设计炉料配比系统时也要考虑烧损率。

炉料配比有两种情况，一种是预先计算，一种是炉前调整成分。因此，要考虑两种烧损，一种是整体烧损，一种是炉前烧损。

华铸 FCS2018 考虑到上述两种情况，在自动与手动配比中考虑的是整体烧损率；在炉前配比中是考虑部分烧损率，炉前配比的烧损考虑到了炉前加入料的烧损与炉前金属液体的烧损。

针对这种情况用户可以采用两种方式来处理，一种是按炉料来考虑，另一种是按目标合金来考虑。

按炉料方式可以分别设定每种炉料各个元素的烧损率，如果用户能按实际情况设置好各种炉料的烧损率，那么这种方式所得的配比结果与实际情况会非常接近。

按目标合金方式允许用户对炉料设定一个统一的烧损方案，这样的好处在于简化了用户操作，但是不利于处理同一种炉料在不同时间其烧损率不同的情况。

一般情况下，烧损率小于零；当某一元素的烧损率大于零的时，则说明该元素在熔化时由于炉况或工艺的其他原因其含量反而增加了。

2. 烧损量（增加量）

炉料在熔化过程中某种元素的含量会增加，在进行炉料配比过程中，必须考虑到这种情况。另外一种情况，如在炼钢时当碳的含量过高时要进行氧化处理，此时，可以认为这种情况时有一个负烧损量。这种情况如果用烧损率来处理就显得力不从心了，所以在华铸 FCS2018 提出了烧损量（增加量）这个概念。

在这里烧损量其实包含两个含义：当它为正数时表示该元素的含量在熔化过程中存在与所加入的基本炉料无关的增加，而且该增加与该元素含量没有比例关系；当它为负数时表示该元素在熔化过程中存在一个与工艺相关的烧损，同样，该烧损与该元素含量不成比例。

不同的熔炼情况，各元素的烧损量是有差别的，所以用户在进行炉料配比时要找到各成分符合生产实际的烧损量。

华铸 FCS2018 利用烧损率、增加率以及烧损量、增加量这两组概念来处理炉料熔化中的烧损与增加的问题。用户可以通过反求的方法设定与实际情况一致的烧损率和烧损量，这在实际使用中非常重要。

13.2.2　烧损率方案设定

华铸 FCS2018 的烧损率设定的思路是：用户可以事先设定烧损率方案，以便在实际炉料配比时直接调用烧损率方案。

图 13-13 所示为【烧损率设定】界面，用户可以在此添加、修改和删除烧损率方案并根据实际情况事先设定不同情况下的烧损率方案，这样以后就可以直接调用这些烧损率方案。

13.2.3　烧损量方案设定

华铸 FCS2018 的烧损量设定的思路是：用户可以事先设定烧损量方案，以便在实际炉

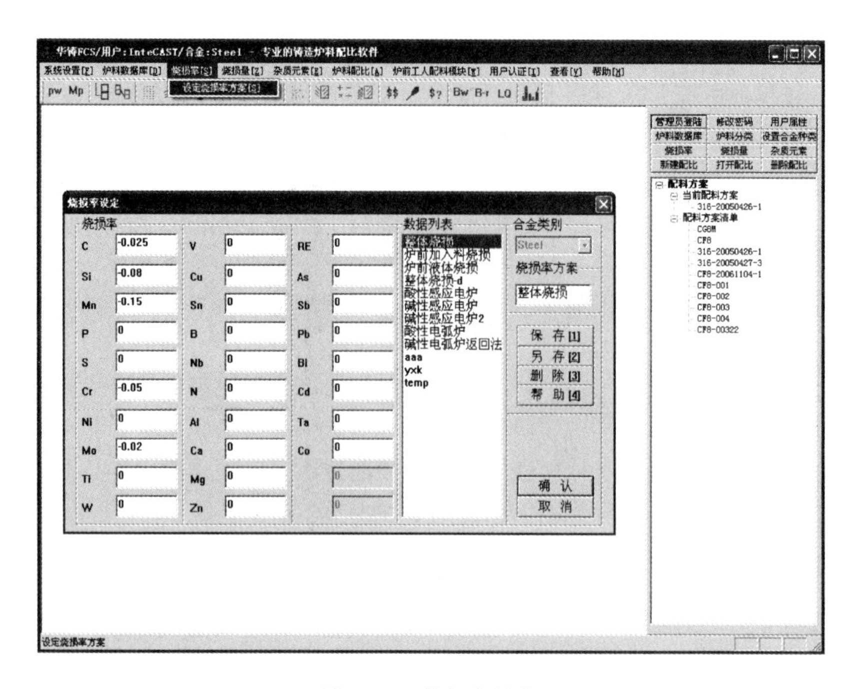

图 13-13　烧损率设定

料配比时直接调用烧损量方案。

图 13-14 所示为【烧损量设定】界面，用户可以添加、修改和删除烧损量方案，这样以后就可以直接调用该烧损量方案。

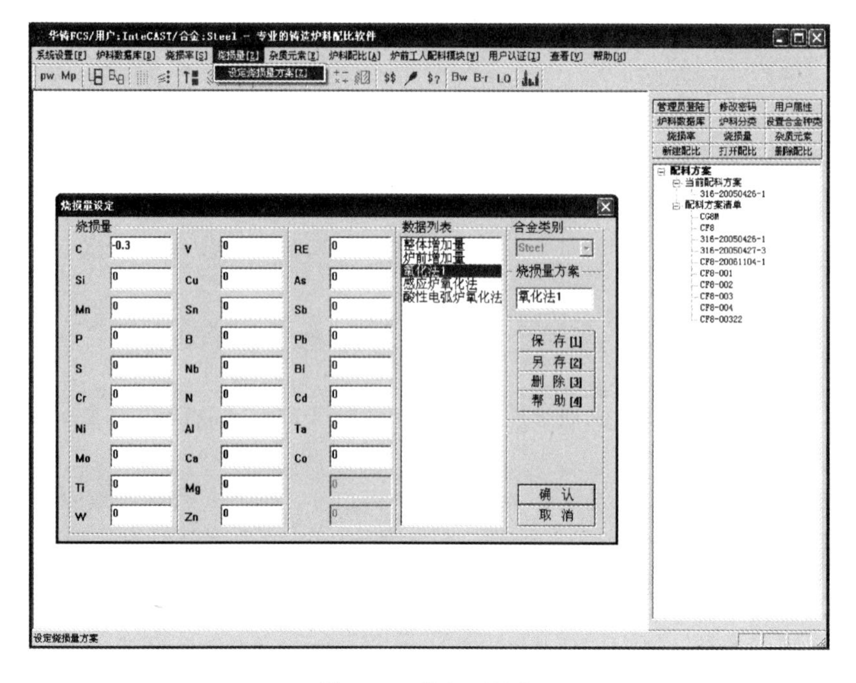

图 13-14　烧损量设定

13.3　杂质元素

13.3.1　杂质元素的总体含量

在炉料配比中要控制杂质元素的总体含量，华铸 FCS2018 巧妙地解决了这个问题，用户可以事先定义杂质元素，这样配比结果就能轻而易举地统计出其杂质元素的总体含量。

13.3.2　杂质元素的设定与统计

华铸 FCS2018 中杂质元素设定的思路是用户可以事先设定杂质元素方案，在实际炉料配比时，用户可以直接调用杂质元素方案。图 13-15 所示为【杂质元素设定】对话框，用户可以添加、修改和删除杂质元素方案，还可以直接调用这些已设定好的方案。

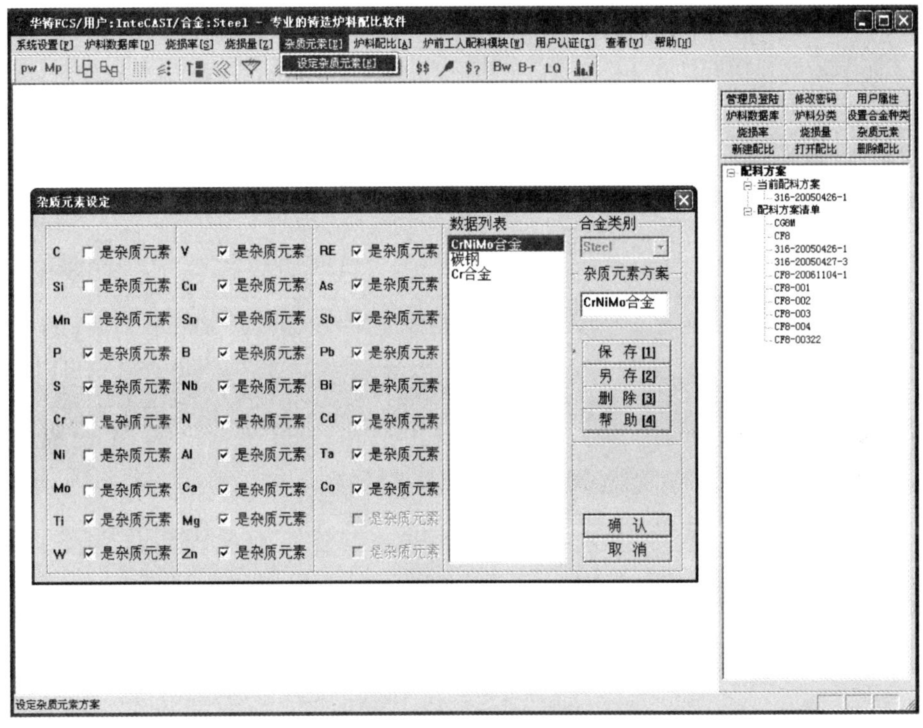

图 13-15　杂质元素设定

第 14 章

计算机炉料配比系统主要功能

本章将围绕如何利用华铸 FCS2018 快速地进行炉料配比计算来介绍华铸 FCS2018 的主要功能。主要内容包括：

1）炉料配比。

2）自动炉料配比。

3）手动炉料配比。

4）炉前配比。

5）炉前工人配料模块。

14.1 炉料配比

14.1.1 炉料配比界面与基本内容

图 14-1 所示为【炉料配比】对话框，它包括以下主要内容：

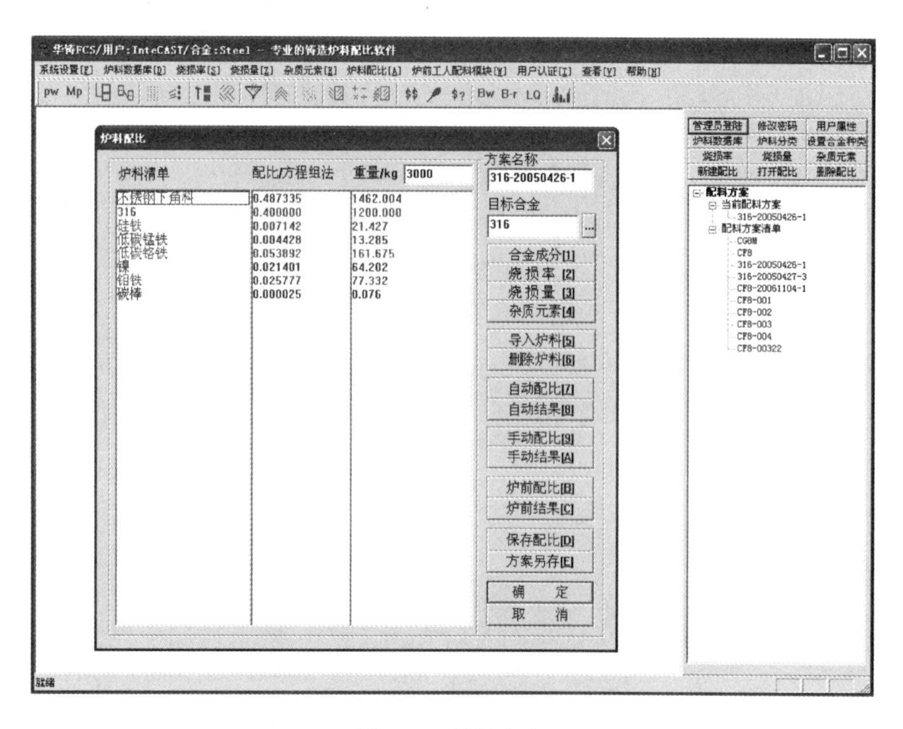

图 14-1　炉料配比

1）【…】（导入目标合金成分）：用户可以从用户数据库导入要进行配比的合金成分。

2）【合金成分】：用户可以在此修改要配比的合金成分和合金范围。

3）【烧损率】：用户在此设定本次配比元素烧损率，可以直接设定，也可以导入合金成分烧损率方案。

4）【烧损量】：用户在此设定本次配比元素烧损量，可以直接设定，也可以导入合金成分烧损量方案。

5）【杂质元素】：用户在此定义杂质元素，可以直接定义，也可以导入设定好的杂质元素方案。

6）【导入炉料】：用户在此追加导入或覆盖导入本次配比所需的炉料。

7）【删除炉料】：用户在此删除当前所选的炉料。

8）【自动配比】：用户可以利用该功能实现炉料的自动配比，包括解方程组法自动配比、穷举法自动配比和最小成本法自动配比。

9）【自动结果】：用户可以利用该功能查看本次自动炉料配比的结果。

10）【手动配比】：用户可以利用该功能实现炉料的手动配比。

11）【手动结果】：用户可以利用该功能查看本次手动炉料配比的结果。

12）【炉前配比】：用户可以利用该功能实现炉前炉料的配比，方便实时调整炉前成分。

13）【炉前结果】：用户可以利用该功能查看本次炉前炉料配比的结果。

14）【保存配比】：用户可以利用该功能保存本次炉料配比以及所做的改动。

15）【方案另存】：用户可以利用该功能另存该方案，该功能可以简化相似配比的工作量。

14.1.2 炉料配比基本步骤

1. 新建配比

在进行某个牌号炉料配比的时候，首先单击【炉料配比】下拉菜单中的【新建配比】菜单项新建一个炉料配比方案，如图 14-2 所示。

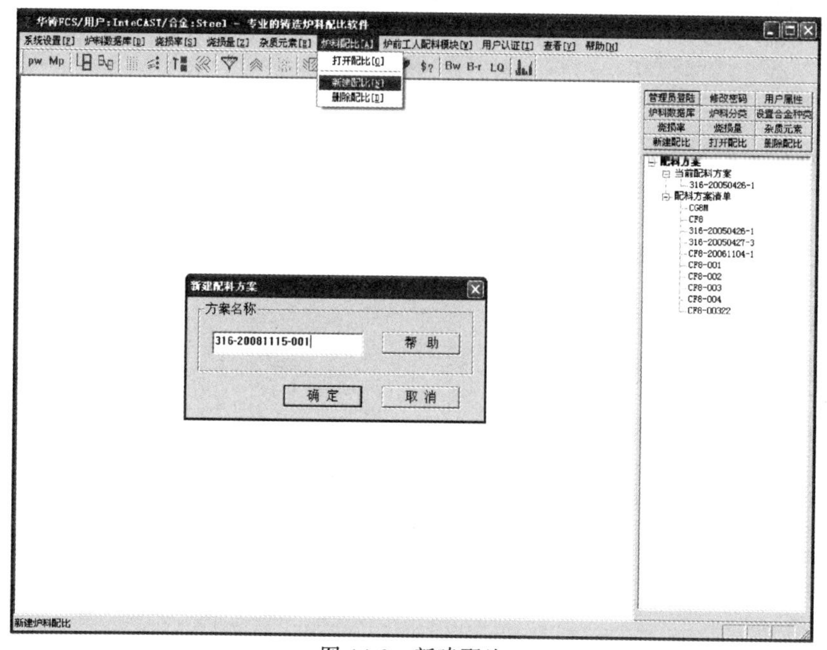

图 14-2 新建配比

2. 打开配比

单击【炉料配比】菜单栏中的【打开配比】菜单项打开新建的炉料配比，如图 14-3 所示。

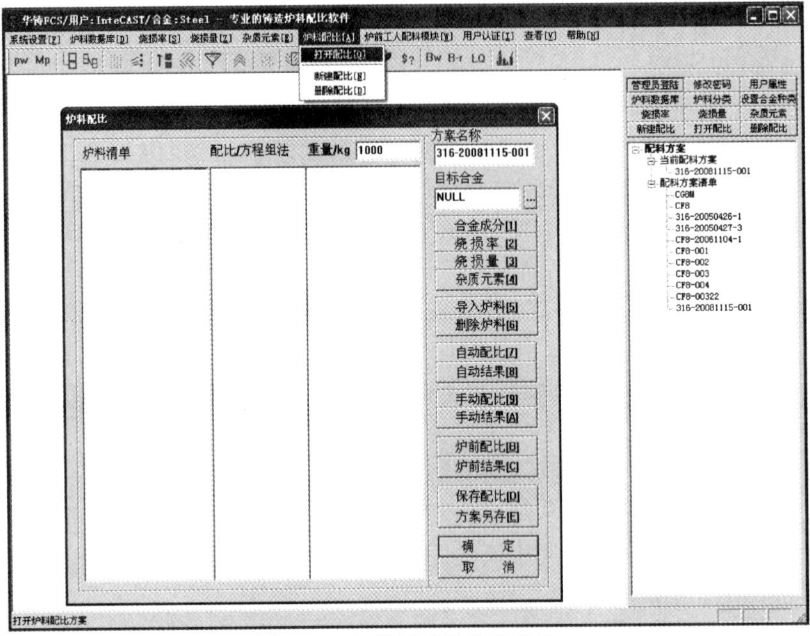

图 14-3 打开新建的炉料配比

3. 设定合金成分

单击【…】按钮后导入某牌号的合金成分，图 14-4 所示为导入的合金牌号，图 14-5 所示为导入后的合金成分情况。

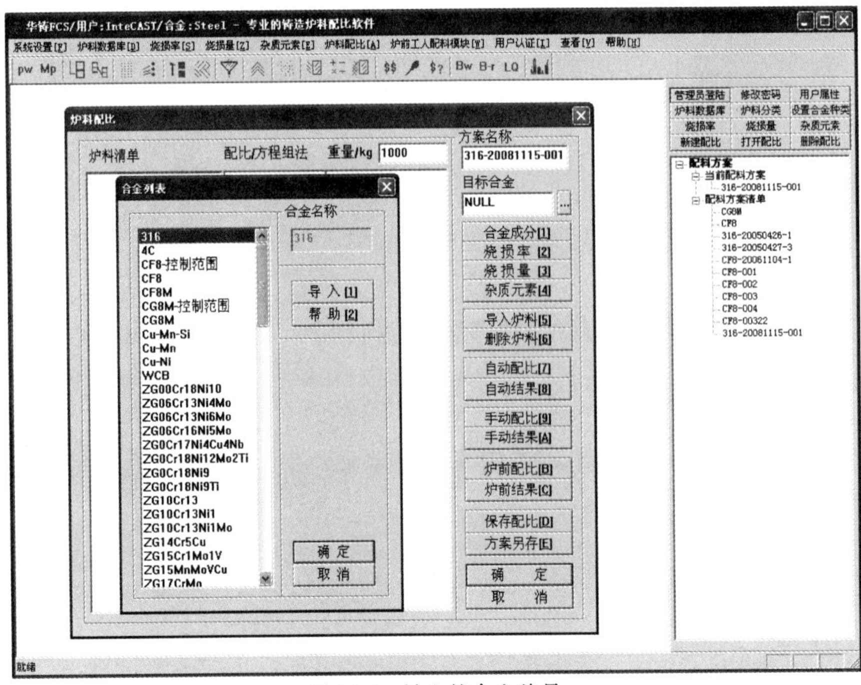

图 14-4 导入的合金牌号

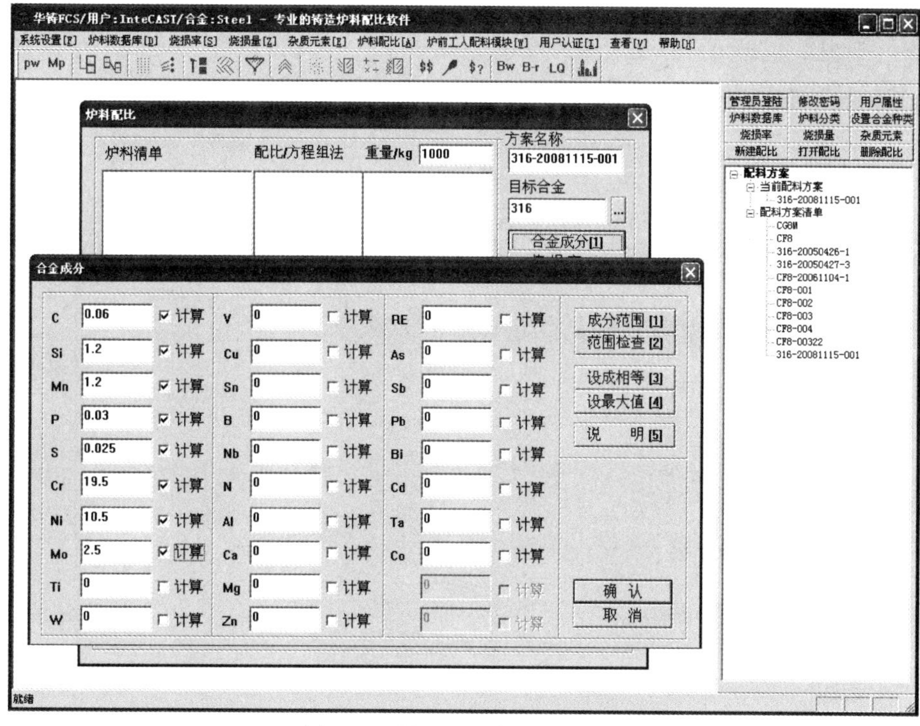

图 14-5 导入后的合金成分情况

4. 设定烧损率

单击【烧损率】按钮后弹出【烧损率】对话框，在【烧损率】对话框中可以设定合金的各种成分的烧损率，如图 14-6 所示。

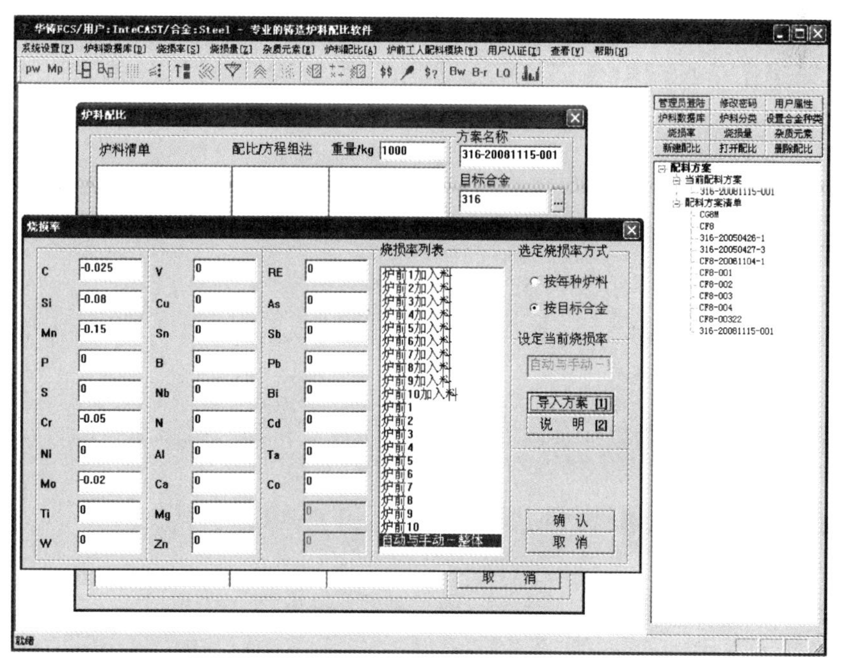

图 14-6 设定烧损率

5. 设定烧损量

单击【烧损量】按钮后弹出【烧损量】对话框，在【烧损量】对话框中可以设定合金中各种成分的烧损量，如图 14-7 所示。

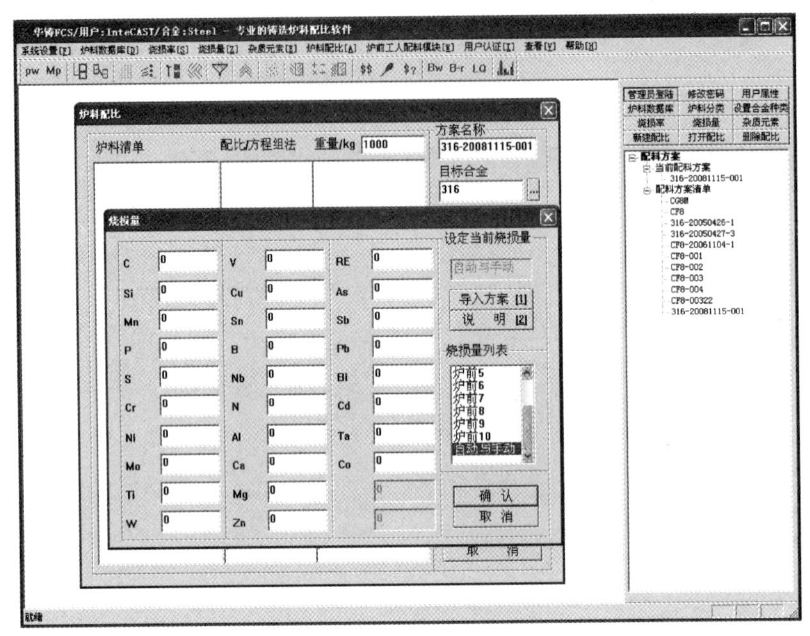

图 14-7 设定烧损量

6. 设定杂质元素

单击【杂质元素】按钮后弹出【杂质元素设定】对话框，在【杂质元素设定】对话框中可以设定杂质元素，如图 14-8 所示。

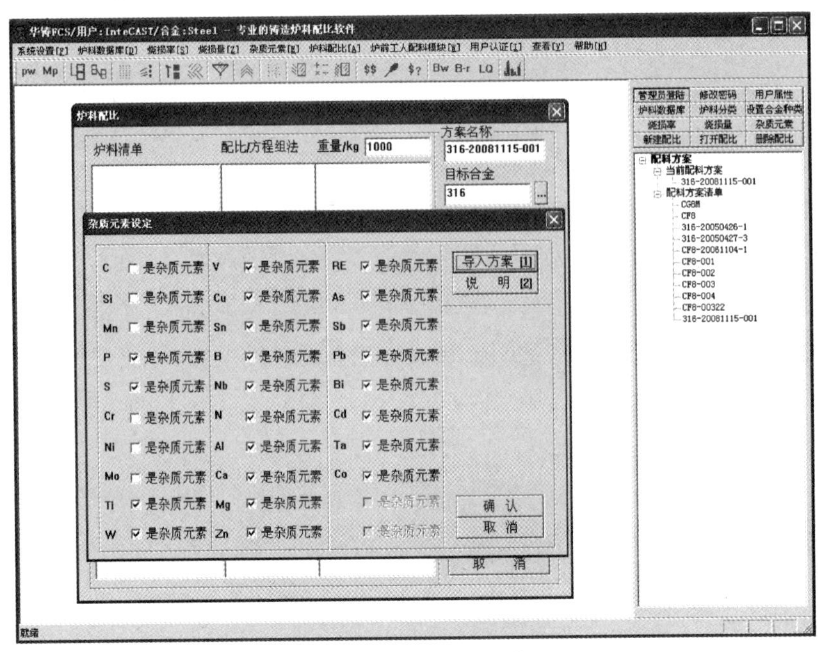

图 14-8 设定杂质元素

7. 导入炉料

单击【导入炉料】按钮后弹出【用户数据库-合金及炉料】对话框，在【用户数据库-合金及炉料】对话框中可以逐个导入本次炉料配比的炉料，如图 14-9 所示。

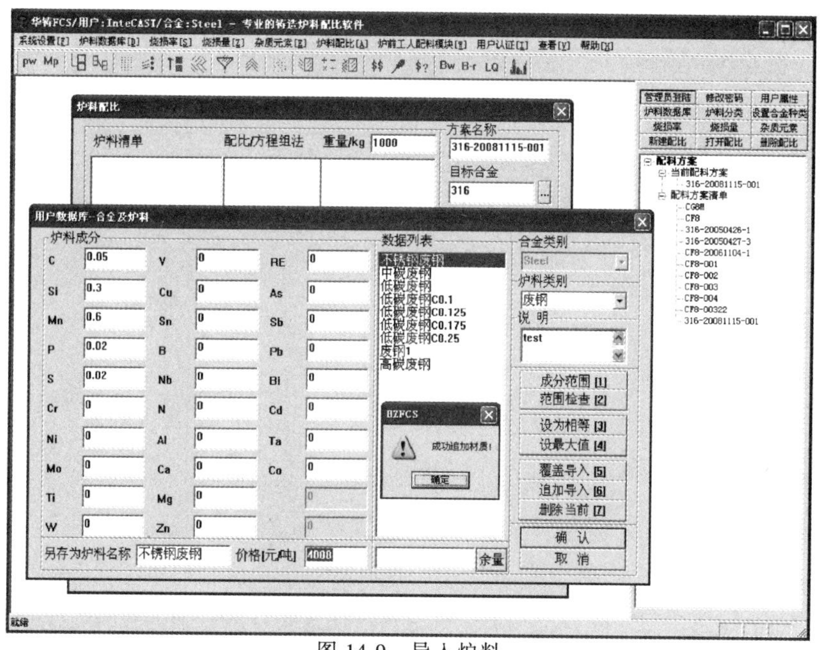

图 14-9　导入炉料

8. 进行炉料配比

可以采用【自动配比】、【手动配比】和【炉前配比】来进行炉料配比。图 14-10 ~ 图

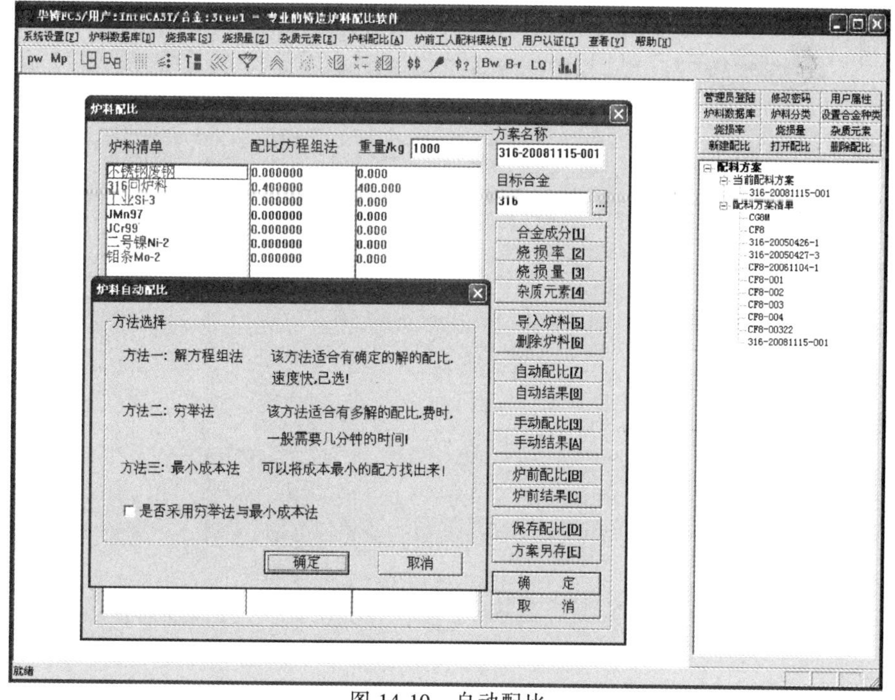

图 14-10　自动配比

14-12 所示分别为【炉料自动配比】【按重量手工配比】和【炉前配比】对话框。

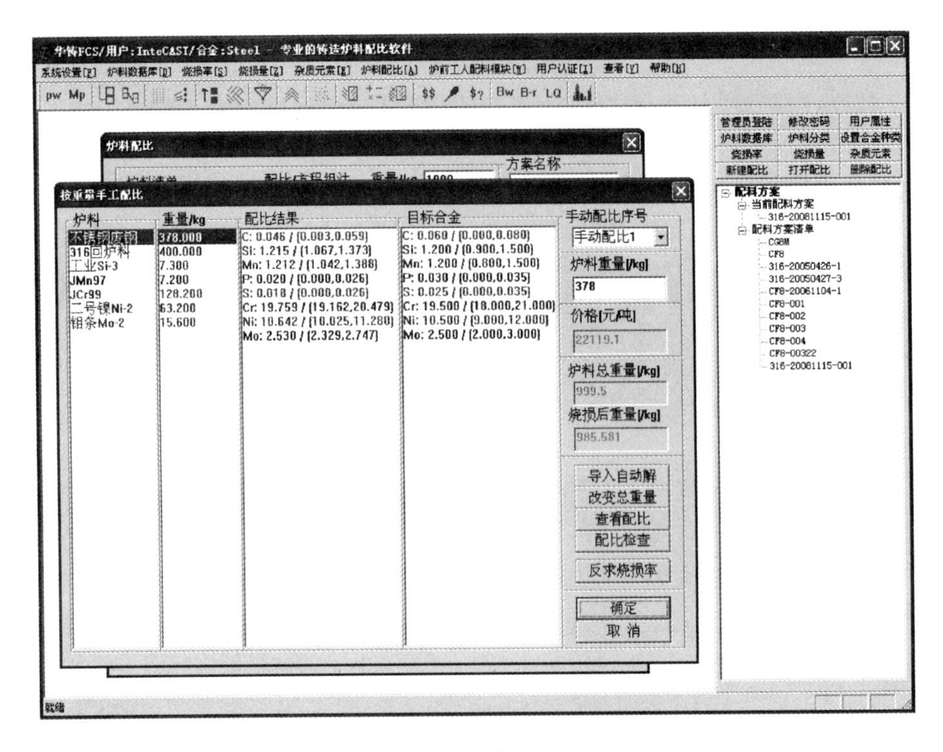

图 14-11　手动配比

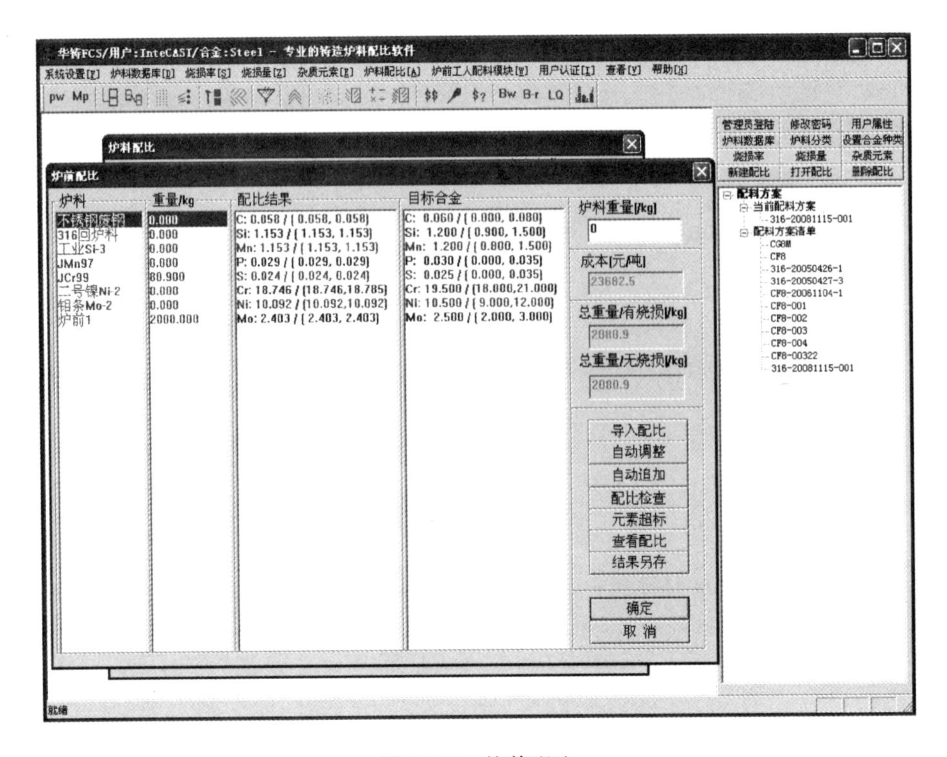

图 14-12　炉前配比

9. 查看炉料配比结果

采用【自动结果】【手动结果】和【炉前结果】来看本次炉料配比的结果。图 14-13～图 14-15 所示分别为自动、手动、炉前炉料配比结果。

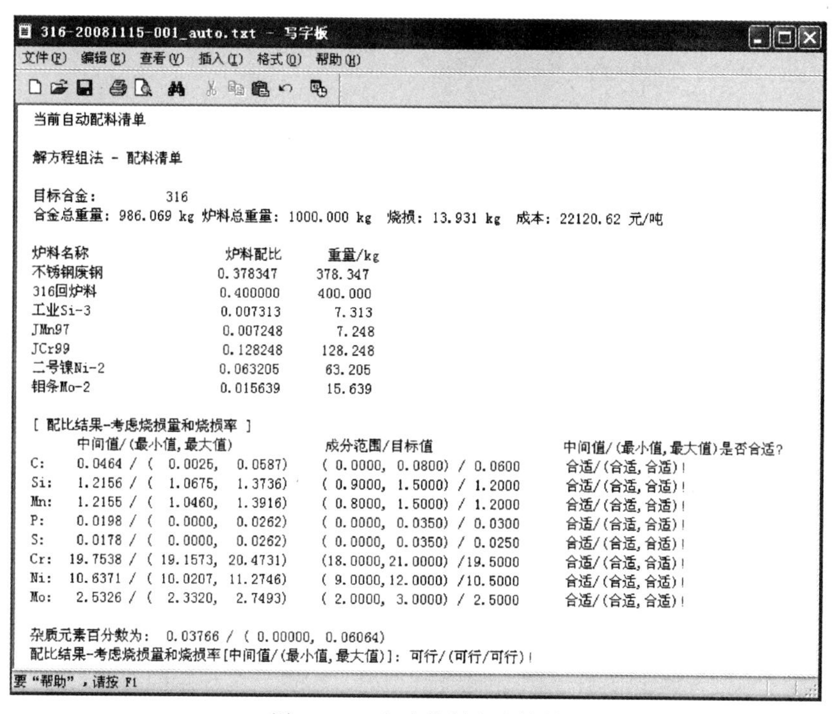

316-20081115-001_auto.txt - 写字板

文件(F) 编辑(E) 查看(V) 插入(I) 格式(O) 帮助(H)

当前自动配料清单

解方程组法 - 配料清单

目标合金： 316
合金总重量：986.069 kg 炉料总重量：1000.000 kg 烧损：13.931 kg 成本：22120.62 元/吨

炉料名称	炉料配比	重量/kg
不锈钢废钢	0.378347	378.347
316回炉料	0.400000	400.000
工业Si-3	0.007313	7.313
JMn97	0.007248	7.248
JCr99	0.128248	128.248
二号镍Ni-2	0.063205	63.205
钼条Mo-2	0.015639	15.639

[配比结果-考虑烧损量和烧损率]

	中间值/(最小值,最大值)	成分范围/目标值	中间值/(最小值,最大值)是否合适?
C:	0.0464 / (0.0025, 0.0587)	(0.0000, 0.0800) / 0.0600	合适/(合适,合适)!
Si:	1.2156 / (1.0675, 1.3736)	(0.9000, 1.5000) / 1.2000	合适/(合适,合适)!
Mn:	1.2155 / (1.0460, 1.3916)	(0.8000, 1.5000) / 1.2000	合适/(合适,合适)!
P:	0.0198 / (0.0000, 0.0262)	(0.0000, 0.0350) / 0.0300	合适/(合适,合适)!
S:	0.0178 / (0.0000, 0.0262)	(0.0000, 0.0350) / 0.0250	合适/(合适,合适)!
Cr:	19.7538 / (19.1573, 20.4731)	(18.0000,21.0000) /19.5000	合适/(合适,合适)!
Ni:	10.6371 / (10.0207, 11.2746)	(9.0000,12.0000) /10.5000	合适/(合适,合适)!
Mo:	2.5326 / (2.3320, 2.7493)	(2.0000, 3.0000) / 2.5000	合适/(合适,合适)!

杂质元素百分数为： 0.03766 / (0.00000, 0.06064)
配比结果-考虑烧损量和烧损率[中间值/(最小值,最大值)]：可行/(可行/可行)!

要"帮助"，请按 F1

图 14-13 自动炉料配比结果

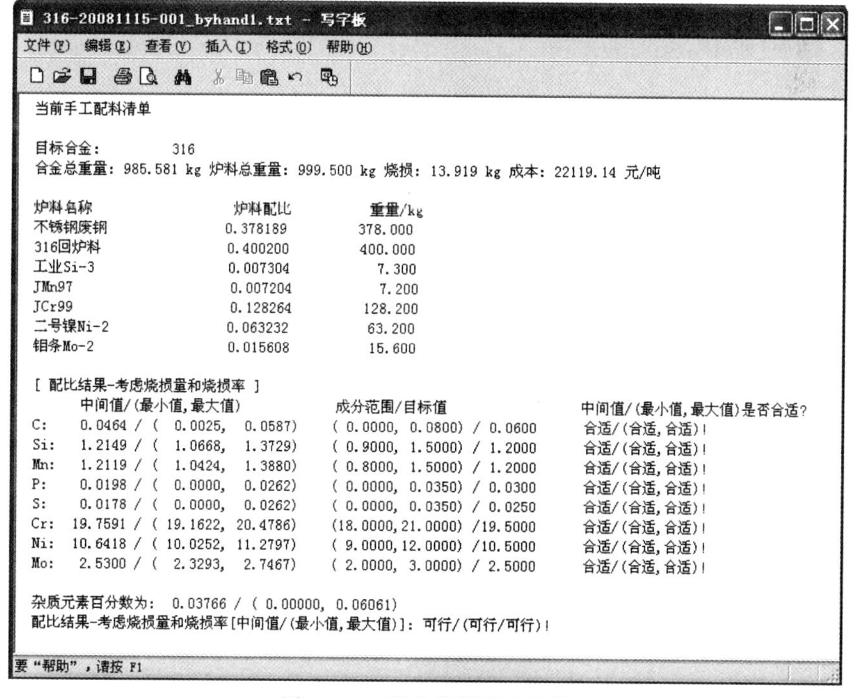

316-20081115-001_byhand1.txt - 写字板

文件(F) 编辑(E) 查看(V) 插入(I) 格式(O) 帮助(H)

当前手工配料清单

目标合金： 316
合金总重量：985.581 kg 炉料总重量：999.500 kg 烧损：13.919 kg 成本：22119.14 元/吨

炉料名称	炉料配比	重量/kg
不锈钢废钢	0.378189	378.000
316回炉料	0.400200	400.000
工业Si-3	0.007304	7.300
JMn97	0.007204	7.200
JCr99	0.128264	128.200
二号镍Ni-2	0.063232	63.200
钼条Mo-2	0.015608	15.600

[配比结果-考虑烧损量和烧损率]

	中间值/(最小值,最大值)	成分范围/目标值	中间值/(最小值,最大值)是否合适?
C:	0.0464 / (0.0025, 0.0587)	(0.0000, 0.0800) / 0.0600	合适/(合适,合适)!
Si:	1.2149 / (1.0668, 1.3729)	(0.9000, 1.5000) / 1.2000	合适/(合适,合适)!
Mn:	1.2119 / (1.0424, 1.3880)	(0.8000, 1.5000) / 1.2000	合适/(合适,合适)!
P:	0.0198 / (0.0000, 0.0262)	(0.0000, 0.0350) / 0.0300	合适/(合适,合适)!
S:	0.0178 / (0.0000, 0.0262)	(0.0000, 0.0350) / 0.0250	合适/(合适,合适)!
Cr:	19.7591 / (19.1622, 20.4786)	(18.0000,21.0000) /19.5000	合适/(合适,合适)!
Ni:	10.6418 / (10.0252, 11.2797)	(9.0000,12.0000) /10.5000	合适/(合适,合适)!
Mo:	2.5300 / (2.3293, 2.7467)	(2.0000, 3.0000) / 2.5000	合适/(合适,合适)!

杂质元素百分数为： 0.03766 / (0.00000, 0.06061)
配比结果-考虑烧损量和烧损率[中间值/(最小值,最大值)]：可行/(可行/可行)!

要"帮助"，请按 F1

图 14-14 手动炉料配比结果

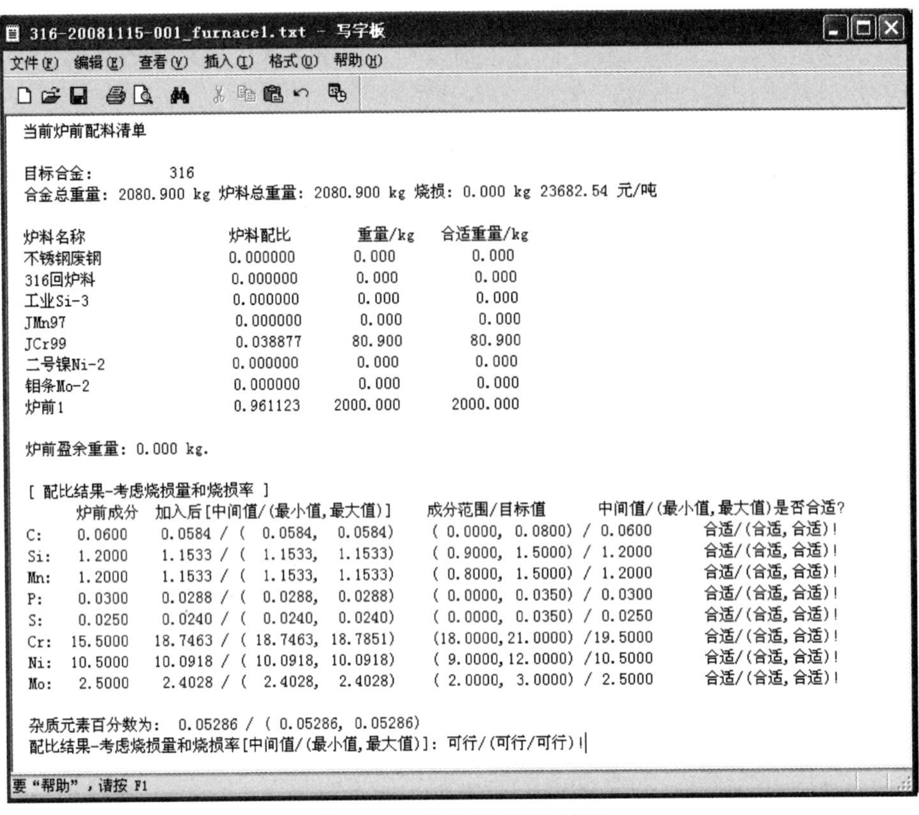

316-20081115-001_furnace1.txt - 写字板

文件(F) 编辑(E) 查看(V) 插入(I) 格式(O) 帮助(H)

当前炉前配料清单

目标合金： 316
合金总重量：2080.900 kg 炉料总重量：2080.900 kg 烧损：0.000 kg 23682.54 元/吨

炉料名称	炉料配比	重量/kg	合适重量/kg
不锈钢废钢	0.000000	0.000	0.000
316回炉料	0.000000	0.000	0.000
工业Si-3	0.000000	0.000	0.000
JMn97	0.000000	0.000	0.000
JCr99	0.038877	80.900	80.900
二号镍Ni-2	0.000000	0.000	0.000
钼条Mo-2	0.000000	0.000	0.000
炉前1	0.961123	2000.000	2000.000

炉前盈余重量：0.000 kg.

[配比结果-考虑烧损量和烧损率]

	炉前成分	加入后[中间值/(最小值,最大值)]	成分范围/目标值	中间值/(最小值,最大值)是否合适?
C:	0.0600	0.0584 / (0.0584, 0.0584)	(0.0000, 0.0800) / 0.0600	合适/(合适,合适)!
Si:	1.2000	1.1533 / (1.1533, 1.1533)	(0.9000, 1.5000) / 1.2000	合适/(合适,合适)!
Mn:	1.2000	1.1533 / (1.1533, 1.1533)	(0.8000, 1.5000) / 1.2000	合适/(合适,合适)!
P:	0.0300	0.0288 / (0.0288, 0.0288)	(0.0000, 0.0350) / 0.0300	合适/(合适,合适)!
S:	0.0250	0.0240 / (0.0240, 0.0240)	(0.0000, 0.0350) / 0.0250	合适/(合适,合适)!
Cr:	15.5000	18.7463 / (18.7463, 18.7851)	(18.0000,21.0000) /19.5000	合适/(合适,合适)!
Ni:	10.5000	10.0918 / (10.0918, 10.0918)	(9.0000,12.0000) /10.5000	合适/(合适,合适)!
Mo:	2.5000	2.4028 / (2.4028, 2.4028)	(2.0000, 3.0000) / 2.5000	合适/(合适,合适)!

杂质元素百分数为： 0.05286 / (0.05286, 0.05286)
配比结果-考虑烧损量和烧损率[中间值/(最小值,最大值)]：可行/(可行/可行)!

要“帮助”，请按 F1

图 14-15 炉前炉料配比结果

14.2 自动炉料配比

华铸 FCS2018 铸造炉料配比系统提供了三种自动配比的方法，分别是解方程组法、穷举法和最小成本法。下面将分别说明这些自动炉料配比方法的基本内容和注意事项。

14.2.1 解方程组法

1. 基本原理

解方程组法是利用加入炉料的各种成分满足目标合金成分的约束条件建立起一组方程，然后利用解方程组的一些方法来求解各炉料的比例。该方法有 2 个难点，一个难点是并不是每个方程组都有解；另一个难点是即使方程组有解也不一定是正解。而对于实际炉料配比来说，炉料配比的比例肯定是正数。

2. 基本步骤

14.1.2 节讲述了炉料配比的基本步骤，解方程组法自动炉料配比的基本步骤与之相似，其关键步骤如下：

1）新建配比。

2）打开配比。

3）设定合金成分。

4）设定烧损率。

5）设定烧损量（增加量）。

6）设定杂质元素。

7）导入炉料。

8）设定解方程组法的参数。

9）解方程组法自动配比。

10）查看解方程组法的配比结果。

步骤1)~7）是基本步骤，步骤8)、9）是解方程组法的关键步骤。

3. 解方程组法的参数设定

（1）确定要满足条件的合金元素　在【合金成分】对话框中设定需要满足成分要求的元素为【计算】复选按钮选中状态，如图14-16所示。

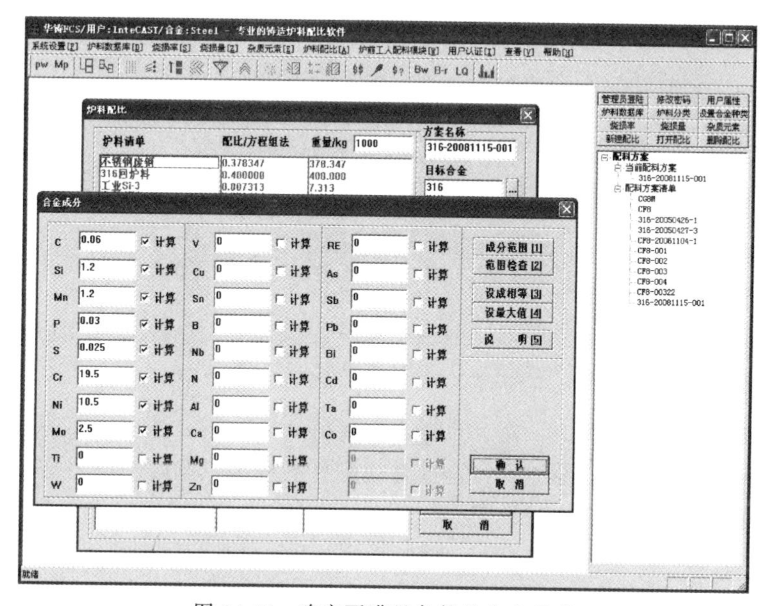

图14-16　确定要满足条件的合金元素

（2）设定预先加入量　对于某种炉料（如回炉料），可以预先设定其加入量的重量或百分比，该功能具有非常大的实用性。操作如下：在炉料栏中双击某一炉料后弹出【炉料成分】对话框，如图14-17所示，选中【预先加入】复选按钮，并在【预加入量】文本框中输入加入量或加入百分比。在炉料配比界面中，预先设定重量的炉料项颜色设为品红色。

4. 解方程组法的自动配比

设定好上述参数后，即可单击【炉料配比】对话框中的【自动配比】按钮来进行配比。这是解方程组法的核心算法所在，该方法的计算速度比较快，用户很快便可查看配比结果。解方程组法【炉料自动配比】的对话框如图14-10所示。

5. 解方程组法的配比结果查看

解方程组法炉料配比的结果如图14-13所示，结果中的主要内容如下：

1）总体信息如炉料总重量、合金总重量、烧损以及成本等。

2）炉料的配比和重量、考虑烧损量（增加量）合金成分、烧损前后合金成分以及烧损

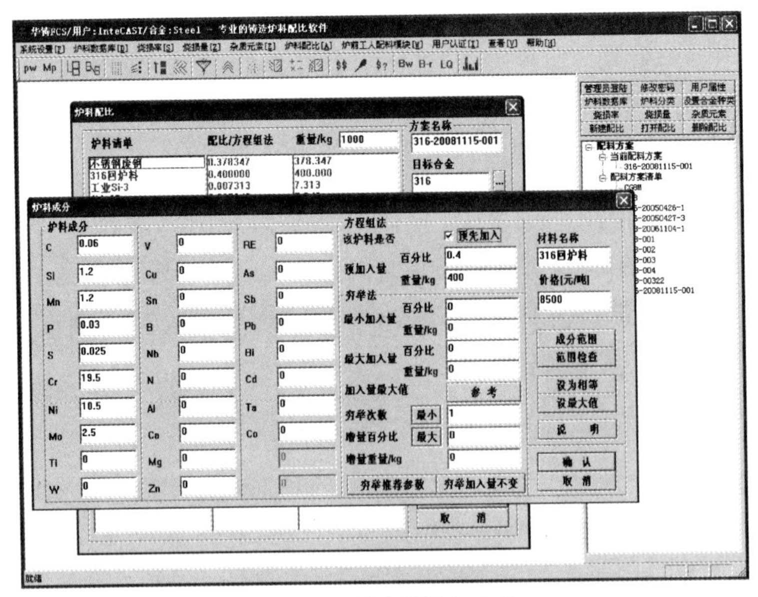

图 14-17 设定预先加入量

情况。

配比结果可以通过单击【炉料配比】对话框中的【自动结果】按钮来查看。

14.2.2 穷举法与最小成本法

1. 基本原理

解方程组法的特点是速度快，而且目标合金成分是一个确定值。而实际的炉料配比要求合金成分只需满足一个成分范围即可，也就是说配比的结果不是唯一的，穷举法的基本思想就是找出满足成分要求的所有解的情况。

最小成本法就是找出成本最低的一种配比，它是在穷举法的基础上发展起来的一种方法。穷举法和最小成本法比较耗时，一般需要 1~5min 不等的时间。

2. 基本步骤

穷举法与最小成本法的自动炉料配比的主要步骤如下所示：

1）新建配比。

2）打开配比。

3）设定合金成分。

4）设定烧损率。

5）设定烧损量（增加量）。

6）设定杂质元素。

7）导入炉料。

8）设定穷举法与最小成本法的参数。

9）穷举法与最小成本法自动配比。

10）查看穷举法与最小成本法的配比结果。

步骤 1)~7）是基本步骤，步骤 8)、9）是穷举法与最小成本法的关键步骤。

3. 穷举法与最小成本法的参数设定

（1）确定要满足条件的合金元素和成分范围　在【炉料配比】对话框中【合金成分】中设定需要满足成分要求的元素为【计算】复选按钮选中状态，并且一定要将目标合金元素的成分设定为一个范围，如图14-18所示。此时需要特别注意合金成分范围检查，确保目标合金元素的成分范围的准确性，如图14-19所示。

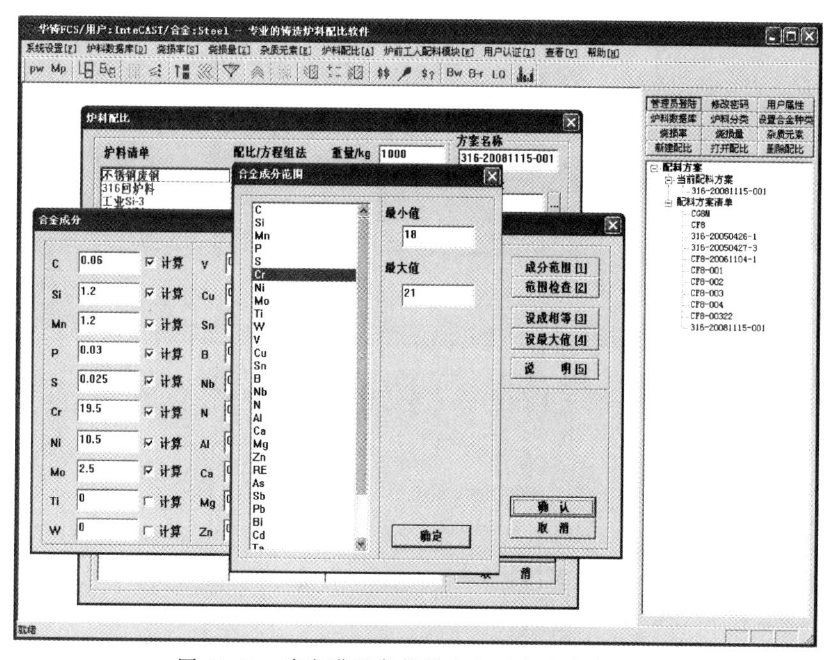

图14-18　确定满足条件的合金元素和成分范围

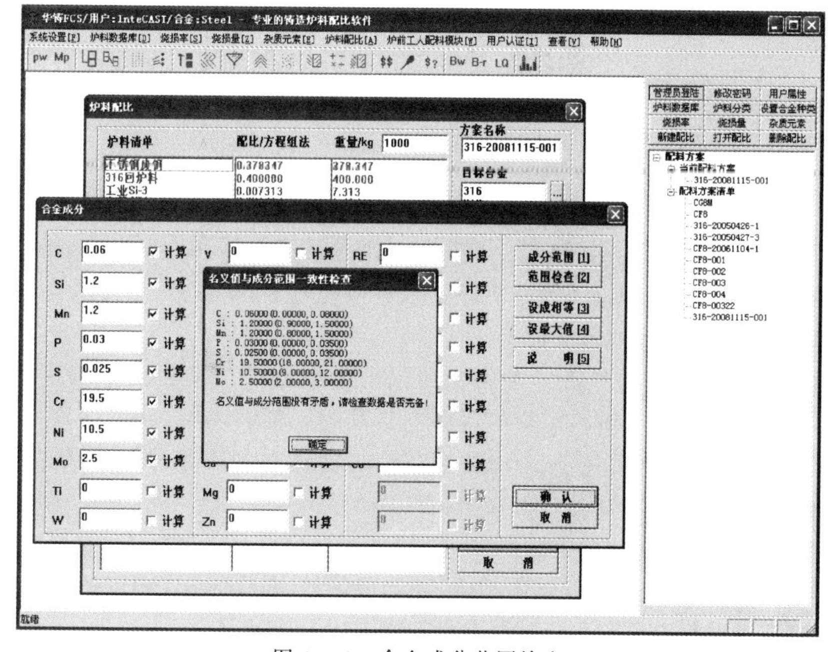

图14-19　合金成分范围检查

(2) 确定穷举的次数　对于某种炉料要事先设定其穷举次数，合适的穷举次数是该方法的关键所在，一方面穷举次数太少有可能找不到满足条件的配比方案，另一方面穷举次数太大的话，配比所需的时间会成倍数增加，合适的穷举次数是该配比方法能否用好的关键。

确定穷举次数的具体操作为：在炉料栏中双击某一炉料即可对该炉料设定穷举的相关参数，确定最大、最小加入量，最小穷举次数和最大加入量增量。如果采用穷举次数大于 1，则可单击【穷举推荐参数】按钮来设定相关参数，如图 14-20 所示；如果最大、最小加入量与解方程组的配比相同，则单击【穷举加入量不变】按钮，如图 14-21 所示。

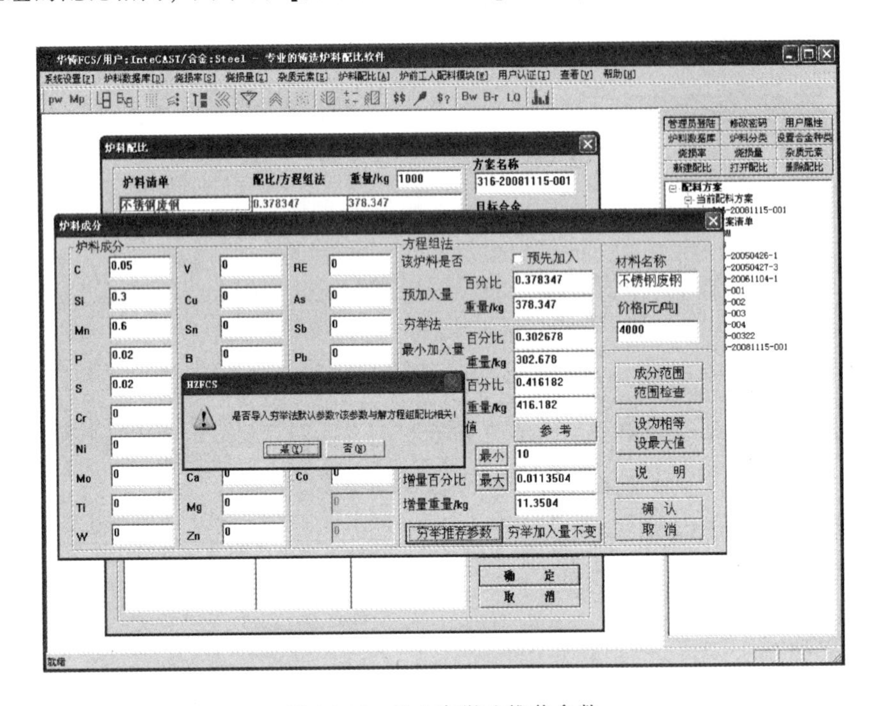

图 14-20　导入穷举法推荐参数

特别注意：

1) 穷举次数一般以 10 次为宜。

2) 如果一种配方里面有 7 种材料，每种材料的穷举次数为 10 次，此时即有 1000 万种配方，此时计算时间将比较长；一般总穷举次数不应超过 2000 万次。

4. 穷举法与最小成本法的自动配比

设定好上述参数后，即可单击【炉料配比】对话框中【自动配比】按钮来进行配比。图 14-22 所示为穷举法与最小成本法炉料【炉料自动配比】对话框，默认情况下，复选按钮【是否采用穷举法与最小成本法】为未选中状态，此时要选中。图 14-23 所示为满足成分要求的穷举法配比次数。

5. 穷举法与最小成本法的配比结果

穷举法与最小成本法炉料配比结果如图 14-24 所示。结果中主要内容如下：

1) 总体信息如炉料总重量、合金总重量、烧损以及成本等。

2) 炉料的配比和重量、烧损前后的合金成分以及烧损情况。

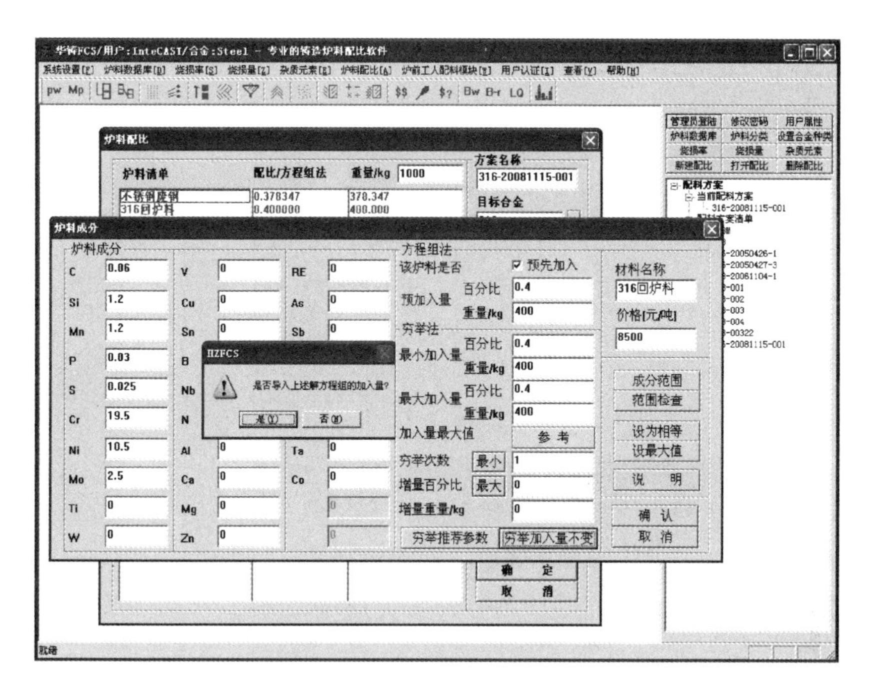

图 14-21　确定穷举的次数

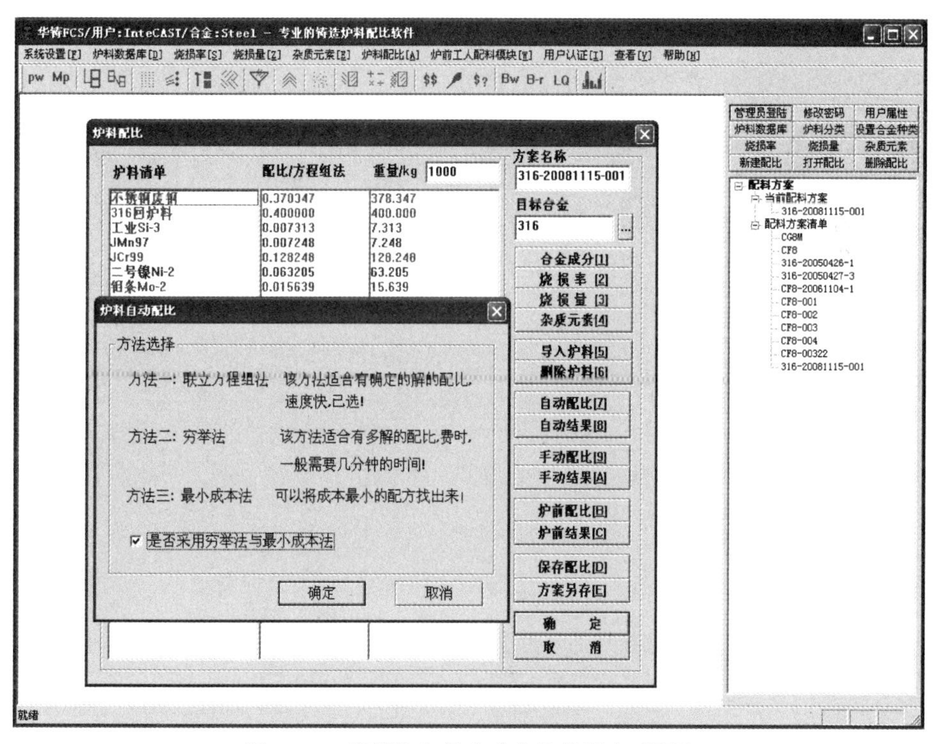

图 14-22　穷举法与最小成本法炉料自动配比

配比结果可以通过单击【炉料配比】对话框中的【自动结果】按钮来查看。如图 14-25 所示，需要选中复选按钮【穷举法、最小成本法配比结果】。

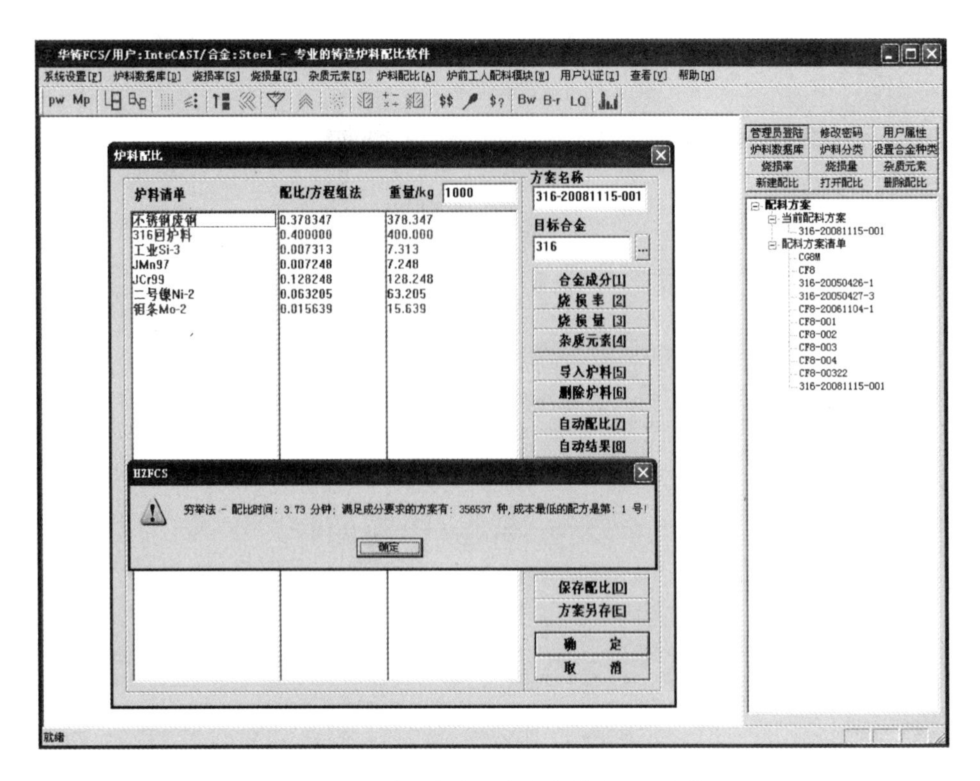

图 14-23 满足成分要求的穷举法配比次数

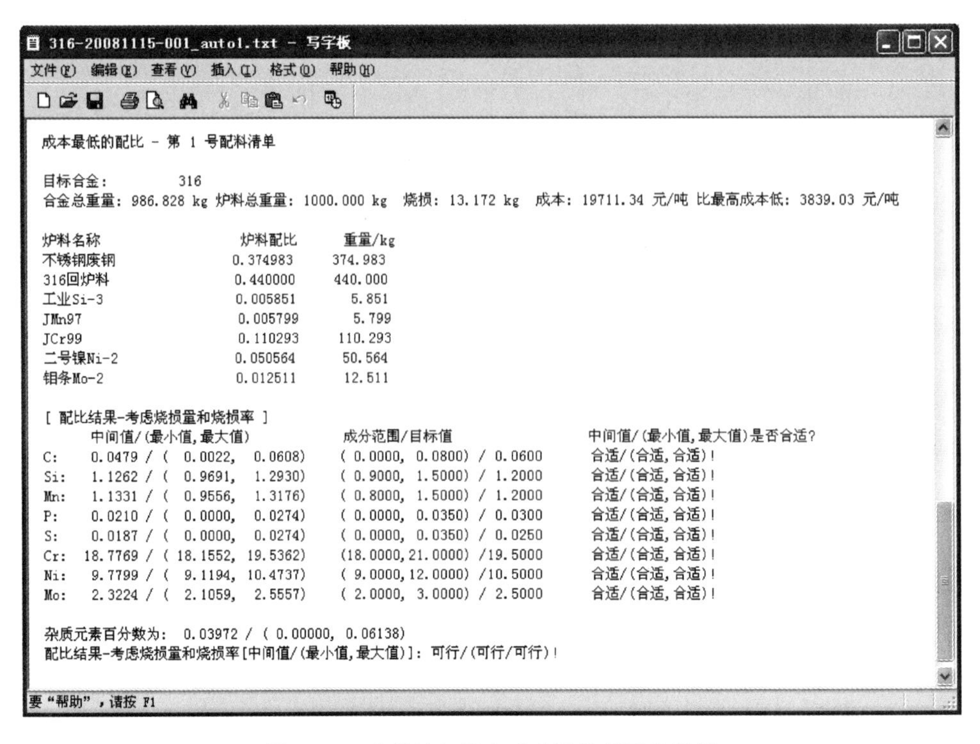
316-20081115-001_auto1.txt - 写字板

文件(F) 编辑(E) 查看(V) 插入(I) 格式(O) 帮助(H)

成本最低的配比 - 第 1 号配料清单

目标合金： 316
合金总重量：986.828 kg 炉料总重量：1000.000 kg 烧损：13.172 kg 成本：19711.34 元/吨 比最高成本低：3839.03 元/吨

炉料名称	炉料配比	重量/kg
不锈钢废钢	0.374983	374.983
316回炉料	0.440000	440.000
工业Si-3	0.005851	5.851
JMn97	0.005799	5.799
JCr99	0.110293	110.293
二号镍Ni-2	0.050564	50.564
钼条Mo-2	0.012511	12.511

[配比结果-考虑烧损量和烧损率]

	中间值/(最小值,最大值)	成分范围/目标值	中间值/(最小值,最大值)是否合适?
C:	0.0479 / (0.0022, 0.0608)	(0.0000, 0.0800) / 0.0600	合适/(合适,合适)!
Si:	1.1262 / (0.9691, 1.2930)	(0.9000, 1.5000) / 1.2000	合适/(合适,合适)!
Mn:	1.1331 / (0.9556, 1.3176)	(0.8000, 1.5000) / 1.2000	合适/(合适,合适)!
P:	0.0210 / (0.0000, 0.0274)	(0.0000, 0.0350) / 0.0300	合适/(合适,合适)!
S:	0.0187 / (0.0000, 0.0274)	(0.0000, 0.0350) / 0.0250	合适/(合适,合适)!
Cr:	18.7769 / (18.1552, 19.5362)	(18.0000,21.0000) /19.5000	合适/(合适,合适)!
Ni:	9.7799 / (9.1194, 10.4737)	(9.0000,12.0000) /10.5000	合适/(合适,合适)!
Mo:	2.3224 / (2.1059, 2.5557)	(2.0000, 3.0000) / 2.5000	合适/(合适,合适)!

杂质元素百分数为： 0.03972 / (0.00000, 0.06138)
配比结果-考虑烧损量和烧损率[中间值/(最小值,最大值)]：可行/(可行/可行)!

要"帮助"，请按 F1

图 14-24 穷举法与最小成本法炉料配比结果

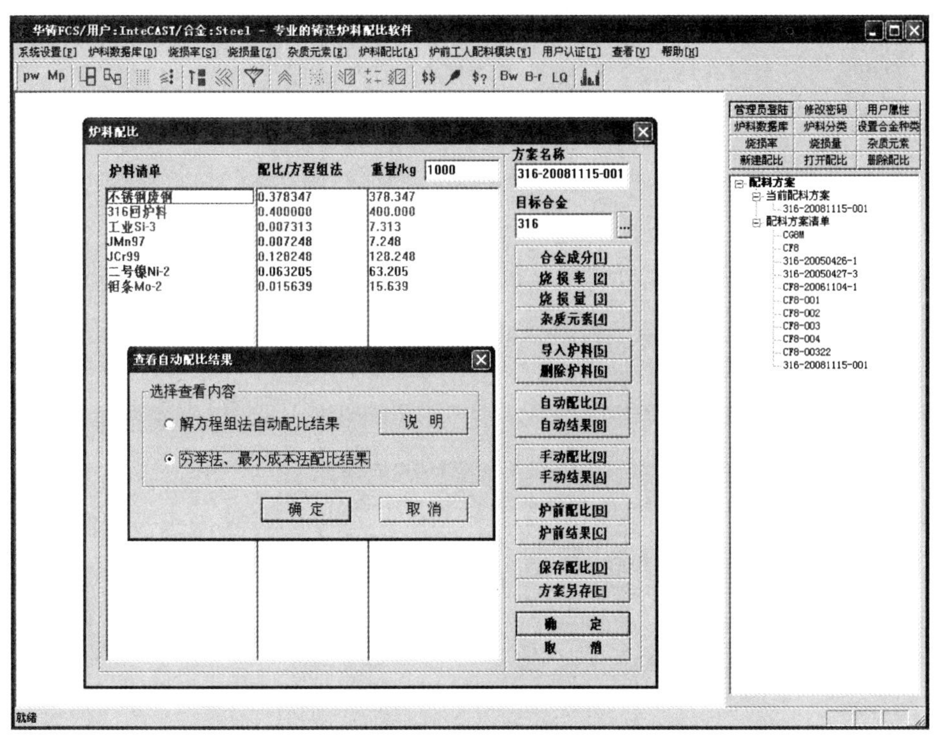

图 14-25　如何查看穷举法与最小成本法配料结果

14.3　手动炉料配比

14.3.1　手动配比的基本思路

手动配比的思路是用户将手动配置各种炉料的重量，实时地计算出该配方的烧损前后的成分及相关的信息。

手动配比可以利用计算机的快速计算的功能以及用户的经验快速实时地找到一个合适的炉料配比方案。该方法的特点是计算速度快且可以充分利用用户的经验。

华铸 FCS2018 允许用户在一个配料方案中保留 20 个手动配比的配比结果，这样可以方便用户对比分析。

14.3.2　手动配比的步骤

手动配比的基本步骤与自动配比的基本步骤一样，该方法的关键步骤如下：

1）新建配比。

2）打开配比。

3）设定合金成分。

4）设定烧损率。

5）设定烧损量（增加量）。

6）设定杂质元素。

7）导入炉料。

8）参数设定与手动配比。

9）手动配比结果。

步骤 1）~7）是基本步骤，步骤 8）是手动配比的关键步骤。

1. 参数设定与手动配比

图 14-26、图 14-27 所示都是手动配比相关界面，只要设定各种炉料的重量，系统就会自动实时地计算出配比后的成分。图 14-26 所示的手动配比未满足目标合金成分要求，而

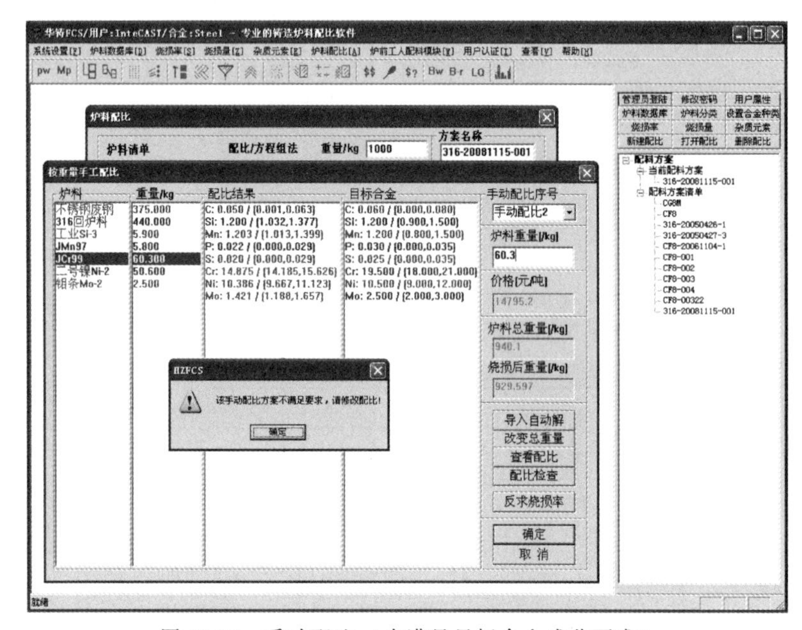

图 14-26　手动配比（未满足目标合金成分要求）

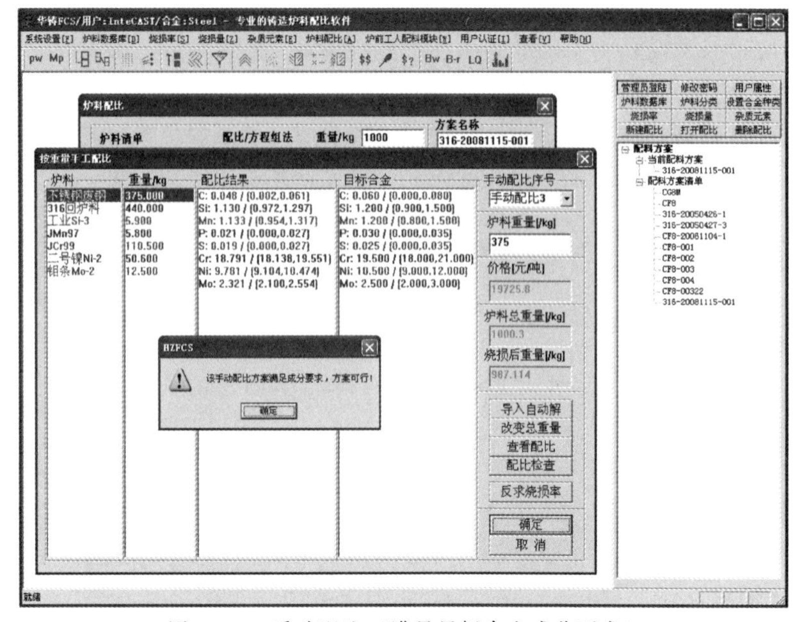

图 14-27　手动配比（满足目标合金成分要求）

图 14-27 所示是满足目标合金成分要求手动配比。

2. 手动配比的结果

与自动配比的结果相同，手动配比也包括如下基本信息：

1）总体信息如炉料总重量、合金总重量、烧损总量以及配比成本。

2）炉料的配比比例和重量、烧损前后的合金成分以及烧损的情况。

图 14-28、图 14-29 所示的分别是图 14-26、图 14-27 所示的手动配比的炉料计算结果。

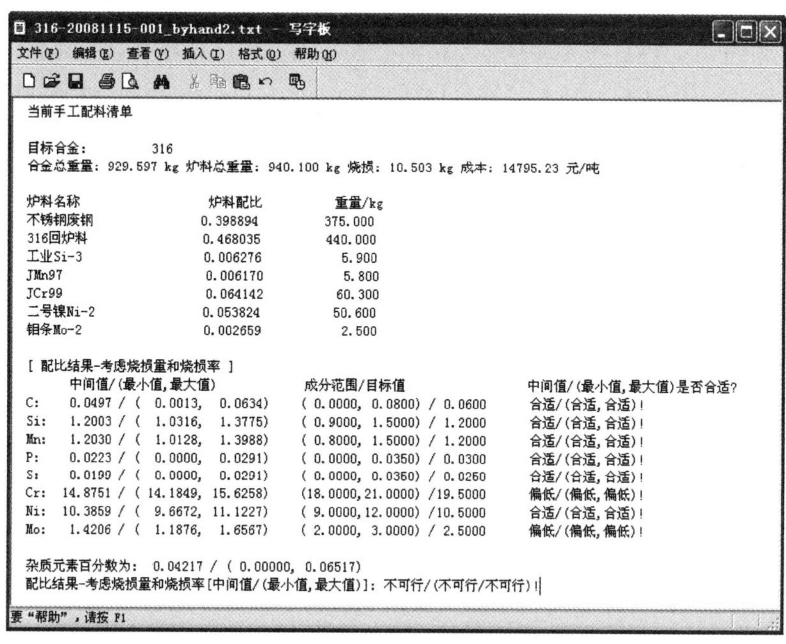

316-20081115-001_byhand2.txt - 写字板

文件(F) 编辑(E) 查看(V) 插入(I) 格式(O) 帮助(H)

当前手工配料清单

目标合金：　316

合金总重量：929.597 kg 炉料总重量：940.100 kg 烧损：10.503 kg 成本：14795.23 元/吨

炉料名称	炉料配比	重量/kg
不锈钢废钢	0.398894	375.000
316回炉料	0.468035	440.000
工业Si-3	0.006276	5.900
JMn97	0.006170	5.800
JCr99	0.064142	60.300
二号镍Ni-2	0.053824	50.600
钼条Mo-2	0.002659	2.500

[配比结果-考虑烧损量和烧损率]

	中间值/(最小值,最大值)	成分范围/目标值	中间值/(最小值,最大值)是否合适?
C:	0.0497 / (0.0013, 0.0634)	(0.0000, 0.0800) / 0.0600	合适/(合适,合适)!
Si:	1.2003 / (1.0316, 1.3775)	(0.9000, 1.5000) / 1.2000	合适/(合适,合适)!
Mn:	1.2030 / (1.0128, 1.3988)	(0.8000, 1.5000) / 1.2000	合适/(合适,合适)!
P:	0.0223 / (0.0000, 0.0291)	(0.0000, 0.0350) / 0.0300	合适/(合适,合适)!
S:	0.0199 / (0.0000, 0.0291)	(0.0000, 0.0350) / 0.0250	合适/(合适,合适)!
Cr:	14.8751 / (14.1849, 15.6258)	(18.0000,21.0000) /19.5000	偏低/(偏低,偏低)!
Ni:	10.3859 / (9.6672, 11.1227)	(9.0000,12.0000) /10.5000	合适/(合适,合适)!
Mo:	1.4206 / (1.1876, 1.6567)	(2.0000, 3.0000) / 2.5000	偏低/(偏低,偏低)!

杂质元素百分数为： 0.04217 / (0.00000, 0.06517)

配比结果-考虑烧损量和烧损率[中间值/(最小值,最大值)]：不可行/(不可行/不可行)!

要"帮助"，请按 F1

图 14-28　手动配比的结果（未满足目标合金成分要求）

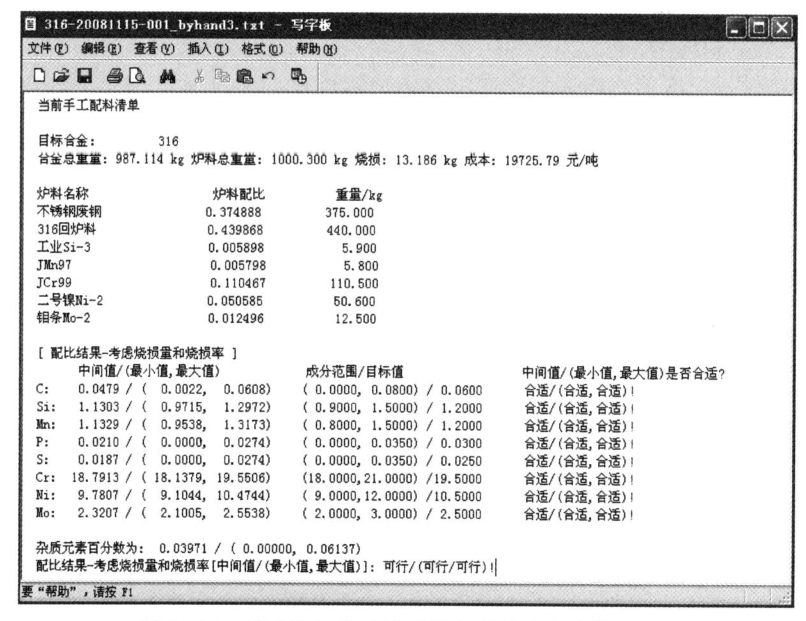

316-20081115-001_byhand3.txt - 写字板

文件(F) 编辑(E) 查看(V) 插入(I) 格式(O) 帮助(H)

当前手工配料清单

目标合金：　316

合金总重量：987.114 kg 炉料总重量：1000.300 kg 烧损：13.186 kg 成本：19725.79 元/吨

炉料名称	炉料配比	重量/kg
不锈钢废钢	0.374888	375.000
316回炉料	0.439868	440.000
工业Si-3	0.005898	5.900
JMn97	0.005798	5.800
JCr99	0.110467	110.500
二号镍Ni-2	0.050585	50.600
钼条Mo-2	0.012496	12.500

[配比结果-考虑烧损量和烧损率]

	中间值/(最小值,最大值)	成分范围/目标值	中间值/(最小值,最大值)是否合适?
C:	0.0479 / (0.0022, 0.0608)	(0.0000, 0.0800) / 0.0600	合适/(合适,合适)!
Si:	1.1303 / (0.9715, 1.2972)	(0.9000, 1.5000) / 1.2000	合适/(合适,合适)!
Mn:	1.1329 / (0.9538, 1.3173)	(0.8000, 1.5000) / 1.2000	合适/(合适,合适)!
P:	0.0210 / (0.0000, 0.0274)	(0.0000, 0.0350) / 0.0300	合适/(合适,合适)!
S:	0.0187 / (0.0000, 0.0274)	(0.0000, 0.0350) / 0.0250	合适/(合适,合适)!
Cr:	18.7913 / (18.1379, 19.5506)	(18.0000,21.0000) /19.5000	合适/(合适,合适)!
Ni:	9.7807 / (9.1044, 10.4744)	(9.0000,12.0000) /10.5000	合适/(合适,合适)!
Mo:	2.3207 / (2.1005, 2.5538)	(2.0000, 3.0000) / 2.5000	合适/(合适,合适)!

杂质元素百分数为： 0.03971 / (0.00000, 0.06137)

配比结果-考虑烧损量和烧损率[中间值/(最小值,最大值)]：可行/(可行/可行)!

要"帮助"，请按 F1

图 14-29　手动配比的结果（满足目标合金成分要求）

14.4 炉前配比

14.4.1 炉前配比的基本思路

炉前配比的基本思路是当炉前检测所得的成分没有达到目标值的时候，用户可以加入某些炉料来满足合金的成分要求。

炉前配比提供解方程组法自动配比与手动配比两种方法。炉前自动配比可以快速计算出需要的炉料类型与加入重量；炉前手动配比则可以利用计算机的快速计算的功能以及用户的经验快速实时地找到一个炉前方案。该方法具有自动与手动配比所有优点，即计算速度快且可以充分利用用户的经验。

华铸 FCS2018 允许用户保存 10 个炉前样本，并可以分别进行设定烧损率、烧损量以及配比计算。

14.4.2 炉前配比的步骤

炉前配比的基本步骤与自动配比的基本步骤一样，该方法的关键步骤如下：

1）新建配比。

2）打开配比。

3）设定合金成分。

4）设定烧损率。

5）设定烧损量。

6）设定杂质元素。

7）导入炉料。

8）设定炉前成分与重量。

9）设定炉前与炉前加入料的烧损率以及炉前烧损量。

10）设定其他参数与炉前配比。

11）炉前配比结果。

步骤 1)~7）是基本步骤 ，步骤 8)~10）是炉前配比的关键步骤。

1. 设定炉前成分与重量

图 14-30 所示是设定炉前成分之前的【炉前配比】对话框。要进行炉前配比，首先要设定炉前成分和炉前重量，图 14-30 是设定炉前成分与重量的界面。

具体方法：双击【炉前配比】对话框中的【炉前 *X*】（按钮）（*X* 为 1~10 中的任何数字）即可弹出如图 14-31 所示设定炉前成分与重量的【炉前成分】对话框。

2. 设定炉前烧损率

单击【炉前成分】对话框中的【炉前烧损率】按钮，即可设定炉前成分在随后铁液成分调整中所发生的烧损。如图 14-32 所示，用户可以根据炉前成分调整所需时间等来确定炉前成分的烧损。

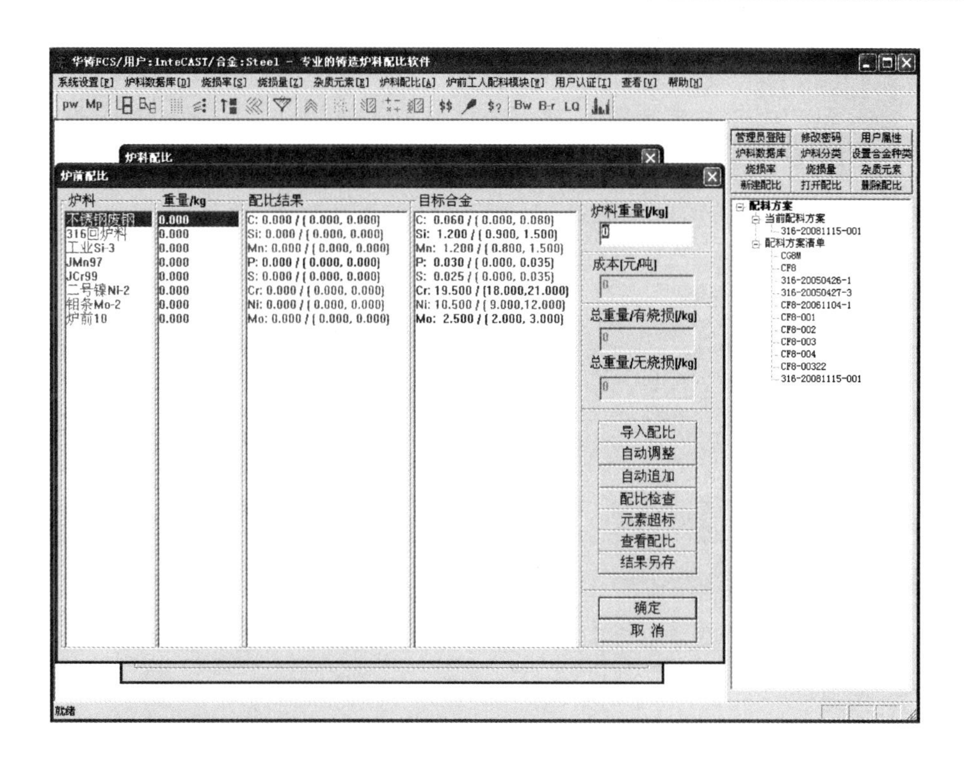

图 14-30　炉前配比（炉前成分尚未设定）

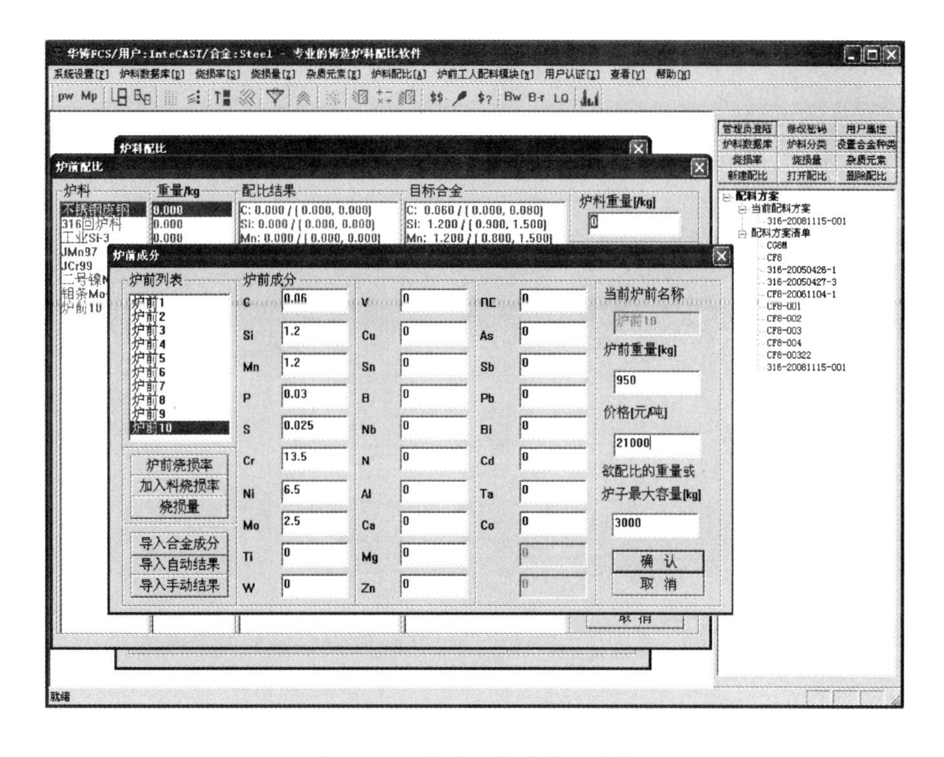

图 14-31　设定炉前成分与重量

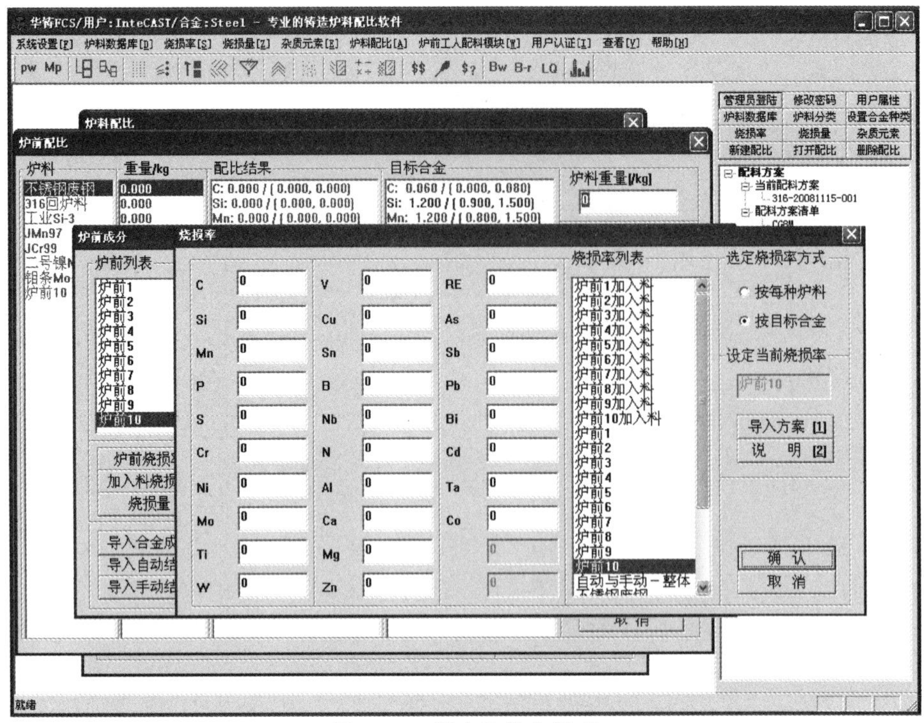

图 14-32 设定炉前烧损率

3. 设定炉前加入料烧损率

单击【炉前成分】对话框中的【加入料烧损率】按钮，即可设定炉前加入料烧损率。如图 14-33 所示，用户可以根据实际情况来确定炉前加入料的烧损。

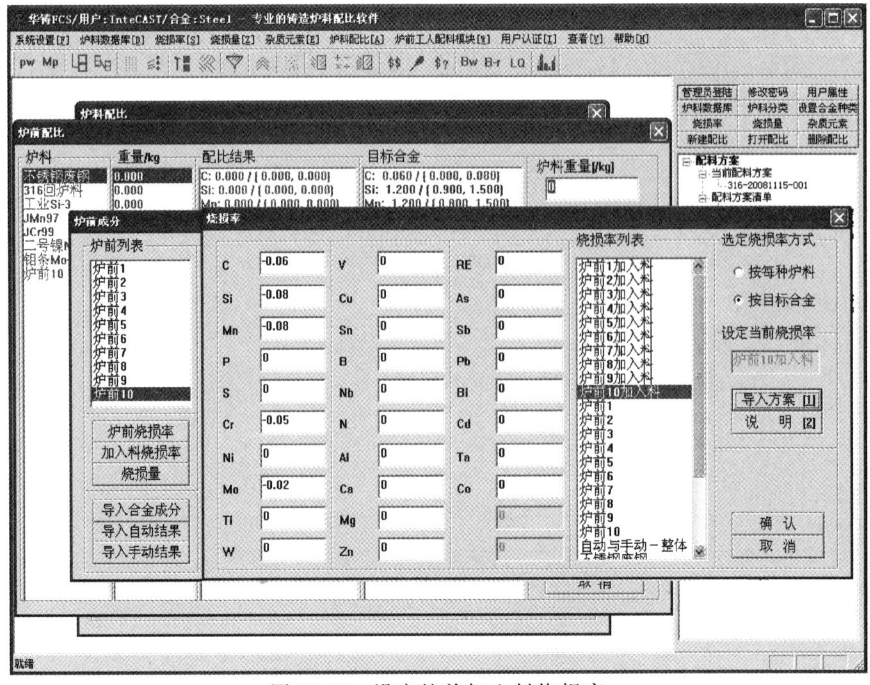

图 14-33 设定炉前加入料烧损率

4. 设定炉前烧损量

单击【炉前成分】对话框中的【烧损量】按钮，即可设定某个元素整个炉前烧损量。如图 14-34 所示，用户可以根据实际情况来调整烧损量的大小，如果考虑到烧损率，则此时这些参数可以设为 0。

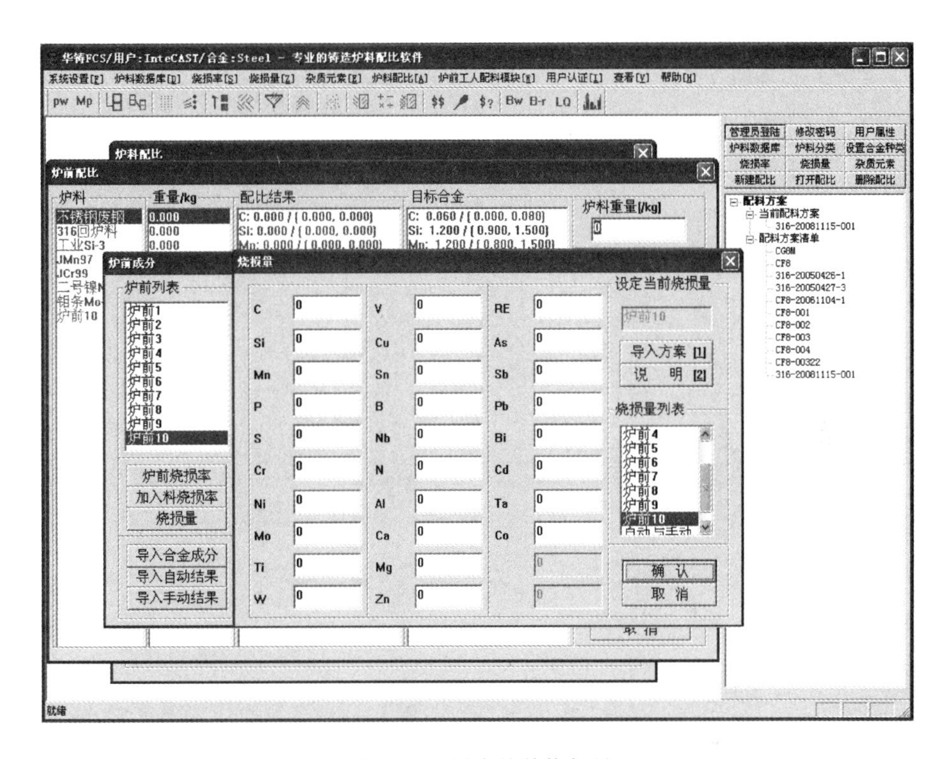

图 14-34　设定炉前烧损量

5. 炉前自动配比

炉前自动配比一般首先要根据炉前成分来确定要加入何种炉料，在炉前配比界面中双击某个炉料即可出现如图 14-35 所示对话框，选中复选按钮【炉前是否加入?】，设定好之后就利用【炉前配比】对话框中的【自动调整】按钮实现炉前加入料的自动计算，计算好的结果如图 14-36 所示。

6. 炉前手动配比

用户可以根据自动计算的结果来手动调整炉前加入料，图 14-37 所示即为炉前手动配比，此时用户只要根据炉前成分适当加入所需炉料，系统将自动实时地计算出加入后的成分，此时操作与手动配比功能基本相似，用户可以利用炉前配比界面中的【配比检查】按钮来检查配比结果是否可行，如图 14-38 所示。

7. 炉前配比结果

炉前配比也包括如下基本信息：

1）总体信息如炉料总重量、合金总重量、烧损以及成本。

2）炉料的配比比例和重量、烧损前后的合金成分以及烧损的情况。另外此时包含了炉前的重量等相关信息，详细结果如图 14-39 所示。

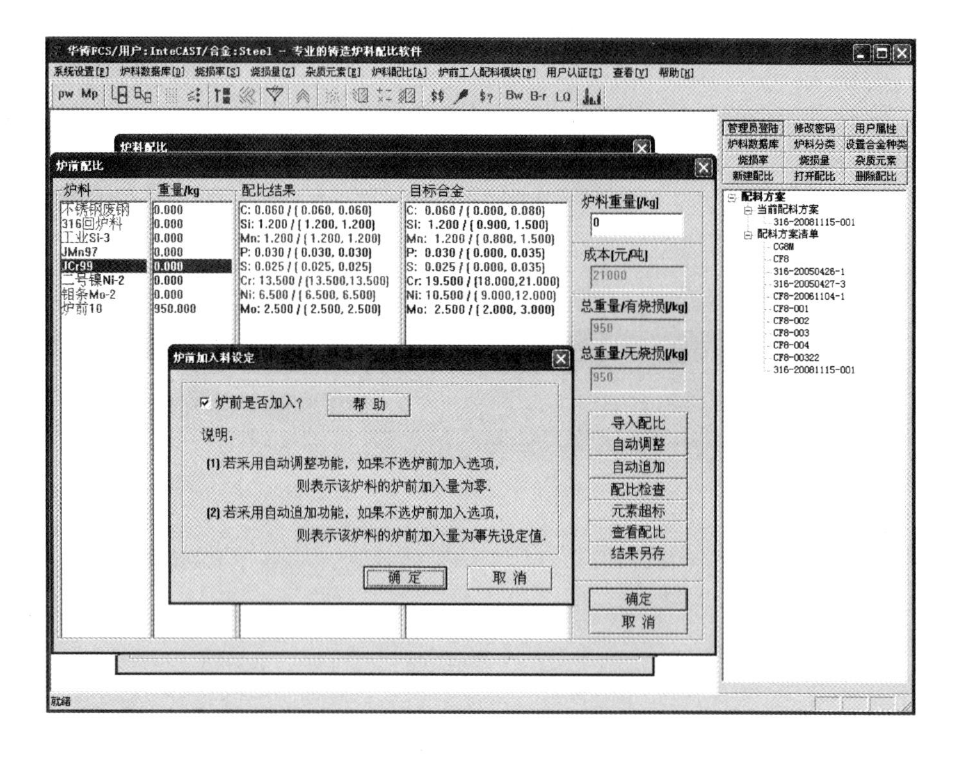

图 14-35 设定炉前加入料

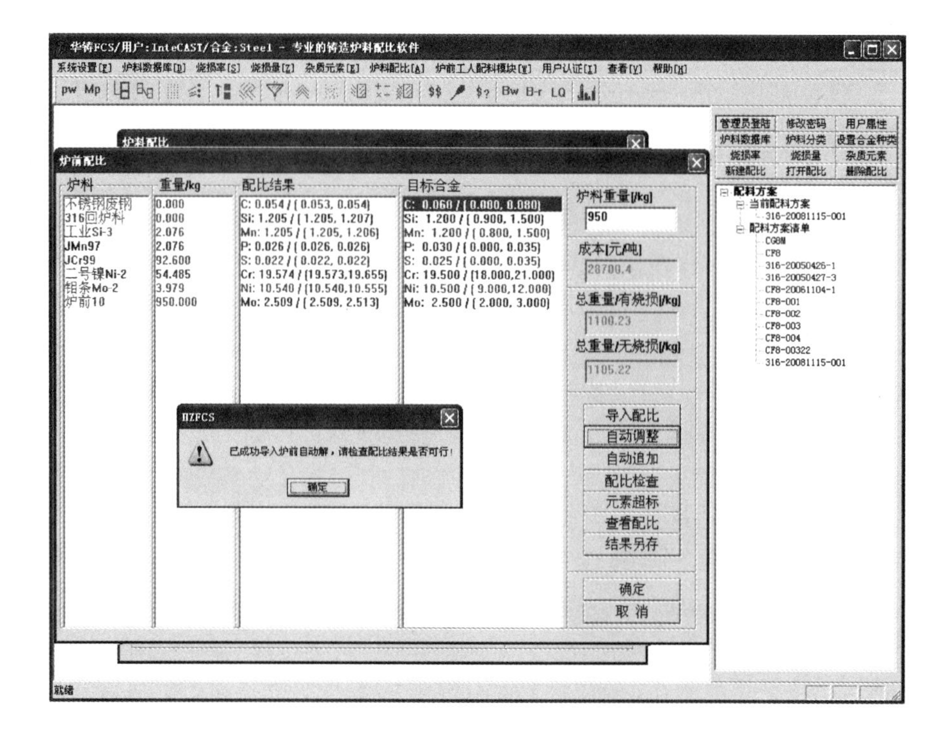

图 14-36 炉前自动配比

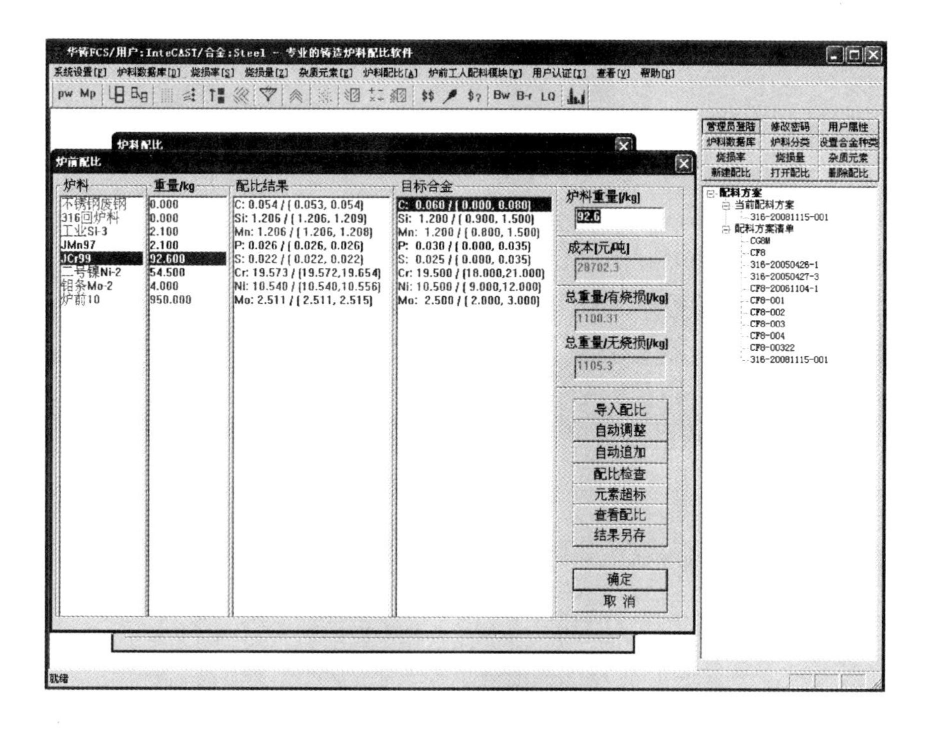

图 14-37　炉前手动配比

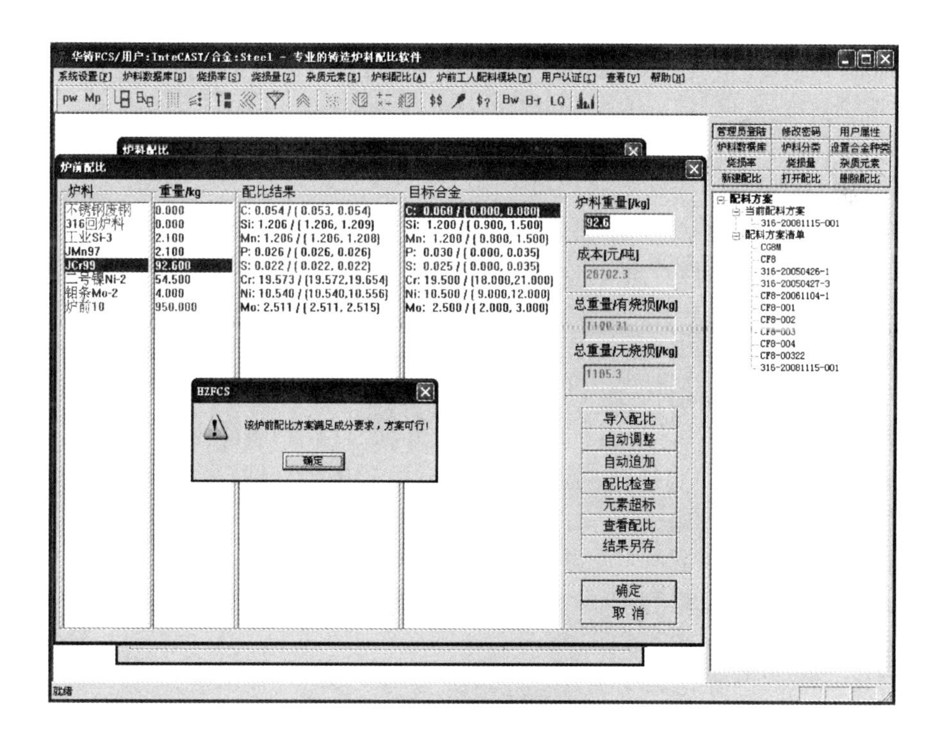

图 14-38　炉前配比结果检查

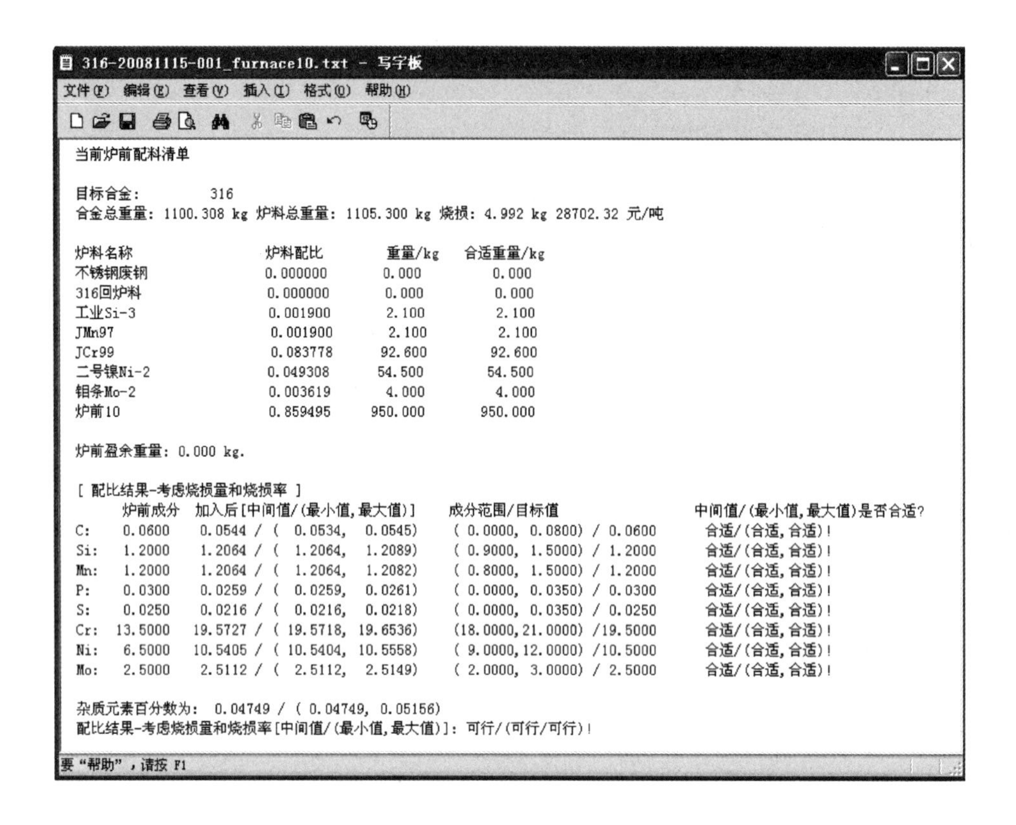

316-20081115-001_furnace10.txt - 写字板

文件(F) 编辑(E) 查看(V) 插入(I) 格式(O) 帮助(H)

当前炉前配料清单

目标合金：316

合金总重量：1100.308 kg 炉料总重量：1105.300 kg 烧损：4.992 kg 28702.32 元/吨

炉料名称	炉料配比	重量/kg	合适重量/kg
不锈钢废钢	0.000000	0.000	0.000
316回炉料	0.000000	0.000	0.000
工业Si-3	0.001900	2.100	2.100
JMn97	0.001900	2.100	2.100
JCr99	0.083778	92.600	92.600
二号镍Ni-2	0.049308	54.500	54.500
钼条Mo-2	0.003619	4.000	4.000
炉前10	0.859495	950.000	950.000

炉前盈余重量：0.000 kg.

[配比结果-考虑烧损量和烧损率]

	炉前成分	加入后[中间值/(最小值,最大值)]	成分范围/目标值	中间值/(最小值,最大值)是否合适?
C:	0.0600	0.0544 / (0.0534, 0.0545)	(0.0000, 0.0800) / 0.0600	合适/(合适,合适)!
Si:	1.2000	1.2064 / (1.2064, 1.2089)	(0.9000, 1.5000) / 1.2000	合适/(合适,合适)!
Mn:	1.2000	1.2064 / (1.2064, 1.2082)	(0.8000, 1.5000) / 1.2000	合适/(合适,合适)!
P:	0.0300	0.0259 / (0.0259, 0.0261)	(0.0000, 0.0350) / 0.0300	合适/(合适,合适)!
S:	0.0250	0.0216 / (0.0216, 0.0218)	(0.0000, 0.0350) / 0.0250	合适/(合适,合适)!
Cr:	13.5000	19.5727 / (19.5718, 19.6536)	(18.0000,21.0000) /19.5000	合适/(合适,合适)!
Ni:	6.5000	10.5405 / (10.5404, 10.5558)	(9.0000,12.0000) /10.5000	合适/(合适,合适)!
Mo:	2.5000	2.5112 / (2.5112, 2.5149)	(2.0000, 3.0000) / 2.5000	合适/(合适,合适)!

杂质元素百分数为：0.04749 / (0.04749, 0.05156)

配比结果-考虑烧损量和烧损率[中间值/(最小值,最大值)]：可行/(可行/可行)!

要"帮助"，请按 F1

图 14-39　炉前配比详细结果

14.5　炉前工人配料模块

【炉前工人配料】下拉菜单中有【保温炉牌号转换快速计算】【保温炉兑入烧损量设定】【保温炉牌号转换历史记录】以及【手动与自动相结合的炉前配料】4 个菜单项，下面将对其分别加以介绍。

14.5.1　保温炉牌号转换快速计算

单击【保温炉牌号转换快速计算】菜单项，就会弹出【保温炉浇注合金牌号转换快速计算】对话框，如图 14-40 所示。

进行保温炉牌号快速转化计算的基本步骤如下：

1）设定保温炉剩余金属液体重量。

2）设定保温炉剩余金属液体合金牌号。

3）设定要转换的目标合金牌号。

4）设定兑入过程中的烧损。

5）设定欲兑入金属液体的重量。

6）快速计算出于兑入金属液体的成分。

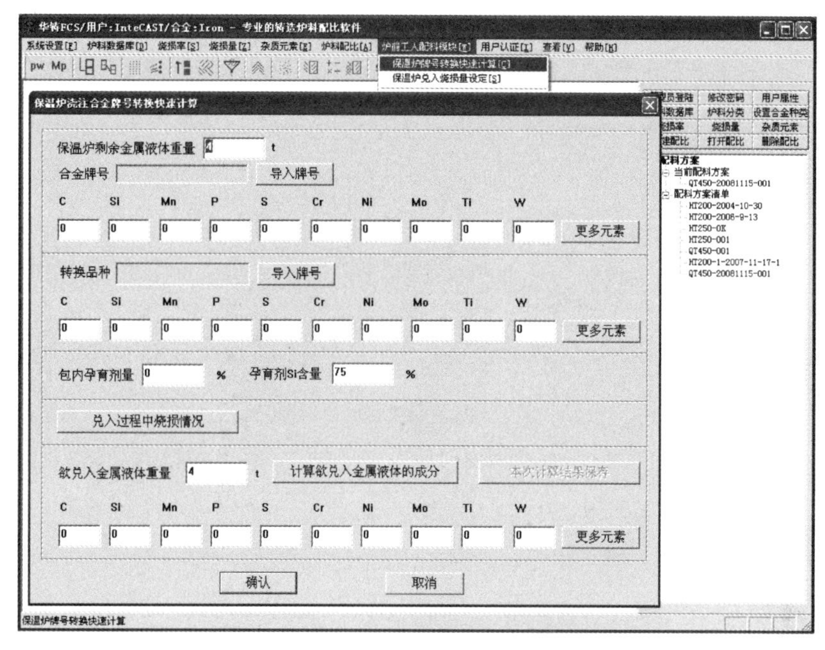

图 14-40　保温炉牌号转换操作界面

图 14-41 所示是设定好的一个牌号转换计算，转换后的结果如图 14-42 所示。

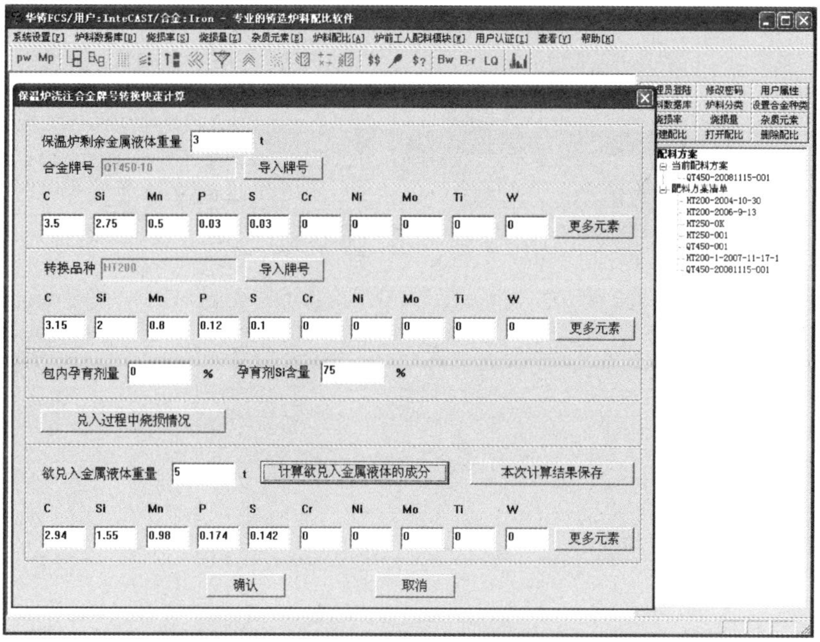

图 14-41　牌号转换示例

14.5.2　保温炉牌号转换历史记录

单击【保温炉牌号转换历史记录】菜单项后弹出【保温炉合金转换历史记录】对话框，如图 14-43 所示。双击相应历史记录即可打开并查看如图 14-42 所示的详细转换计算结果。

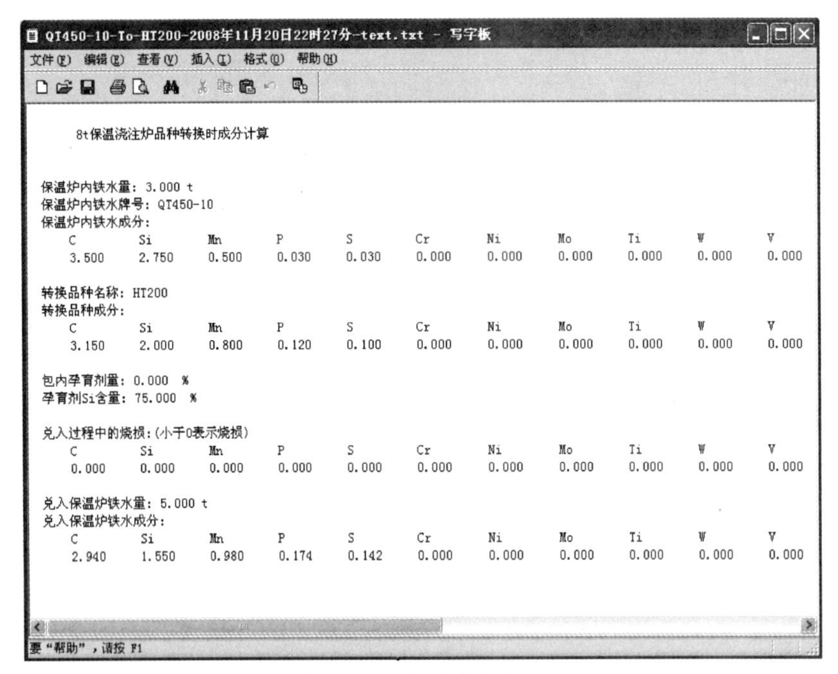
QT450-10-To-HT200-2008年11月20日22时27分-text.txt - 写字板

8t保温浇注炉品种转换时成分计算

保温炉内铁水量：3.000 t
保温炉内铁水牌号：QT450-10
保温炉内铁水成分：

C	Si	Mn	P	S	Cr	Ni	Mo	Ti	W	V
3.500	2.750	0.500	0.030	0.030	0.000	0.000	0.000	0.000	0.000	0.000

转换品种名称：HT200
转换品种成分：

C	Si	Mn	P	S	Cr	Ni	Mo	Ti	W	V
3.150	2.000	0.800	0.120	0.100	0.000	0.000	0.000	0.000	0.000	0.000

包内孕育剂量：0.000 %
孕育剂Si含量：75.000 %

兑入过程中的烧损：(小于0表示烧损)

C	Si	Mn	P	S	Cr	Ni	Mo	Ti	W	V
0.000	0.000	0.000	0.000	0.000	0.000	0.000	0.000	0.000	0.000	0.000

兑入保温炉铁水量：5.000 t
兑入保温炉铁水成分：

C	Si	Mn	P	S	Cr	Ni	Mo	Ti	W	V
2.940	1.550	0.980	0.174	0.142	0.000	0.000	0.000	0.000	0.000	0.000

要"帮助"，请按 F1

图 14-42　牌号转换结果

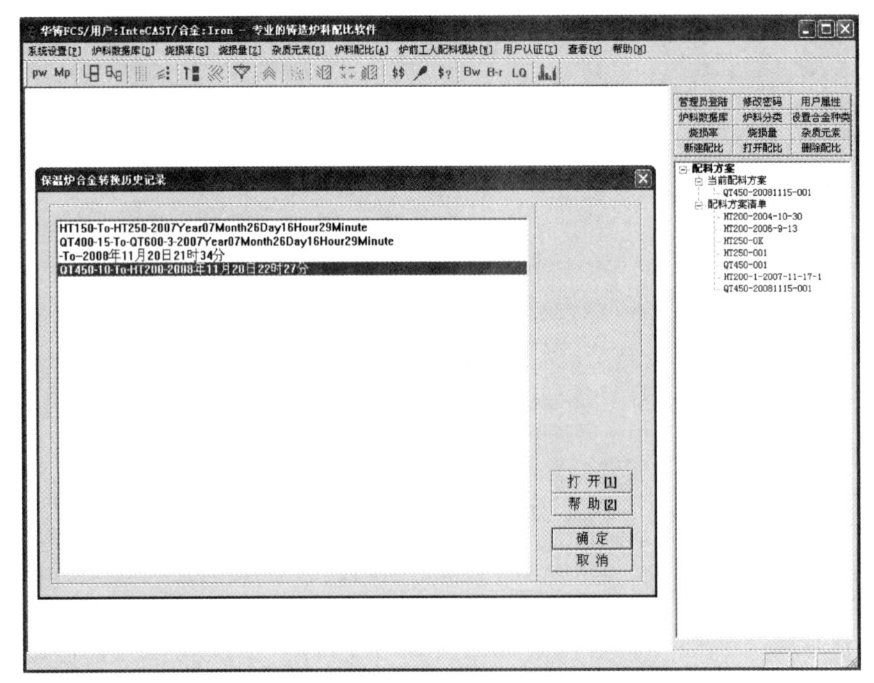

图 14-43　保温炉合金转换历史记录

14.5.3　炉前工人配料

单击菜单项【手动与自动相结合的炉前配料】后将弹出【炉前配比】对话框，如图 14-44 所示。详情见 14.4 节内容，炉前工人配料功能可以不以管理员的身份登录系统并

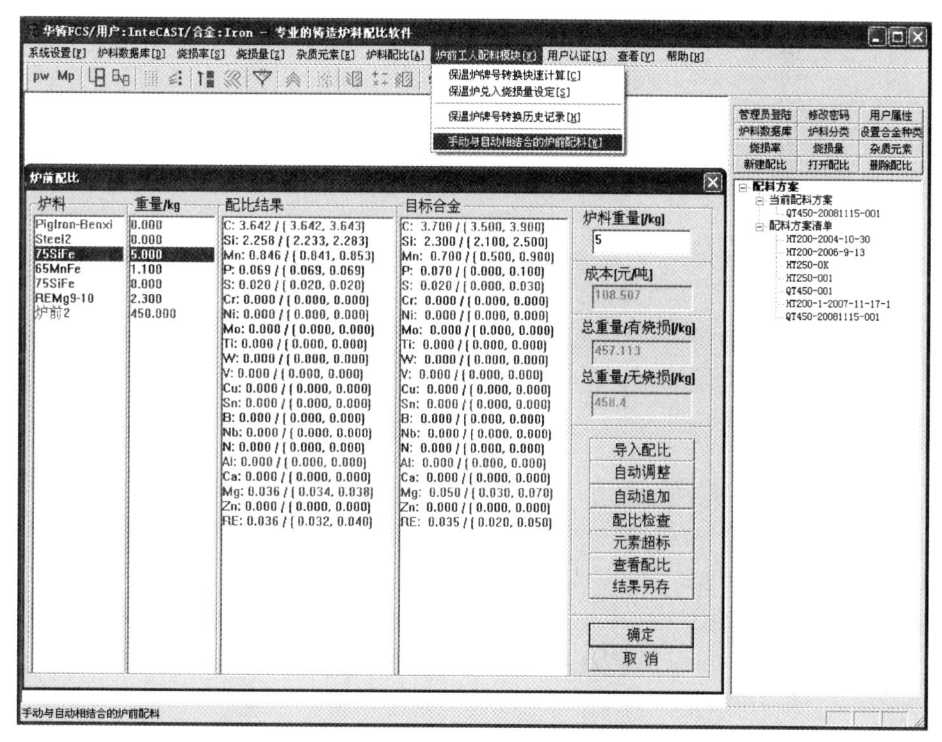

图 14-44 炉前工人配料

使用该功能，但是该身份用户没有修改用户数据库等内容的权限。

第 15 章

铸造过程炉料配比应用实例

本章给出铸钢件、球墨铸铁件、灰铸铁件、铝合金和铜合金在华铸 FCS2018 铸造炉料配比软件中的应用实例，从实例中可以看出通过铸造炉料配比软件可以准确地实现最低成本的配比。

15.1 铸钢件应用实例

某铸钢件的化学成分及所用的炉料成分见表 15-1。计算时考虑的烧损情况如下：C 烧损 6%，Si 烧损 8%，Mn 烧损 25%，Cr 烧损 5%，Mo 烧损 2%。该铸钢件的两个配料方案见表 15-2。操作步骤就是如前所说的先建立数据库，然后进行配比，铸钢件炉料配比示例如图 15-1 所示。图 15-2 所示是铸钢件炉料配比示例结果。

表 15-1 某铸钢件的化学成分及所用的炉料成分

炉料成分	化学成分(质量分数,%)							
	C	Si	Mn	S	P	Cr	Ni	Mo
CG8M 成分控制范围	<0.08 (0.06)	1.0~1.3 (1.15)	1.2~1.5 (1.35)	<0.04 (0.03)	<0.04 (0.03)	18.0~20.0 (19.0)	11.0~13.0 (12.0)	3~3.5 (3.25)
Ni 条							99~100 (99)	
Cr 铁				<0.04	<0.03	65~69 (67)		
Mo 铁				<0.1	<0.04			57~63 (60)
Si 铁		74~78 (75)	<0.4	<0.02	<0.035	<0.3		
Mn 铁		<1.0	60~67 (63)	<0.03	<0.5			
废钢	0.04	0.2	0.5	0.02	0.02			
回炉料	0.06	1.15	1.35	0.03	0.03	19.0	12.0	3.25

表 15-2 某铸钢件的两个配料方案

配料方案	配比(质量分数,%)						
	Ni 条	Cr 铁	Mo 铁	Si 铁	Mn 铁	废钢	回炉料
解方程组法	7.859	19.876	3.593	1.045	1.828	30.799	35
最小成本法	7.230	18.882	3.306	0.836	1.572	33.174	35

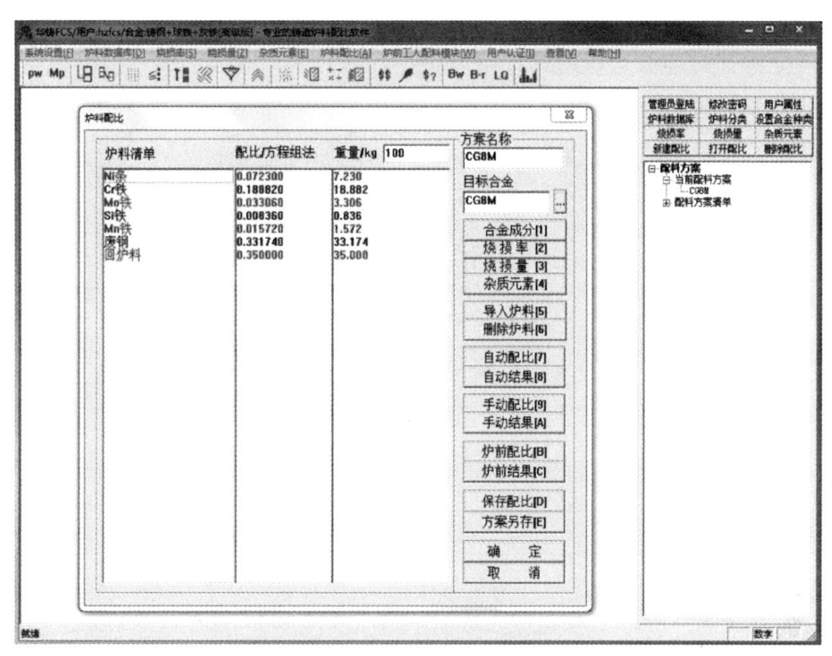

图 15-1　铸钢件炉料配比示例

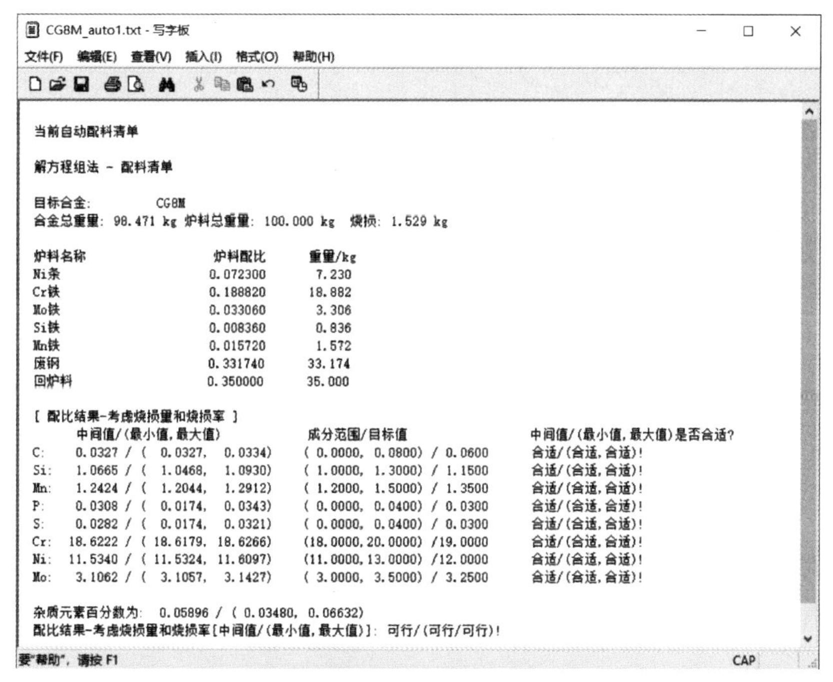

当前自动配料清单

解方程组法 - 配料清单

目标合金:　　CG8M
合金总重量: 98.471 kg 炉料总重量: 100.000 kg 烧损: 1.529 kg

炉料名称	炉料配比	重量/kg
Ni条	0.072300	7.230
Cr铁	0.188820	18.882
Mo铁	0.033060	3.306
Si铁	0.008360	0.836
Mn铁	0.015720	1.572
废钢	0.331740	33.174
回炉料	0.350000	35.000

[配比结果-考虑烧损量和烧损率]

	中间值/(最小值, 最大值)	成分范围/目标值	中间值/(最小值, 最大值)是否合适?
C:	0.0327 / (0.0327, 0.0334)	(0.0000, 0.0800) / 0.0600	合适/(合适, 合适)!
Si:	1.0665 / (1.0468, 1.0930)	(1.0000, 1.3000) / 1.1500	合适/(合适, 合适)!
Mn:	1.2424 / (1.2044, 1.2912)	(1.2000, 1.5000) / 1.3500	合适/(合适, 合适)!
P:	0.0308 / (0.0174, 0.0343)	(0.0000, 0.0400) / 0.0300	合适/(合适, 合适)!
S:	0.0282 / (0.0174, 0.0321)	(0.0000, 0.0400) / 0.0300	合适/(合适, 合适)!
Cr:	18.6222 / (18.6179, 18.6266)	(18.0000, 20.0000) /19.0000	合适/(合适, 合适)!
Ni:	11.5340 / (11.5324, 11.6097)	(11.0000, 13.0000) /12.0000	合适/(合适, 合适)!
Mo:	3.1062 / (3.1057, 3.1427)	(3.0000, 3.5000) / 3.2500	合适/(合适, 合适)!

杂质元素百分数为:　0.05896 / (0.03480, 0.06632)
配比结果-考虑烧损量和烧损率[中间值/(最小值, 最大值)]: 可行/(可行/可行)!

图 15-2　铸钢件炉料配比示例结果

15.2　灰铸铁件应用实例

某灰铸铁件的化学成分及所用的炉料成分见表 15-3。计算时考虑的烧损情况如下：C 增加 15%，Si 烧损 20%，Mn 烧损 25%，S 增加 80%，P 不变。该灰铸铁件的两个配料方案见表 15-4。操作步骤就是如前所说的先建立数据库，然后进行配比，灰铸铁件炉料配比示例如图 15-3 所示。图 15-4 所示是灰铸铁件炉料配比示例结果。

表 15-3　某灰铸铁件的化学成分及所用的炉料成分

炉料成分	化学成分(质量分数,%)				
	C	Si	Mn	S	P
HT250 成分控制范围	2.9～3.2 (3.05)	1.2～1.5 (1.35)	0.9～1.2 (1.05)	<0.12 (0.08)	<0.12 (0.08)
生铁	4.32	1.18	0.74	0.035	0.07
回炉铁	3.35	1.70	0.70	0.080	0.08
废钢	0.20	0.20	0.50	0.020	0.02
75 硅铁		75			
65 锰铁			65		

表 15-4　某灰铸铁件的两个配料方案

配料方案	配比(质量分数,%)				
	生铁	回炉铁	废钢	75 硅铁	65 锰铁
解方程组法	29.735	39.070	29.207	0.818	1.169
最小成本法	24.478	41.805	32.128	0.655	0.936

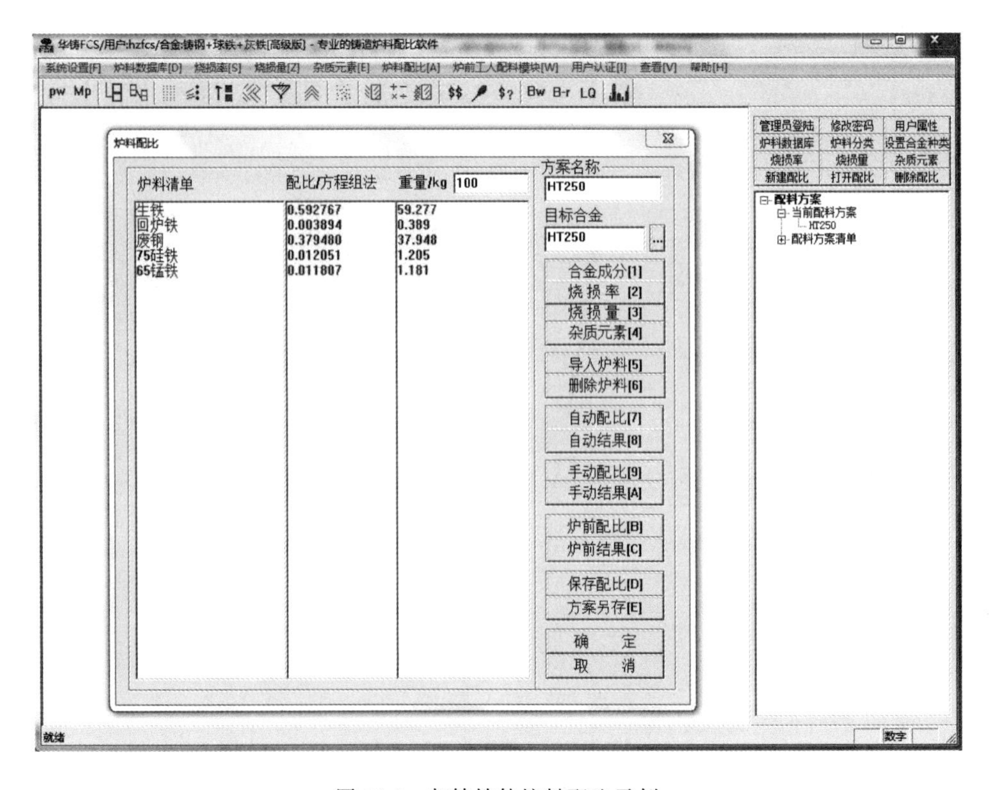

图 15-3　灰铸铁件炉料配比示例

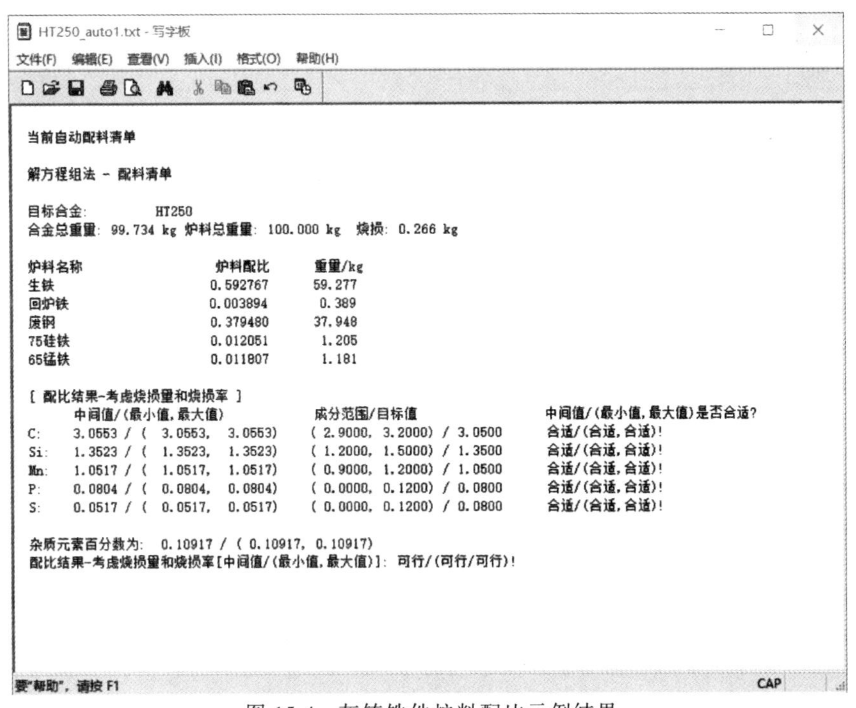

图 15-4　灰铸铁件炉料配比示例结果

15.3　球墨铸铁件应用实例

某球墨铸铁件的化学成分及所用的炉料成分见表 15-5。计算时考虑的烧损情况如下：C 增加 2.5%，Si 烧损 18%，Mn 烧损 26%，P 不变，S 增加 80%，Mg 烧损 65%，RE 烧损 65%。该球墨铸铁件的两个配料方案见表 15-6。操作步骤就是如前所说的先建立数据库，然后进行配比，球墨铸铁件炉料配比示例如图 15-5 所示。图 15-6 所示是球墨铸铁件炉料配比示例结果。

表 15-5　某球墨铸铁件的化学成分及所用的炉料成分

炉料成分	化学成分(质量分数,%)						
	C	Si	Mn	S	P	Mg	RE
QT500-7 成分控制范围	3.7~4.0 (3.85)	2.4~2.6 (2.5)	0.6~0.7 (0.65)	<0.03 (0.02)	<0.1 (0.07)	0.03~0.05 (0.04)	0.025~0.04 (0.032)
Z14 生铁	4.0~4.2 (4.1)	1.3~1.5 (1.4)	0.6~0.7 (0.65)	0.02			
回炉铁	3.7~3.9 (3.8)	2.5~2.6 (2.5)	0.60	0.015	0.05~0.06 (0.055)	0.03~0.05 (0.04)	0.025~0.04 (0.032)
废钢	0.2	0.3	0.5	0.01	0.01		
75 硅铁		75					
65 锰铁			65				
REMg9-10		44				9~10	8~10

表 15-6　某球墨铸铁件的两个配料方案

配料方案	配比(质量分数,%)					
	Z14 生铁	回炉铁	废钢	75 硅铁	65 锰铁	REMg9-10
解方程组法	59.031	35	3.368	1.210	0.412	0.979
最小成本法	58.925	35	3.705	1.186	0.342	0.842

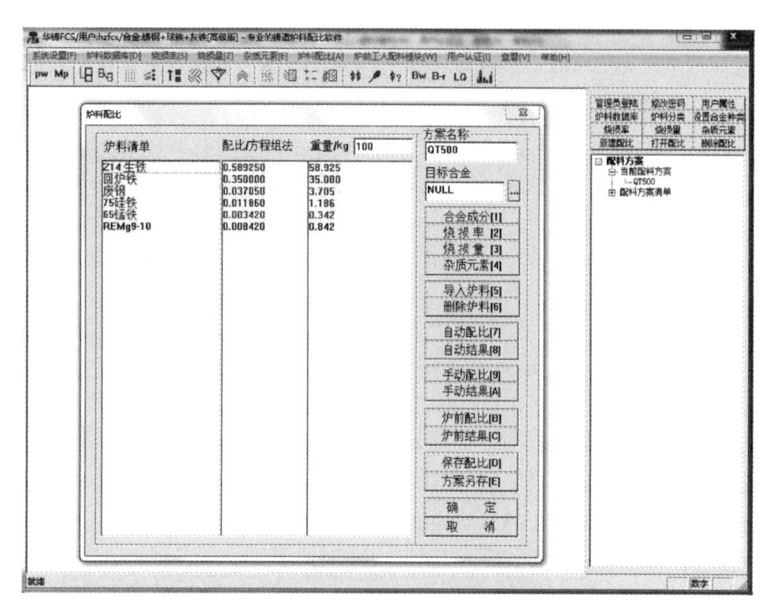

图 15-5　球墨铸铁件炉料配比示例

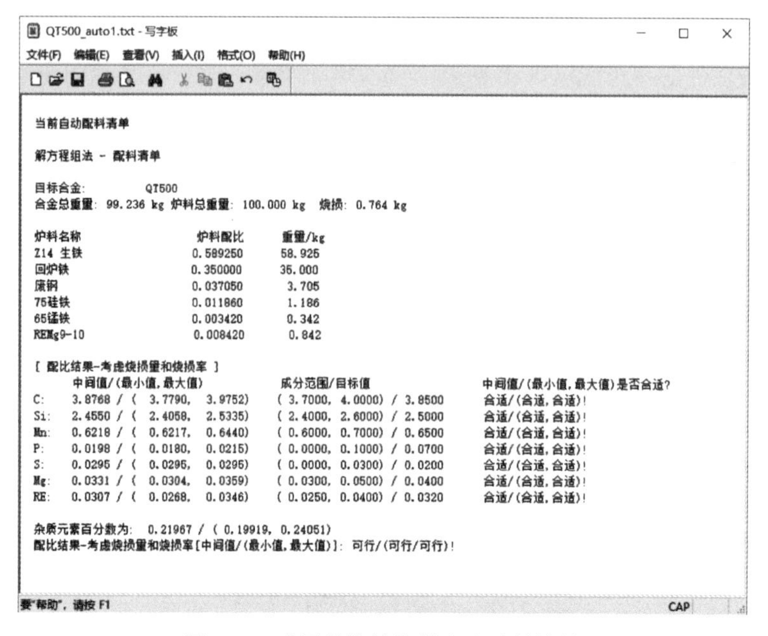

QT500_auto1.txt - 写字板

当前自动配料清单

解方程组法 - 配料清单

目标合金:　　QT500
合金总重量: 99.236 kg 炉料总重量: 100.000 kg 烧损: 0.764 kg

炉料名称	炉料配比	重量/kg
Z14 生铁	0.589250	58.925
回炉铁	0.350000	35.000
废钢	0.037050	3.705
75硅铁	0.011860	1.186
65锰铁	0.003420	0.342
REMg9-10	0.008420	0.842

[配比结果-考虑烧损量和烧损率]

	中间值/(最小值,最大值)	成分范围/目标值	中间值/(最小值,最大值)是否合适?
C:	3.8768 / (3.7790, 3.9752)	(3.7000, 4.0000) / 3.8500	合适/(合适,合适)!
Si:	2.4550 / (2.4058, 2.5335)	(2.4000, 2.6000) / 2.5000	合适/(合适,合适)!
Mn:	0.6218 / (0.6217, 0.6440)	(0.6000, 0.7000) / 0.6500	合适/(合适,合适)!
P:	0.0198 / (0.0180, 0.0215)	(0.0000, 0.1000) / 0.0700	合适/(合适,合适)!
S:	0.0295 / (0.0295, 0.0295)	(0.0000, 0.0300) / 0.0200	合适/(合适,合适)!
Mg:	0.0331 / (0.0304, 0.0359)	(0.0300, 0.0500) / 0.0400	合适/(合适,合适)!
RE:	0.0307 / (0.0268, 0.0346)	(0.0250, 0.0400) / 0.0320	合适/(合适,合适)!

杂质元素百分数为: 0.21967 / (0.19919, 0.24051)
配比结果-考虑烧损量和烧损率[中间值/(最小值,最大值)]: 可行/(可行/可行)!

图 15-6　球墨铸铁件炉料配比示例结果

15.4 铝合金铸件应用实例

某铝合金铸件的化学成分及所用的炉料成分见表 15-7。计算时考虑的烧损情况如下：Al 烧损 1.5%，Si 烧损 0.5%，Cu 烧损 0.5%。该铝合金铸件的两个配料方案见表 15-8。操作步骤就是如前所说的先建立数据库，然后进行配比，铝合金铸件炉料配比示例如图 15-7 所示。图 15-8 所示是铝合金铸件炉料配比示例结果。

表 15-7 某铝合金铸件的化学成分及所用的炉料成分

炉料成分	化学成分(质量分数,%)		
	Al	Si	Cu
Al86 成分控制范围	84.5~87.0	9.0~11.0	0.9~1.2(1.05)
Si-2		98	0.74
Cu-CATH-2			99.95~100(99.95)
Al99.6	99.6		

表 15-8 某铝合金铸件的两个配料方案

配料方案	配比(质量分数,%)		
	Al99.6	Cu-CATH-2	Si-2
解方程组法	86.3	4.5	10.2
最小成本法	85.8	3.5	10.7

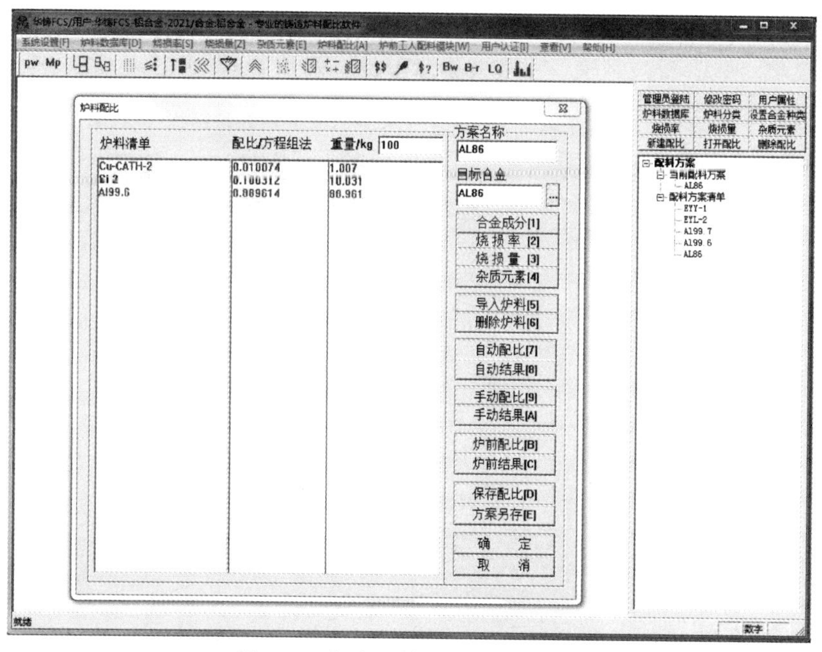

图 15-7 铝合金铸件炉料配比示例

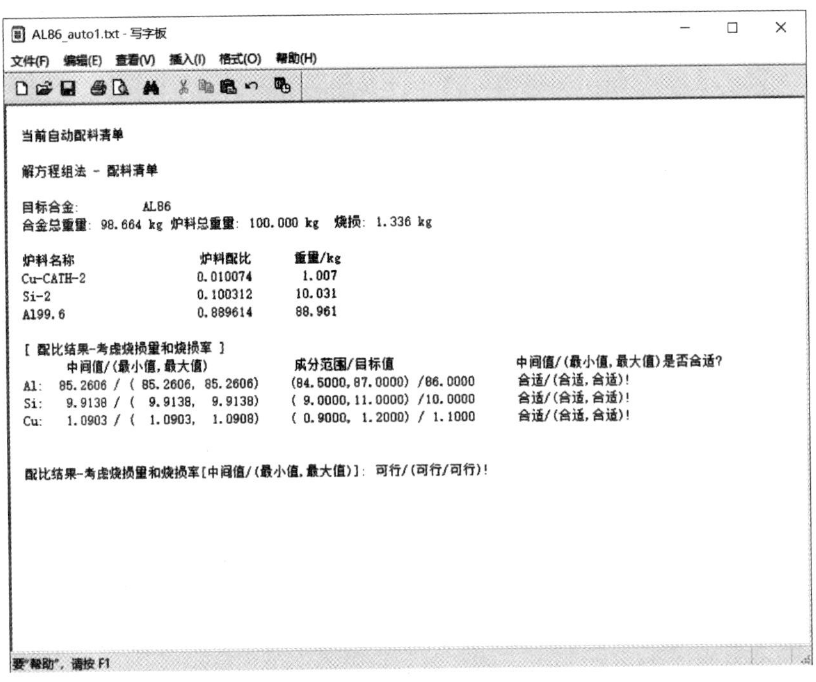

图 15-8　铝合金铸件炉料配比示例结果

15.5　铜合金铸件应用实例

某铜合金铸件的化学成分及所用的炉料成分见表 15-9。该铜合金铸件的两个配料方案见表 15-10。步骤就是如前所说的先建立数据库，然后进行配比，铜合金铸件炉料配比示例如图 15-9 所示，图 15-10 所示是铜合金铸件炉料配比示例结果。

表 15-9　某铜合金铸件的化学成分及所用的炉料成分

炉料成分	化学成分(质量分数,%)				
	Cu	Zn	Al	Mn	Si
Cu58 成分控制范围	57.5~58.5	38.5~39.5	0.25~0.75	1.75~2.25	0.25~0.75
Cu99.7	99.7				
Zn99.95		99.95			
FeSi75-B					75
FeMn82C1.0				82	
Al99.6			99.6		

表 15-10　某铜合金铸件的两个配料方案

配料方案	配比(质量分数,%)				
	Cu99.7	Zn99.95	FeSi75-B	FeMn82C1.0	Al99.6
解方程组法	57.828	38.593	0.663	2.412	0.504
最小成本法	58.717	37.782	0.628	2.375	0.498

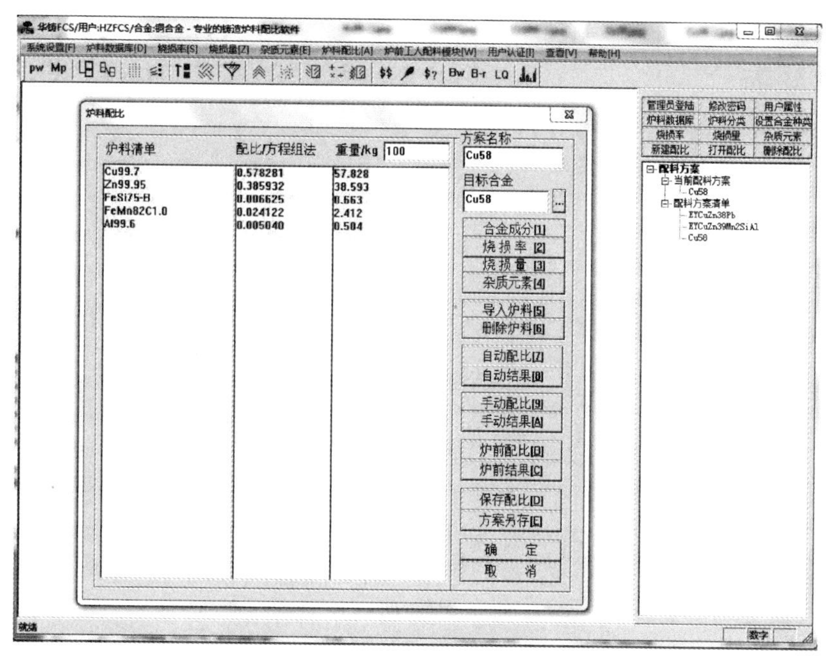

图 15-9　铜合金铸件炉料配比示例

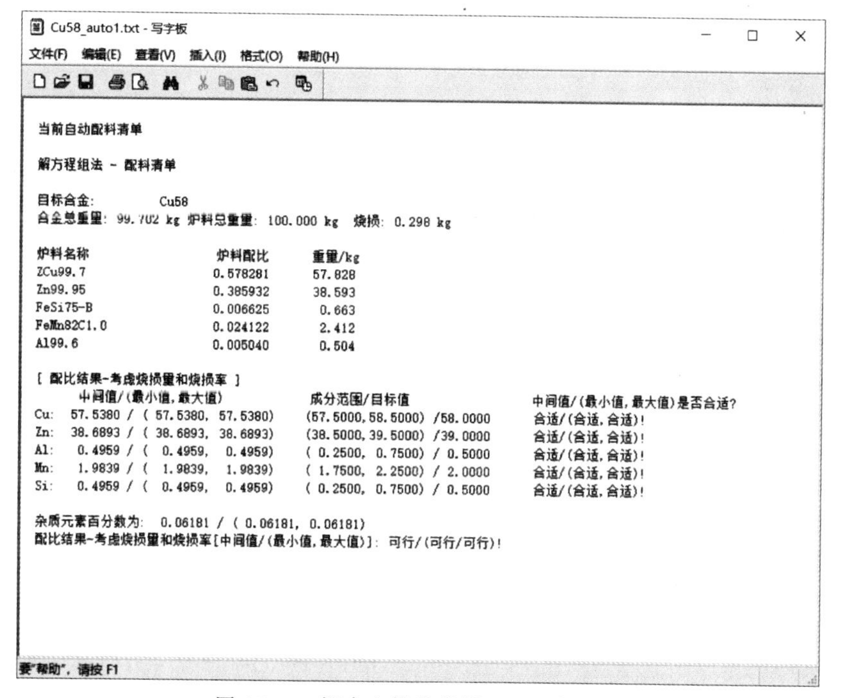
Cu58_auto1.txt - 写字板

文件(F)　编辑(E)　查看(V)　插入(I)　格式(O)　帮助(H)

当前自动配料清单

解方程组法 - 配料清单

目标合金:　　　Cu58
合金总重量: 99.702 kg　炉料总重量: 100.000 kg　烧损: 0.298 kg

炉料名称	炉料配比	重量/kg
ZCu99.7	0.578281	57.828
Zn99.95	0.385932	38.593
FeSi75-B	0.006625	0.663
FeMn82C1.0	0.024122	2.412
Al99.6	0.005040	0.504

[配比结果-考虑烧损量和烧损率]

	中间值/(最小值,最大值)	成分范围/目标值	中间值/(最小值,最大值)是否合适?
Cu:	57.5380 / (57.5380, 57.5380)	(57.5000, 58.5000) /58.0000	合适/(合适,合适)!
Zn:	38.6893 / (38.6893, 38.6893)	(38.5000, 39.5000) /39.0000	合适/(合适,合适)!
Al:	0.4959 / (0.4959, 0.4959)	(0.2500, 0.7500) / 0.5000	合适/(合适,合适)!
Mn:	1.9839 / (1.9839, 1.9839)	(1.7500, 2.2500) / 2.0000	合适/(合适,合适)!
Si:	0.4959 / (0.4959, 0.4959)	(0.2500, 0.7500) / 0.5000	合适/(合适,合适)!

杂质元素百分数为: 0.06181 / (0.06181, 0.06181)
配比结果-考虑烧损量和烧损率[中间值/(最小值,最大值)]: 可行/(可行/可行)!

要"帮助", 请按 F1

图 15-10　铜合金铸件炉料配比示例结果

第 16 章

模具钢炉料配比应用实例

本章给出系列模具钢华铸 FCS 铸造炉料配比软件的应用例子，从实例中可以看出通过铸造炉料配比软件可以实现准确最低成本的配比。

16.1 刃具模具用非合金钢应用实例

某刃具模具用非合金钢的化学成分及所用的炉料成分见表 16-1。计算时考虑的烧损情况如下：C 烧损 6%，Si 烧损 8%，Mn 烧损 25%。该刃具模具用非合金钢的两个配料方案见表 16-2。步骤就是如前所说的先建立数据库，然后进行配比，刃具模具用非合金钢炉料配比示例如图 16-1 所示，图 16-2 所示是刃具模具用非合金钢炉料配比示例结果。

表 16-1　某刃具模具用非合金钢的化学成分及所用的炉料成分

炉料成分	化学成分(质量分数,%)				
	C	Si	Mn	S	P
T00070 成分控制范围	0.65~0.74	<0.35	<0.40	<0.04	<0.04
Si 铁		44			
高碳废钢	0.9	0.3	0.5	0.02	0.02
低碳废钢	0.25	0.3	0.4	0.02	0.02

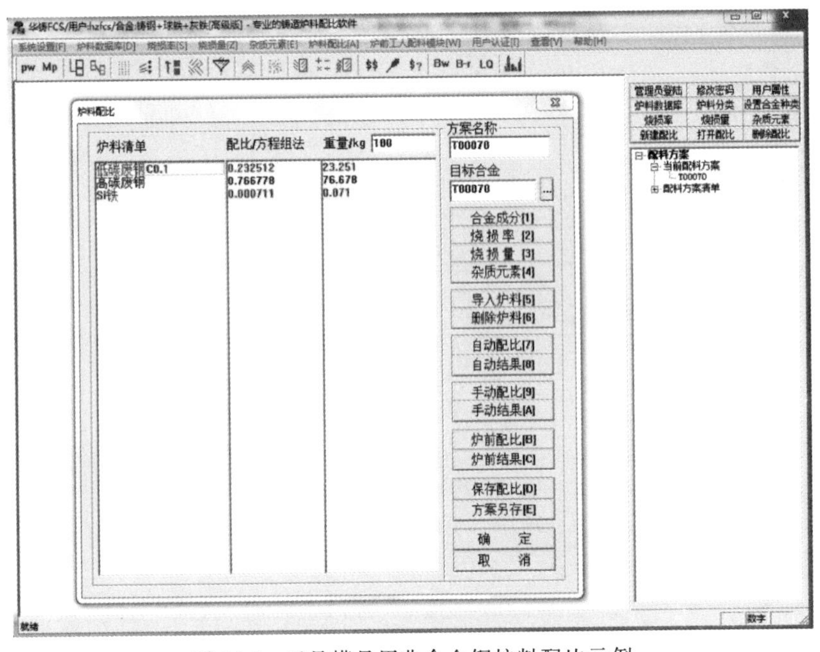

图 16-1　刃具模具用非合金钢炉料配比示例

表 16-2　某刃具模具用非合金钢的两个配料方案

配料方案	配比(质量分数,%)		
	Si 铁	高碳废钢	低碳废钢
解方程组法	0.061	76.154	23.785
最小成本法	0.072	82.124	17.804

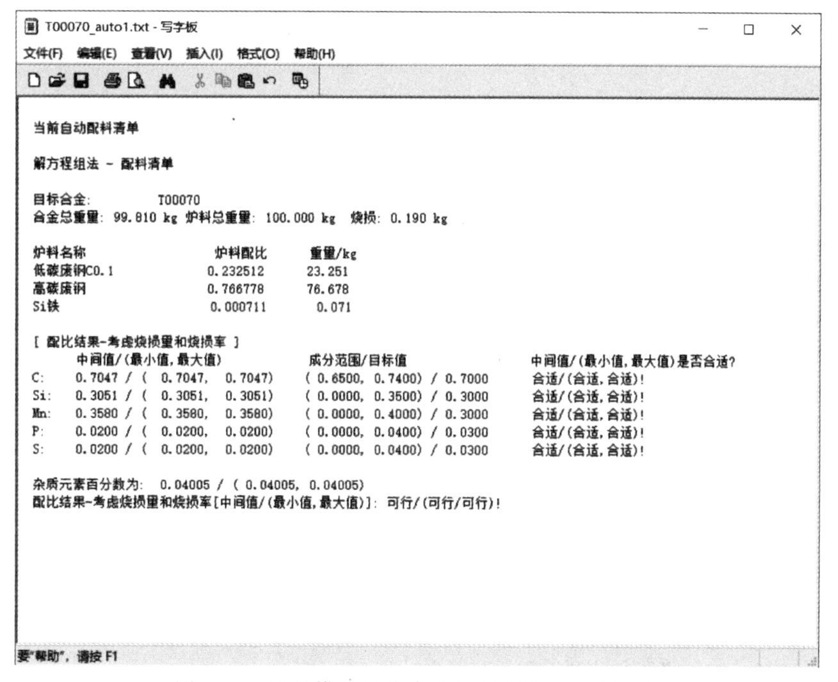
T00070_auto1.txt - 写字板

文件(F)　编辑(E)　查看(V)　插入(I)　格式(O)　帮助(H)

```
当前自动配料清单

解方程组法 - 配料清单

目标合金:          T00070
合金总重量: 99.810 kg 炉料总重量: 100.000 kg  烧损: 0.190 kg

炉料名称                  炉料配比      重量/kg
低碳废钢C0.1              0.232512      23.251
高碳废钢                  0.766778      76.678
Si铁                      0.000711       0.071

[ 配比结果-考虑烧损量和烧损率 ]
     中间值/(最小值,最大值)             成分范围/目标值                  中间值/(最小值,最大值)是否合适?
C:   0.7047 / ( 0.7047,  0.7047)   ( 0.6500, 0.7400) / 0.7000     合适/(合适,合适)!
Si:  0.3051 / ( 0.3051,  0.3051)   ( 0.0000, 0.3500) / 0.3000     合适/(合适,合适)!
Mn:  0.3580 / ( 0.3580,  0.3580)   ( 0.0000, 0.4000) / 0.3000     合适/(合适,合适)!
P:   0.0200 / ( 0.0200,  0.0200)   ( 0.0000, 0.0400) / 0.0300     合适/(合适,合适)!
S:   0.0200 / ( 0.0200,  0.0200)   ( 0.0000, 0.0400) / 0.0300     合适/(合适,合适)!

杂质元素百分数为:  0.04005 / ( 0.04005, 0.04005)
配比结果-考虑烧损量和烧损率[中间值/(最小值,最大值)]: 可行/(可行/可行)!
```

要"帮助",请按 F1

图 16-2　刃具模具用非合金钢炉料配比示例结果

16.2　量具刃具用钢应用实例

某量具刃具用钢化学成分及所用的炉料成分见表 16-3。计算时考虑的烧损情况如下：C 烧损 6%，Si 烧损 8%，Mn 烧损 25%，Cr 烧损 5%。该量具刃具用钢的两个配料方案见表 16-4。步骤就是如前所说的先建立数据库，然后进行配比，量具刃具用钢炉料配比示例如图 16-3 所示，图 16-4 所示是量具刃具用钢炉料配比示例结果。

表 16-3　某量具刃具用钢化学成分及所用的炉料成分

炉料成分	化学成分(质量分数,%)					
	C	Si	Mn	S	P	Cr
T31219 成分控制范围	0.85~0.95	1.2~1.6	0.3~0.6	<0.04	<0.04	18.0~20.0
Cr 铁				<0.04	<0.03	67.0
Si 铁		76.0	<0.4	<0.02	<0.035	<0.3
高碳废钢	0.93	0.3	0.6	0.02	0.02	0.4
回炉料	0.9	1.4	0.45	0.03	0.03	1.1

表 16-4　某量具刃具用钢的两个配料方案

配料方案	配比(质量分数,%)			
	Cr 铁	Si 铁	高碳废钢	回炉料
解方程组法	0.994	1.417	87.589	10.000
最小成本法	0.825	1.219	89.956	8.000

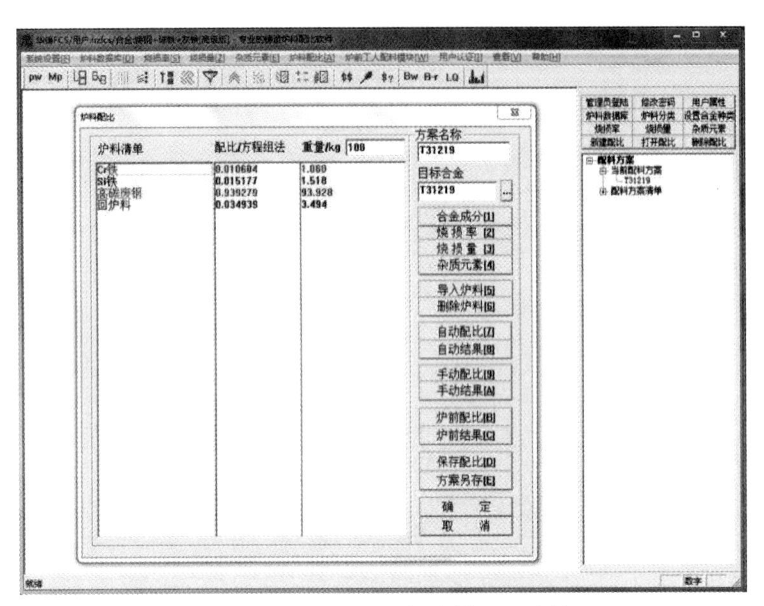

图 16-3　量具刃具用钢炉料配比示例

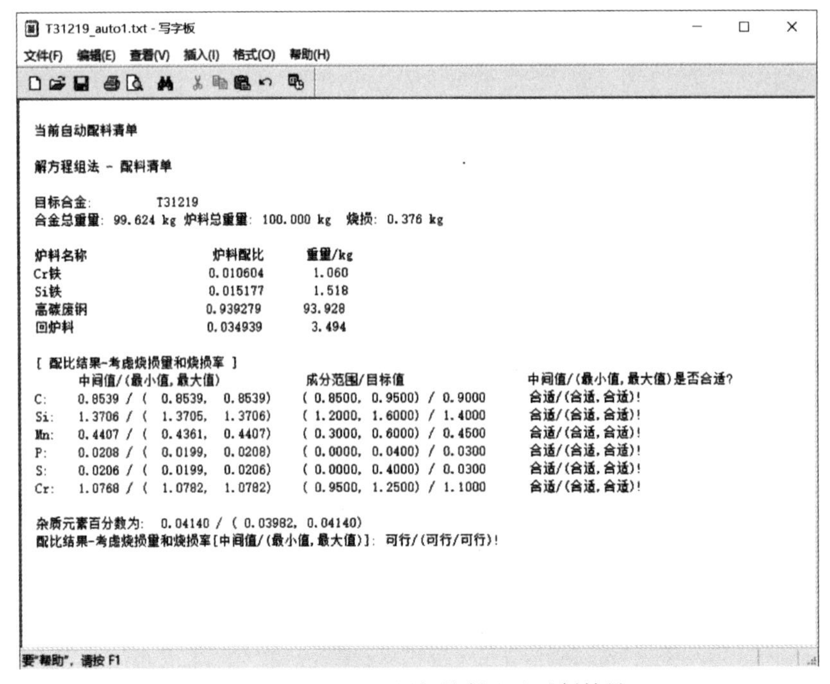

T31219_auto1.txt - 写字板

文件(F)　编辑(E)　查看(V)　插入(I)　格式(O)　帮助(H)

当前自动配料清单

解方程组法 - 配料清单

目标合金:　　T31219
合金总重量: 99.624 kg 炉料总重量: 100.000 kg　烧损: 0.376 kg

炉料名称	炉料配比	重量/kg
Cr铁	0.010604	1.060
Si铁	0.015177	1.518
高碳废钢	0.939279	93.928
回炉料	0.034939	3.494

[配比结果-考虑烧损量和烧损率]

	中间值/(最小值,最大值)	成分范围/目标值	中间值/(最小值,最大值)是否合适?
C:	0.8539 / (0.8539, 0.8539)	(0.8500, 0.9500) / 0.9000	合适/(合适,合适)!
Si:	1.3706 / (1.3705, 1.3706)	(1.2000, 1.6000) / 1.4000	合适/(合适,合适)!
Mn:	0.4407 / (0.4361, 0.4407)	(0.3000, 0.6000) / 0.4500	合适/(合适,合适)!
P:	0.0208 / (0.0199, 0.0208)	(0.0000, 0.0400) / 0.0300	合适/(合适,合适)!
S:	0.0206 / (0.0199, 0.0206)	(0.0000, 0.4000) / 0.0300	合适/(合适,合适)!
Cr:	1.0768 / (1.0782, 1.0782)	(0.9500, 1.2500) / 1.1000	合适/(合适,合适)!

杂质元素百分数为:　0.04140 / (0.03982, 0.04140)
配比结果-考虑烧损量和烧损率[中间值/(最小值,最大值)]: 可行/(可行/可行)!

要"帮助", 请按 F1

图 16-4　量具刃具用钢炉料配比示例结果

16.3 耐冲击工具用钢应用实例

某耐冲击工具用钢化学成分及所用的炉料成分见表 16-5。计算时考虑的烧损情况如下：C 烧损 6%，Si 烧损 8%，Mn 烧损 25%，Cr 烧损 5%。该耐冲击工具用钢的两个配料方案见表 16-6。步骤就是如前所说的先建立数据库，然后进行配比，耐冲击工具用钢炉料配比示例如图 16-5 所示，图 16-6 所示是耐冲击工具用钢炉料配比示例结果。

表 16-5 某耐冲击工具用钢化学成分及所用的炉料成分

炉料成分	化学成分(质量分数,%)						
	C	Si	Mn	S	P	Cr	W
T40294 成分控制范围	0.35~0.45	0.8~1.0	<0.4	<0.04	<0.04	1.0~1.3	2.0~2.5
W80 铁							80.0
Cr 铁	0.1	1.5				60.0	
Si 铁		44.0					
中碳废钢	0.425	0.3	0.4	0.02	0.02	0.4	

表 16-6 某耐冲击工具用钢的两个配料方案

配料方案	配比(质量分数,%)			
	W80 铁	Cr 铁	Si 铁	中碳废钢
解方程组法	2.900	1.592	1.888	93.620
最小成本法	3.103	1.274	1.510	94.113

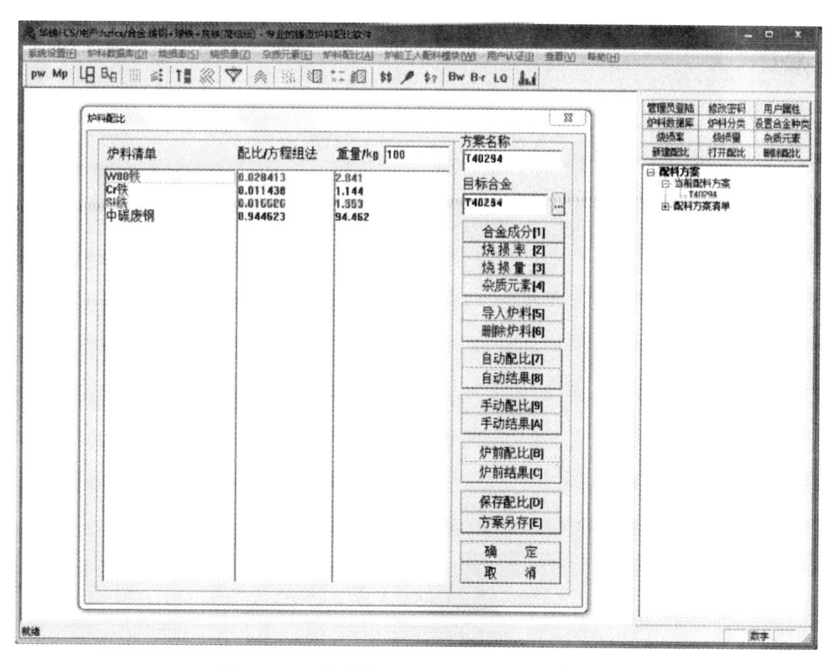

图 16-5 耐冲击工具用钢炉料配比示例

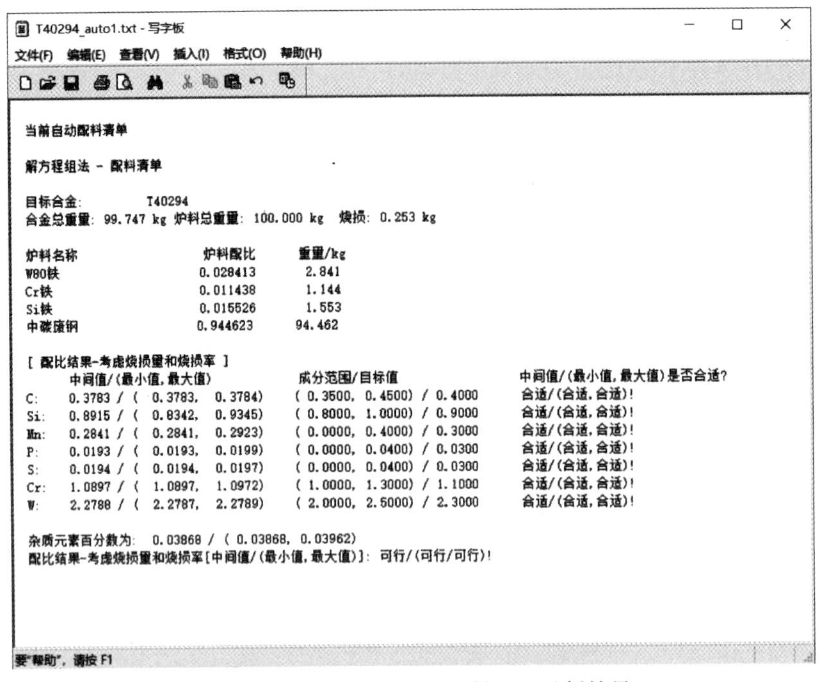
T40294_auto1.txt - 写字板

文件(F) 编辑(E) 查看(V) 插入(I) 格式(O) 帮助(H)

当前自动配料清单

解方程组法 - 配料清单

目标合金: T40294
合金总重量: 99.747 kg 炉料总重量: 100.000 kg 烧损: 0.253 kg

炉料名称	炉料配比	重量/kg
W80铁	0.028413	2.841
Cr铁	0.011438	1.144
Si铁	0.015526	1.553
中碳废钢	0.944623	94.462

[配比结果-考虑烧损量和烧损率]

	中间值/(最小值,最大值)	成分范围/目标值	中间值/(最小值,最大值)是否合适?
C:	0.3783 / (0.3783, 0.3784)	(0.3500, 0.4500) / 0.4000	合适/(合适,合适)!
Si:	0.8915 / (0.8342, 0.9345)	(0.8000, 1.0000) / 0.9000	合适/(合适,合适)!
Mn:	0.2841 / (0.2841, 0.2923)	(0.0000, 0.4000) / 0.3000	合适/(合适,合适)!
P:	0.0193 / (0.0193, 0.0199)	(0.0000, 0.0400) / 0.0300	合适/(合适,合适)!
S:	0.0194 / (0.0194, 0.0197)	(0.0000, 0.0400) / 0.0300	合适/(合适,合适)!
Cr:	1.0897 / (1.0897, 1.0972)	(1.0000, 1.3000) / 1.1000	合适/(合适,合适)!
W:	2.2788 / (2.2787, 2.2789)	(2.0000, 2.5000) / 2.3000	合适/(合适,合适)!

杂质元素百分数为: 0.03868 / (0.03868, 0.03962)
配比结果-考虑烧损量和烧损率[中间值/(最小值,最大值)]: 可行/(可行/可行)!

要"帮助",请按 F1

图 16-6　耐冲击工具用钢炉料配比示例结果

16.4　轧辊用钢应用实例

某轧辊用钢化学成分及所用的炉料成分见表 16-7。计算时考虑的烧损情况如下：C 烧损 6%，Si 烧损 8%，Mn 烧损 25%，Cr 烧损 5%。该轧辊用钢的两个配料方案见表 16-8。步骤就是如前所说的先建立数据库，然后进行配比，轧辊用钢炉料配比示例如图 16-7 所示，图 16-8 所示是轧辊用钢炉料配比示例结果。

表 16-7　某轧辊用钢化学成分及所用的炉料成分

炉料成分	化学成分(质量分数,%)						
	C	Si	Mn	S	P	Cr	V
T42239 成分控制范围	0.85~0.95	0.2~0.4	0.2~0.45	<0.04	<0.04	1.4~1.7	0.1~0.25
V60 铁							60.0
Cr 铁	0.1	1.5				60.0	
高碳废钢	0.85	0.3	0.6	0.02	0.02	0.4	
焦炭粉	80						
废钢	0.04	0.2	0.5	0.02	0.02		
回炉料	0.9	0.3	0.3	0.03	0.03	1.55	

表 16-8　某轧辊用钢的两个配料方案

配料方案	配比(质量分数,%)					
	V60 铁	Cr 铁	高碳废钢	焦炭粉	废钢	回炉料
解方程组法	0.240	2.190	2.096	0.909	74.565	20.000
最小成本法	0.264	2.015	1.974	1.000	77.547	17.200

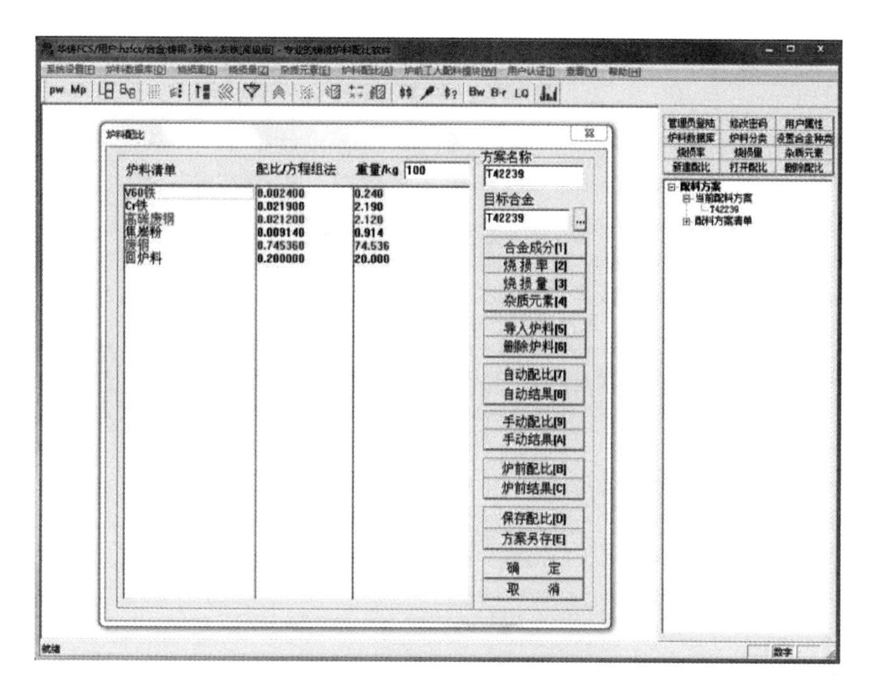

图 16-7　轧辊用钢炉料配比示例

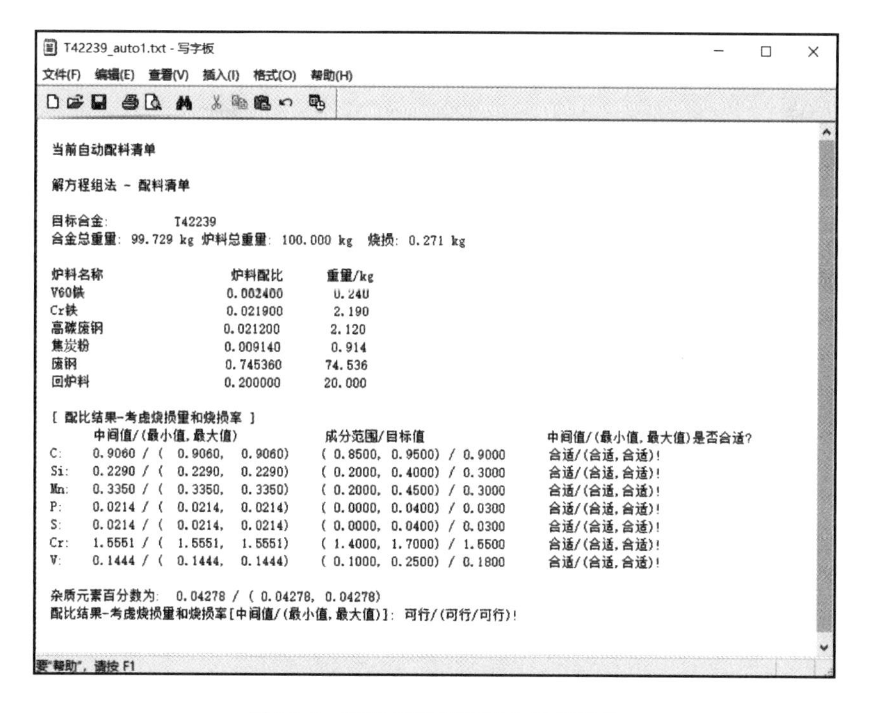

T42239_auto1.txt - 写字板

文件(F)　编辑(E)　查看(V)　插入(I)　格式(O)　帮助(H)

当前自动配料清单

解方程组法 - 配料清单

目标合金:　　T42239
合金总重量: 99.729 kg 炉料总重量: 100.000 kg 烧损: 0.271 kg

炉料名称	炉料配比	重量/kg
V60铁	0.002400	0.240
Cr铁	0.021900	2.190
高碳废钢	0.021200	2.120
焦炭粉	0.009140	0.914
废钢	0.745360	74.536
回炉料	0.200000	20.000

[配比结果-考虑烧损量和烧损率]

	中间值/(最小值,最大值)	成分范围/目标值	中间值/(最小值,最大值)是否合适?
C:	0.9060 / (0.9060, 0.9060)	(0.8500, 0.9500) / 0.9000	合适/(合适,合适)!
Si:	0.2290 / (0.2290, 0.2290)	(0.2000, 0.4000) / 0.3000	合适/(合适,合适)!
Mn:	0.3350 / (0.3350, 0.3350)	(0.2000, 0.4500) / 0.3000	合适/(合适,合适)!
P:	0.0214 / (0.0214, 0.0214)	(0.0000, 0.0400) / 0.0300	合适/(合适,合适)!
S:	0.0214 / (0.0214, 0.0214)	(0.0000, 0.0400) / 0.0300	合适/(合适,合适)!
Cr:	1.5551 / (1.5551, 1.5551)	(1.4000, 1.7000) / 1.6500	合适/(合适,合适)!
V:	0.1444 / (0.1444, 0.1444)	(0.1000, 0.2500) / 0.1800	合适/(合适,合适)!

杂质元素百分数为:　0.04278 / (0.04278, 0.04278)
配比结果-考虑烧损量和烧损率[中间值/(最小值,最大值)]: 可行/(可行/可行)!

要"帮助", 请按 F1

图 16-8　轧辊用钢炉料配比示例结果

16.5 冷作模具钢应用实例

某冷作模具钢化学成分及所用的炉料成分见表 16-9。计算时考虑的烧损情况如下：C 烧损 6%，Si 烧损 8%，Mn 烧损 25%。该冷作模具钢的两个配料方案见表 16-10。步骤就是如前所说的先建立数据库，然后进行配比，冷作模具钢炉料配比示例如图 16-9 所示，图 16-10 所示是冷作模具钢炉料配比示例结果。

表 16-9 某冷作模具钢化学成分及所用的炉料成分

炉料成分	化学成分(质量分数,%)					
	C	Si	Mn	S	P	V
T20019 成分控制范围	0.85~0.95	<0.4	1.7~2.0	<0.04	<0.04	0.1~0.25
V60 铁						60.0
高碳废钢	1.0	0.3	0.6	0.02	0.02	
Mn 铁	7.0	1.0	58.0			
焦炭粉	80.0					
废钢	0.04	0.2	0.5	0.02	0.02	
回炉料	0.9	0.3	1.85	0.03	0.03	0.18

表 16-10 某冷作模具钢的两个配料方案

配料方案	配比(质量分数,%)					
	V60 铁	高碳废钢	Mn 铁	焦炭粉	废钢	回炉料
解方程组法	0.236	2.193	2.898	0.638	74.035	20.000
最小成本法	0.259	2.176	2.666	0.702	76.997	17.200

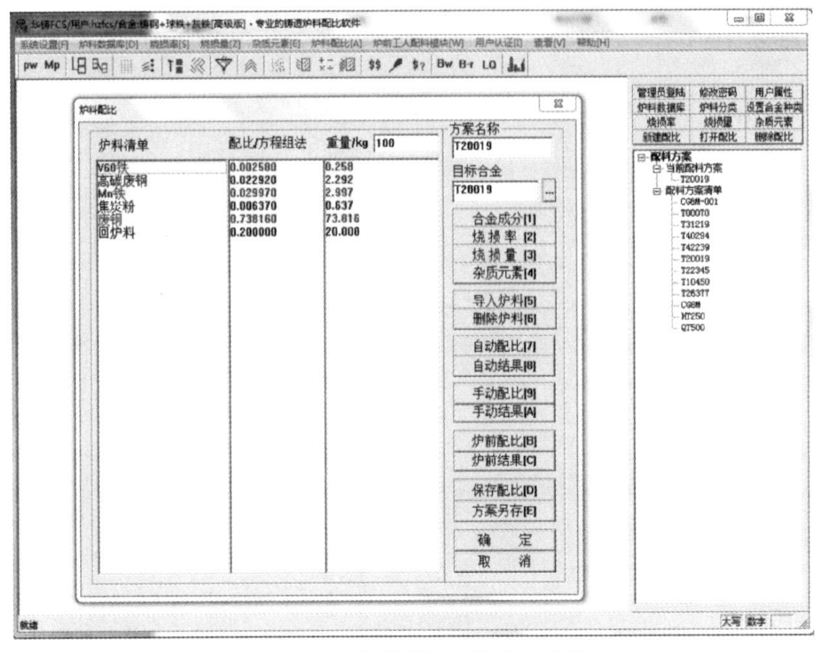

图 16-9 冷作模具钢炉料配比示例

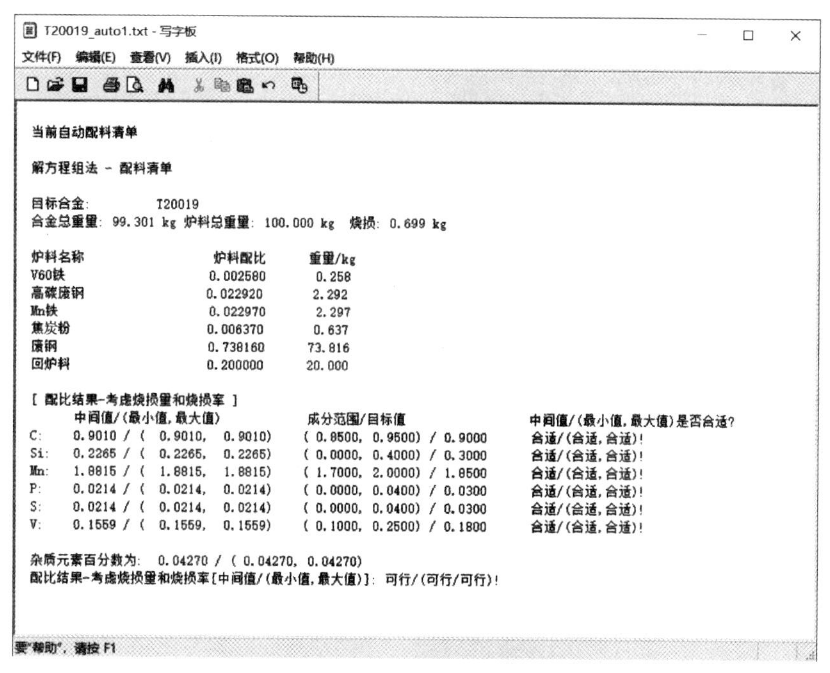

T20019_auto1.txt - 写字板

文件(F) 编辑(E) 查看(V) 插入(I) 格式(O) 帮助(H)

当前自动配料清单

解方程组法 - 配料清单

目标合金: T20019
合金总重量: 99.301 kg 炉料总重量: 100.000 kg 烧损: 0.699 kg

炉料名称	炉料配比	重量/kg
V60铁	0.002580	0.258
高碳废钢	0.022920	2.292
Mn铁	0.022970	2.297
焦炭粉	0.006370	0.637
废钢	0.738160	73.816
回炉料	0.200000	20.000

[配比结果-考虑烧损量和烧损率]

	中间值/(最小值, 最大值)	成分范围/目标值	中间值/(最小值, 最大值)是否合适?
C:	0.9010 / (0.9010, 0.9010)	(0.8500, 0.9500) / 0.9000	合适/(合适, 合适)!
Si:	0.2265 / (0.2265, 0.2265)	(0.0000, 0.4000) / 0.3000	合适/(合适, 合适)!
Mn:	1.8815 / (1.8815, 1.8815)	(1.7000, 2.0000) / 1.8500	合适/(合适, 合适)!
P:	0.0214 / (0.0214, 0.0214)	(0.0000, 0.0400) / 0.0300	合适/(合适, 合适)!
S:	0.0214 / (0.0214, 0.0214)	(0.0000, 0.0400) / 0.0300	合适/(合适, 合适)!
V:	0.1559 / (0.1559, 0.1559)	(0.1000, 0.2500) / 0.1800	合适/(合适, 合适)!

杂质元素百分数为: 0.04270 / (0.04270, 0.04270)
配比结果-考虑烧损量和烧损率[中间值/(最小值, 最大值)]: 可行/(可行/可行)!

要"帮助", 请按 F1

图 16-10　冷作模具钢炉料配比示例结果

16.6　热作模具钢应用实例

某热作模具钢化学成分及所用的炉料成分见表 6-11。计算时考虑的烧损情况如下：C 烧损 6%，Si 烧损 8%，Mn 烧损 25%，Cr 烧损 5%，Mo 烧损 2%。该热作模具钢的两个配料方案见表 16-12。步骤就是如前所说的先建立数据库，然后进行配比，热作模具钢炉料配比示例如图 16-11 所示，图 16-12 所示是热作模具钢炉料配比示例结果。

表 16-11　某热作模具钢化学成分及所用的炉料成分

炉料成分	化学成分(质量分数,%)						
	C	Si	Mn	S	P	Cr	Mo
T22345 成分控制范围	0.5~0.6	0.25~0.6	1.2~1.6	<0.04	<0.04	0.6~0.9	0.15~0.3
Mo 铁	0.2	1.0		0.08	0.1		55.0
Cr 铁	0.1	1.5				60.0	
Si 铁		76.0					
Mn 铁			99.5				
低碳废钢	0.25	0.3	0.6	0.02	0.02	0.4	
高碳废钢	0.9	0.3	0.6	0.02	0.02	0.4	

表 16-12　某热作模具钢的两个配料方案

配料方案	配比(质量分数,%)					
	Mo 铁	Cr 铁	Si 铁	Mn 铁	低碳废钢	高碳废钢
解方程组法	0.461	0.766	0.287	1.100	38.408	58.978
最小成本法	0.369	0.659	0.230	1.111	38.791	58.840

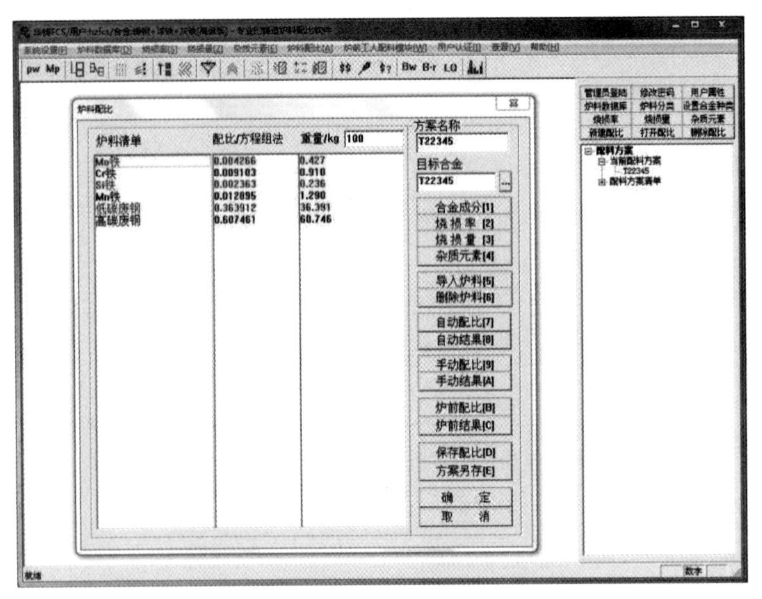

图 16-11　热作模具钢炉料配比示例

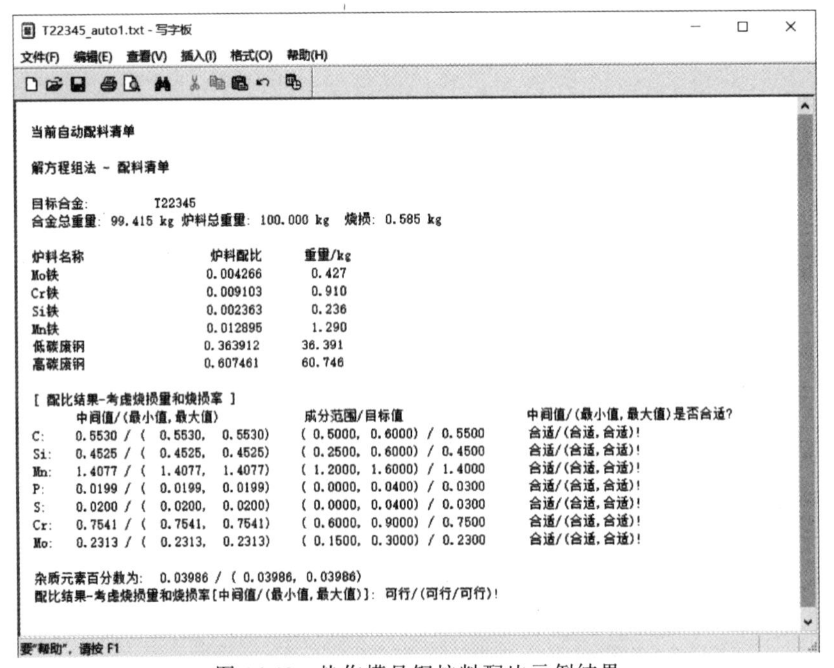
T22345_auto1.txt - 写字板

文件(F)　编辑(E)　查看(V)　插入(I)　格式(O)　帮助(H)

当前自动配料清单

解方程组法 - 配料清单

目标合金:　　T22345
合金总重量: 99.415 kg　炉料总重量: 100.000 kg　烧损: 0.585 kg

炉料名称	炉料配比	重量/kg
Mo铁	0.004266	0.427
Cr铁	0.009103	0.910
Si铁	0.002363	0.236
Mn铁	0.012895	1.290
低碳废钢	0.363912	36.391
高碳废钢	0.607461	60.746

[配比结果-考虑烧损量和烧损率]

	中间值/(最小值,最大值)	成分范围/目标值	中间值/(最小值,最大值)是否合适?
C:	0.5530 / (0.5530, 0.5530)	(0.5000, 0.6000) / 0.5500	合适/(合适,合适)!
Si:	0.4525 / (0.4525, 0.4525)	(0.2500, 0.6000) / 0.4500	合适/(合适,合适)!
Mn:	1.4077 / (1.4077, 1.4077)	(1.2000, 1.6000) / 1.4000	合适/(合适,合适)!
P:	0.0199 / (0.0199, 0.0199)	(0.0000, 0.0400) / 0.0300	合适/(合适,合适)!
S:	0.0200 / (0.0200, 0.0200)	(0.0000, 0.0400) / 0.0300	合适/(合适,合适)!
Cr:	0.7541 / (0.7541, 0.7541)	(0.6000, 0.9000) / 0.7500	合适/(合适,合适)!
Mo:	0.2313 / (0.2313, 0.2313)	(0.1500, 0.3000) / 0.2300	合适/(合适,合适)!

杂质元素百分数为:　0.03986 / (0.03986, 0.03986)
配比结果-考虑烧损量和烧损率[中间值/(最小值,最大值)]: 可行/(可行/可行)!

要"帮助", 请按 F1

图 16-12　热作模具钢炉料配比示例结果

16.7　塑料模具用钢应用实例

某塑料模具用钢化学成分及所用的炉料成分见表 16-13。计算时考虑的烧损情况如下：C 烧损 6%，Si 烧损 8%，Mn 烧损 25%。该塑料模具用钢的两个配料方案见表 16-14。步骤就是如前所说的先建立数据库，然后进行配比，塑料模具用钢炉料配比示例如图 16-13 所示，图 16-14 所示是塑料模具用钢炉料配比示例结果。

表 16-13　某塑料模具用钢化学成分及所用的炉料成分

炉料成分	化学成分(质量分数,%)				
	C	Si	Mn	S	P
T10450 成分控制范围	0.42~0.48	0.17~0.37	0.5~0.8	<0.04	<0.04
高碳废钢	0.9	0.3	0.6	0.02	0.02
Mn 铁	7.0	1.0	58.0		
中碳废钢	0.43	0.3	0.6	0.02	0.02
回炉料	0.45	0.27	0.65	0.03	0.03

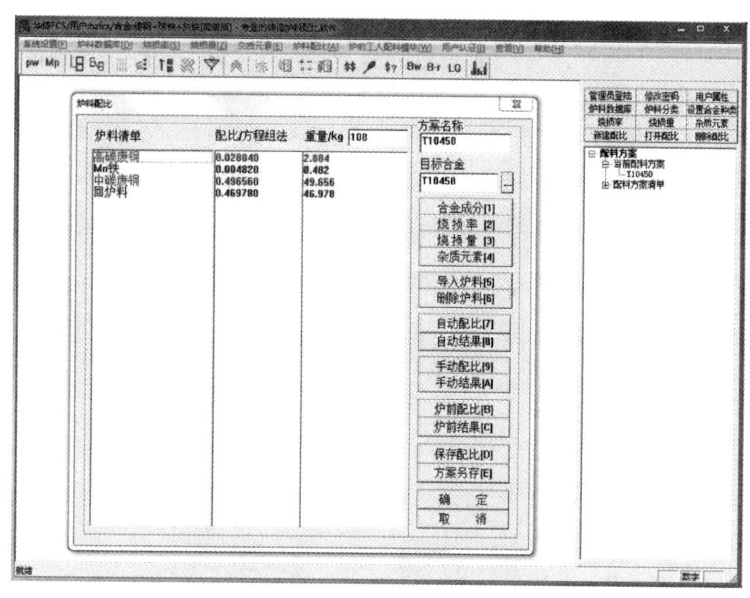

图 16-13　塑料模具用钢炉料配比示例

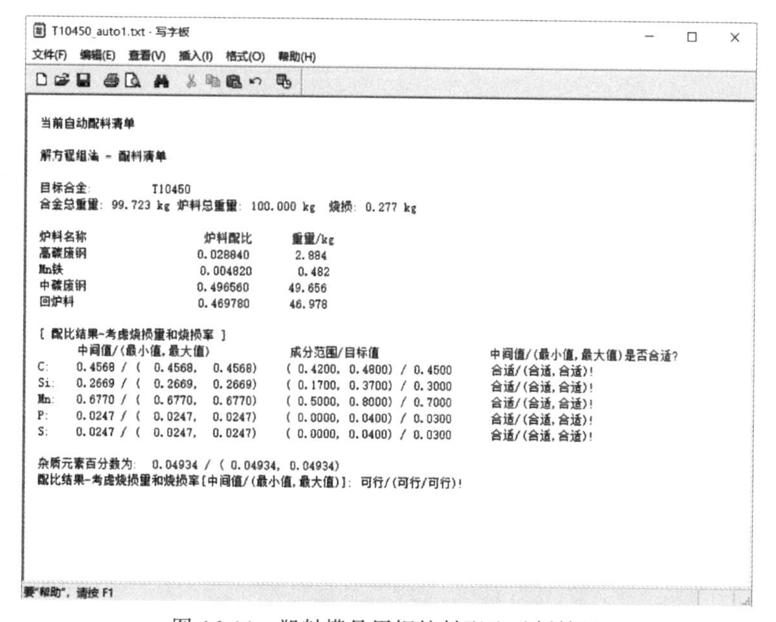
T10450_auto1.txt - 写字板

文件(F)　编辑(E)　查看(V)　插入(I)　格式(O)　帮助(H)

当前自动配料清单

解方程组法 - 配料清单

目标合金:　　T10450
合金总重量: 99.723 kg 炉料总重量: 100.000 kg　烧损: 0.277 kg

炉料名称	炉料配比	重量/kg
高碳废钢	0.028840	2.884
Mn铁	0.004820	0.482
中碳废钢	0.496560	49.656
回炉料	0.469780	46.978

[配比结果-考虑烧损量和烧损率]

	中间值/(最小值, 最大值)	成分范围/目标值	中间值/(最小值, 最大值)是否合适?
C:	0.4568 / (0.4568, 0.4568)	(0.4200, 0.4800) / 0.4500	合适/(合适, 合适)!
Si:	0.2669 / (0.2669, 0.2669)	(0.1700, 0.3700) / 0.3000	合适/(合适, 合适)!
Mn:	0.6770 / (0.6770, 0.6770)	(0.5000, 0.8000) / 0.7000	合适/(合适, 合适)!
P:	0.0247 / (0.0247, 0.0247)	(0.0000, 0.0400) / 0.0300	合适/(合适, 合适)!
S:	0.0247 / (0.0247, 0.0247)	(0.0000, 0.0400) / 0.0300	合适/(合适, 合适)!

杂质元素百分数为:　0.04934 / (0.04934, 0.04934)
配比结果-考虑烧损量和烧损率[中间值/(最小值, 最大值)]: 可行/(可行/可行)!

要"帮助", 请按 F1

图 16-14　塑料模具用钢炉料配比示例结果

表 16-14 某塑料模具用钢的两个配料方案

配料方案	配比(质量分数,%)			
	高碳废钢	Mn 铁	中碳废钢	回炉料
解方程组法	2.885	0.422	50.016	46.677
最小成本法	3.102	0.338	55.017	41.543

16.8 特殊用途模具钢应用实例

某特殊用途模具钢化学成分及所用的炉料成分见表 16-15。计算时考虑的烧损情况如下：C 烧损 6%，Si 烧损 8%，Mn 烧损 25%，Cr 烧损 5%，Mo 烧损 2%。该特殊用途模具钢的两个配料方案见表 16-16。步骤就是如前所说的先建立数据库，然后进行配比，特殊用途模具钢炉料配比示例如图 16-15 所示，图 16-16 所示是特殊用途模具钢炉料配比示例结果。

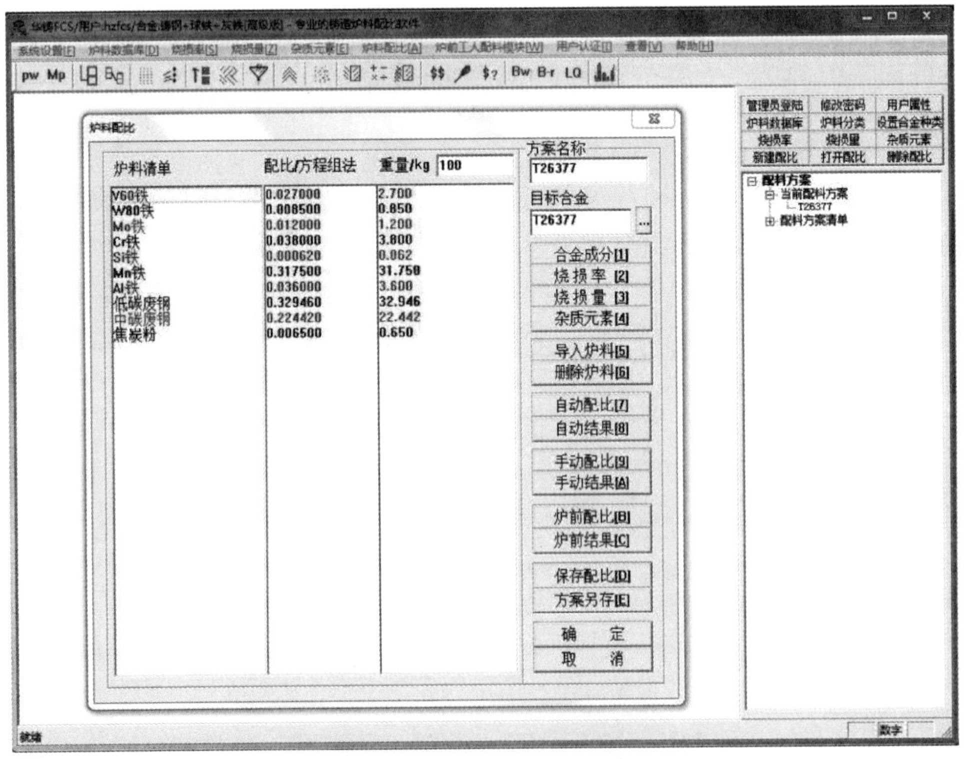

图 16-15 特殊用途模具钢炉料配比示例

表 16-15 某特殊用途模具钢化学成分及所用的炉料成分

炉料成分	化学成分(质量分数,%)									
	C	Si	Mn	S	P	Cr	W	Mo	V	Al
T26377 成分控制范围	0.65~0.75	<0.8	14.5~16.5	<0.04	<0.04	2.0~2.5	0.5~0.8	0.5~0.8	1.5~2.0	2.3~3.3
V60 铁									60.0	
W80 铁							80.0			
Mo 铁	0.2	1.0		0.1				55.0		

（续）

炉料成分	化学成分（质量分数，%）									
	C	Si	Mn	S	P	Cr	W	Mo	V	Al
Cr 铁	0.1	1.5				60.0				
Si 铁		44.0								
Mn 铁		1.0	63.0							
Al 铁	0.06									80.0
低碳废钢	0.25	0.3	0.6	0.02	0.02					
中碳废钢	0.43	0.3	0.6	0.02	0.02	0.4				
焦炭粉	80.0									

表 16-16　某特殊用途模具钢的两个配料方案

配料方案	配比（质量分数，%）									
	V60 铁	W80 铁	Mo 铁	Cr 铁	Si 铁	Mn 铁	Al 铁	低碳废钢	中碳废钢	焦炭粉
解方程组法	2.700	0.750	1.100	3.500	0.063	31.000	5.400	32.245	22.642	0.600
最小成本法	2.700	0.750	0.880	3.168	0.050	28.520	5.400	35.343	22.539	0.650

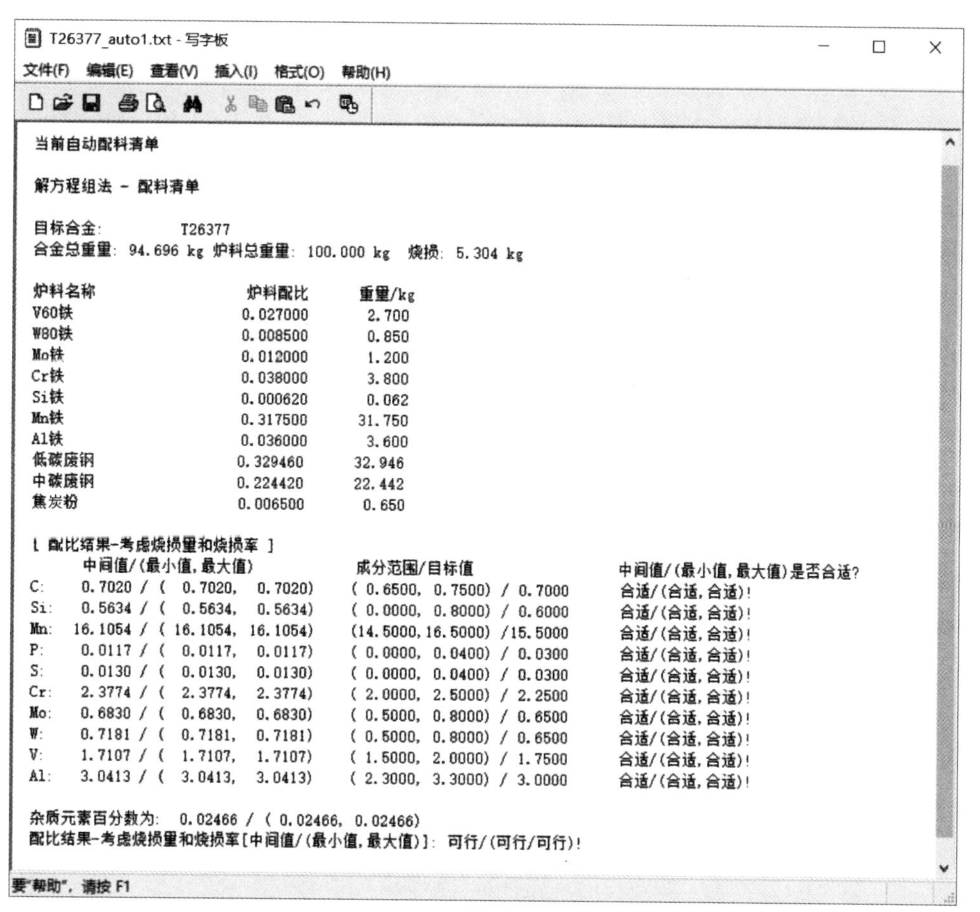
T26377_auto1.txt - 写字板
文件(F)　编辑(E)　查看(V)　插入(I)　格式(O)　帮助(H)

当前自动配料清单

解方程组法 - 配料清单

目标合金:　　　T26377
合金总重量: 94.696 kg　炉料总重量: 100.000 kg　烧损: 5.304 kg

炉料名称	炉料配比	重量/kg
V60铁	0.027000	2.700
W80铁	0.008500	0.850
Mo铁	0.012000	1.200
Cr铁	0.038000	3.800
Si铁	0.000620	0.062
Mn铁	0.317500	31.750
Al铁	0.036000	3.600
低碳废钢	0.329460	32.946
中碳废钢	0.224420	22.442
焦炭粉	0.006500	0.650

[配比结果-考虑烧损量和烧损率]

	中间值/(最小值,最大值)	成分范围/目标值	中间值/(最小值,最大值)是否合适?
C:	0.7020 / (0.7020, 0.7020)	(0.6500, 0.7500) / 0.7000	合适/(合适,合适)!
Si:	0.5634 / (0.5634, 0.5634)	(0.0000, 0.8000) / 0.6000	合适/(合适,合适)!
Mn:	16.1054 / (16.1054, 16.1054)	(14.5000, 16.5000) /15.5000	合适/(合适,合适)!
P:	0.0117 / (0.0117, 0.0117)	(0.0000, 0.0400) / 0.0300	合适/(合适,合适)!
S:	0.0130 / (0.0130, 0.0130)	(0.0000, 0.0400) / 0.0300	合适/(合适,合适)!
Cr:	2.3774 / (2.3774, 2.3774)	(2.0000, 2.5000) / 2.2500	合适/(合适,合适)!
Mo:	0.6830 / (0.6830, 0.6830)	(0.5000, 0.8000) / 0.6500	合适/(合适,合适)!
W:	0.7181 / (0.7181, 0.7181)	(0.5000, 0.8000) / 0.6500	合适/(合适,合适)!
V:	1.7107 / (1.7107, 1.7107)	(1.5000, 2.0000) / 1.7500	合适/(合适,合适)!
Al:	3.0413 / (3.0413, 3.0413)	(2.3000, 3.3000) / 3.0000	合适/(合适,合适)!

杂质元素百分数为:　0.02466 / (0.02466, 0.02466)
配比结果-考虑烧损量和烧损率[中间值/(最小值,最大值)]: 可行/(可行/可行)!

要"帮助"，请按 F1

图 16-16　特殊用途模具钢炉料配比示例结果

第 17 章

炉料配比常见问题

17.1 关于炉料数据库

1. 为什么要进行炉料分类，进行分类有什么好处？

答：华铸 FCS2018 的设计思路是先将炉料成分、价格等数据建立一个炉料数据库，系统提供一个默认的数据库，用户也可以根据需要添加数据。由于数据记录多，进行分类有利于数据的管理，华铸 FCS2018 按炉料的不同进行了分类管理，例如，用户可以建立目标合金库、回炉料库等。

2. 炉料数据包括哪些内容，合金与一般炉料在内容上有何区别？

答：炉料数据主要包括炉料的各种成分的名义值、最小值、最大值以及炉料的价格，这些数据是炉料的基本数据；最大值与最小值允许炉料成分可以在一定范围内波动，并能通过华铸 FCS2018 获得一个合理的配比方案；而考虑到价格就可以计算配比方案的成本了，这也是实现最小成本配比的数据依据。合金和一般炉料在内容上是一样的，都包括了各种成分

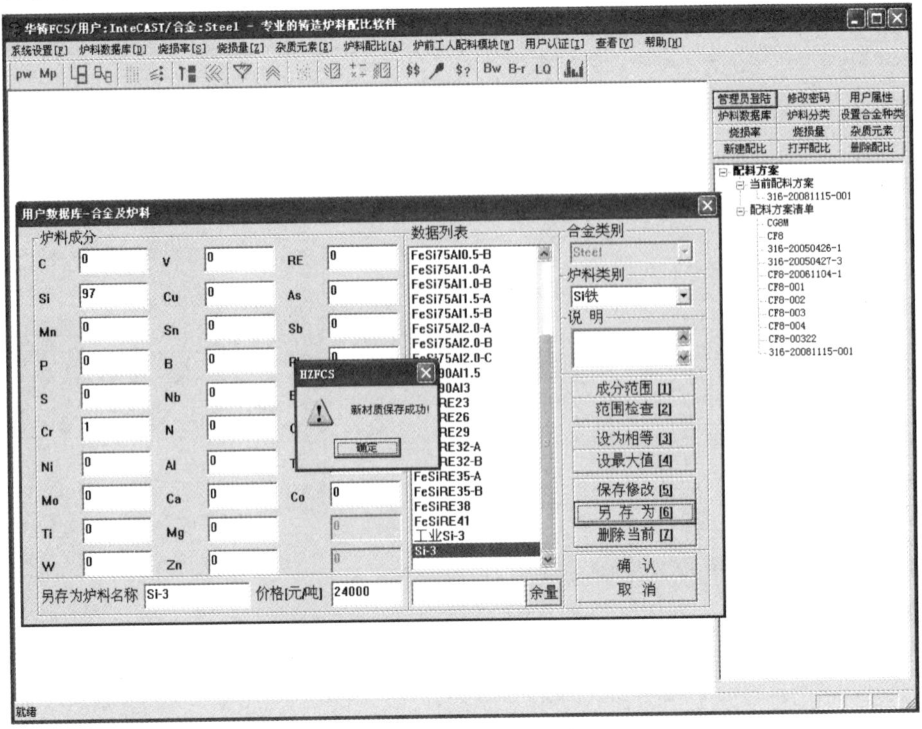

图 17-1 【另存为】功能

的名义值、最小值、最大值及炉料的价格，只是华铸 FCS2018 将炉料的第一个类别定义为了合金，余下的类别用户可以自由定义。

3. 如何快速输入炉料数据、建立炉料数据库？

答：由于炉料数据量比较大，因此用户要充分利用其中的【另存为】功能，如图 17-1 所示。用户可以找一个成分比较接近新炉料的炉料名称（注意：炉料名在同一类别中要求唯一），利用【另存为】功能即可获得一个新的炉料记录，此时在修改各成分名义值、最大值与最小值，在设定最大值和最小值时可充分利用【设为相等】【设最大值】等功能。

4. 为何要进行炉料数据一致性检查？

答：由于炉料数据既包括炉料各种成分的名义值，也包括了最小值、最大值，此时名义值要满足不等式：最小值≤名义值≤最大值，因此华铸 FCS2018 提供了炉料数据一致性检查【范围检查】功能，同时该功能方便查看炉料各成分。图 17-2 所示是一个【范围检查】结果。

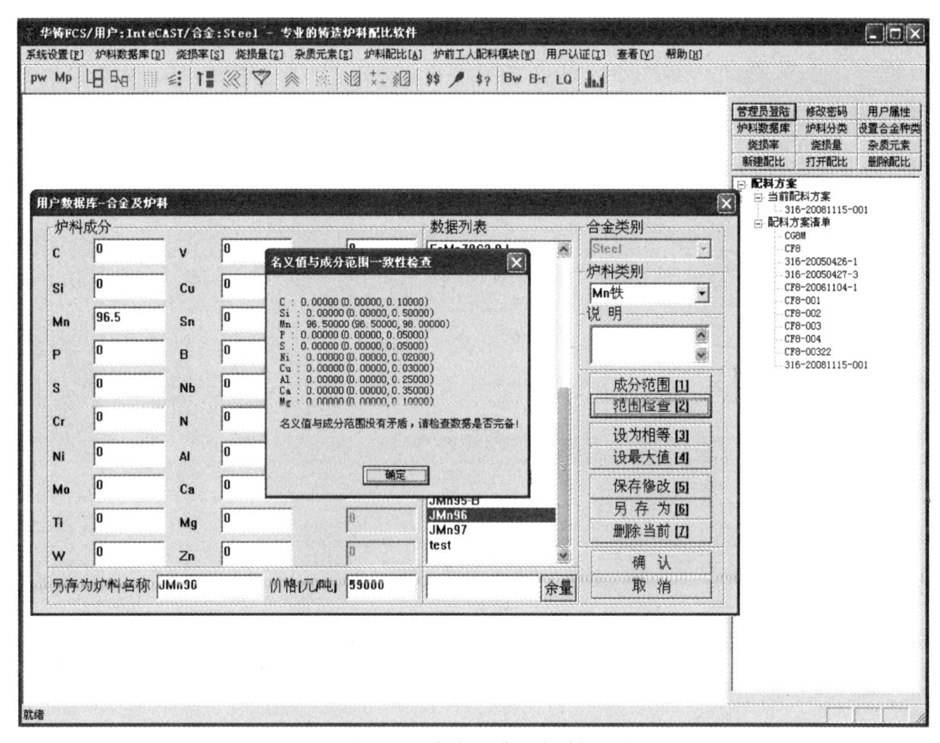

图 17-2 【范围检查】结果

17.2　关于烧损率

1. 为什么要考虑烧损率？

答：合金元素在熔炼当中存在烧损，如果在炉料配比当中不考虑到各元素的烧损，则此时的配比结果与实际结果会存在很大差别。实际熔炼中必须考虑各元素的烧损，同样在设计炉料配比系统时要考虑烧损率，而且每个元素的烧损率要根据实际情况来设定。

2. 华铸 FCS2018 是如何考虑烧损率的？建立烧损率方案有什么好处？

答：炉料配比有两种情况：一种是预先计算，一种是炉前调整成分。预先计算就要考虑整体炉料烧损情况，而炉前调整成分的烧损和预先计算有很大的差别，其烧损不但跟炉前加入料种类与多少相关，而且跟炉前调整时间的长短有关。

华铸 FCS2018 也考虑到上述两种情况，在自动与手动配比中考虑的是整体烧损率；在炉前配比中是考虑部分烧损率，炉前配比的烧损考虑到了炉前加入料的烧损与炉前金属液的烧损。

华铸 FCS2018 允许用户事先建立烧损率方案，在实际配比中直接调用烧损率方案即可，这样可以节省用户的时间。图 17-3 所示是设定烧损率方案的对话框。

3. 华铸 FCS2018 在考虑烧损率的时候为什么要分两种方式？

答：前面提到炉料配比有两种情况：一种是预先计算，另一种是炉前调整成分。华铸 FCS2018 分别考虑了上述两种情况，并分别为用户提供了两种方式来处理：一种是按每种炉料来考虑，另一种是按目标合金来考虑。按炉料方式来考虑，可以分别设定每种炉料各个元素的烧损率。如果用户能按实际情况设置好各种炉料的烧损率，那么这种方式所得的配比结果与实际情况会非常吻合。按目标合金方式来考虑，允许用户对炉料设定一个统一的烧损方案。这样做的好处在于简化了用户操作，但是不利于处理同一种炉料在不同时间且烧损率不同的场合。图 17-4 所示是设定烧损率方式的对话框。

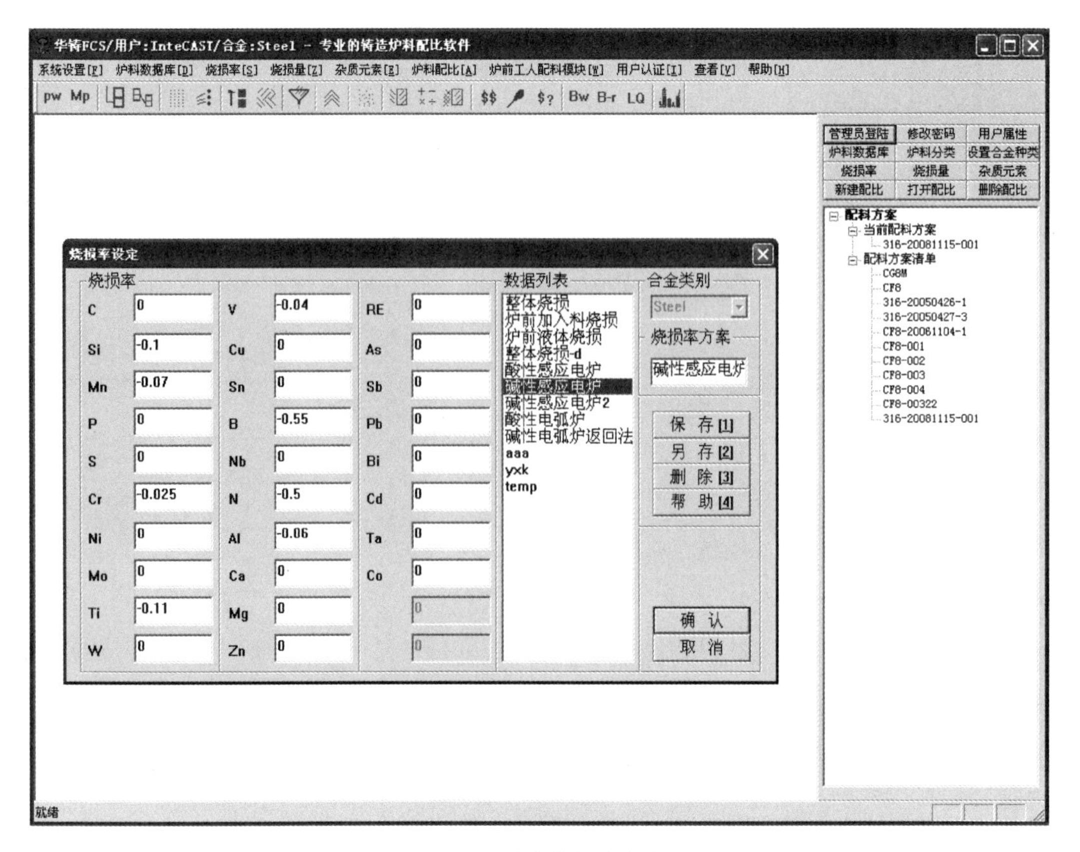

图 17-3　设定烧损率方案

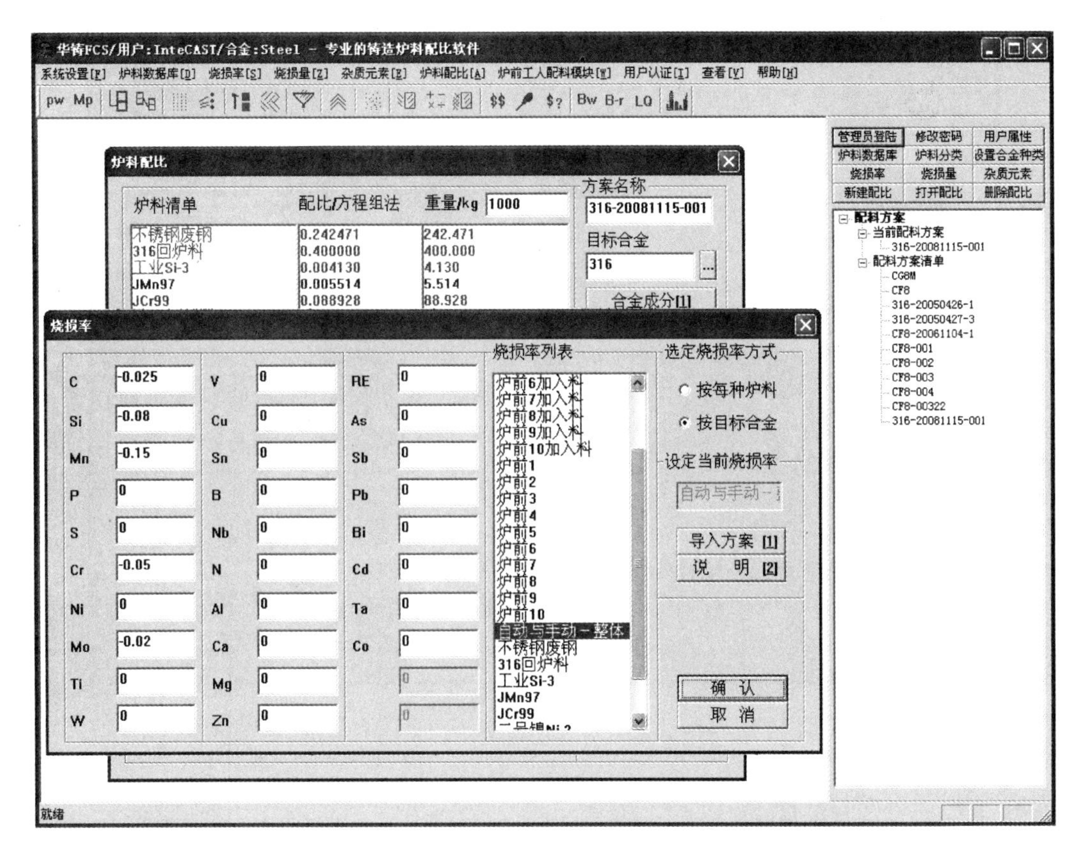

图 17-4　设定烧损率方式

17.3　关于烧损量

1. 什么是烧损量？什么情况下要考虑烧损量？

答：炉料在熔化过程中，某种元素的含量会减少或增加，这个减少量与增加量与炉料原来的成分多少没有直接关系，而是与炉衬、熔炼工艺等相关。这时用烧损率不能准确地来描述烧损或增加，在华铸 FCS2018 当中用烧损量来处理这种现象。

2. 华铸 FCS2018 是如何考虑烧损量的？如何设定增加量方案？

答：炉料配比有两种情况，一种是预先计算，一种是炉前调整成分。第一种情况要考虑整体烧损量，而炉前调整成分的烧损量和第一种情况会有很大的差别，其烧损量不但跟炉衬情况、处理剂等相关，而且跟炉前调整时间的长短有关。

华铸 FCS2018 也考虑到上述两种情况，在自动与手动配比中考虑的是整体烧损量；在炉前配比中是考虑部分烧损量，炉前配比的增加量要主要考虑到处理剂对各元素的增加情况。

华铸 FCS2018 允许用户事先建立烧损量方案，在实际配比中直接调用烧损量方案既可，这样可以节省用户的时间。图 17-5 所示是设定烧损量方案的界面。

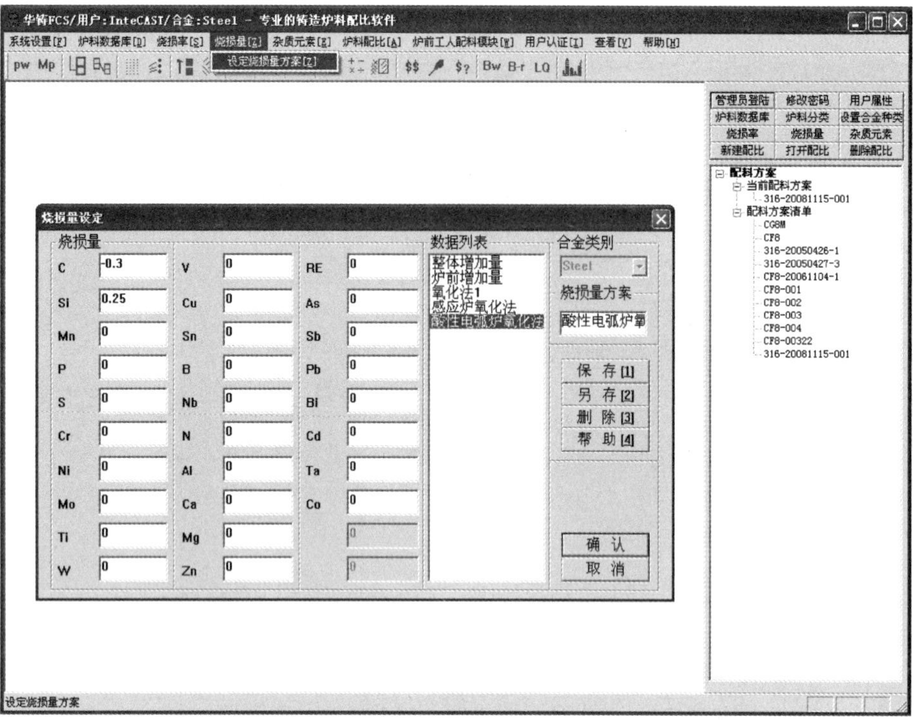

图 17-5　设定烧损量方案

17.4　关于炉料配比的目标合金

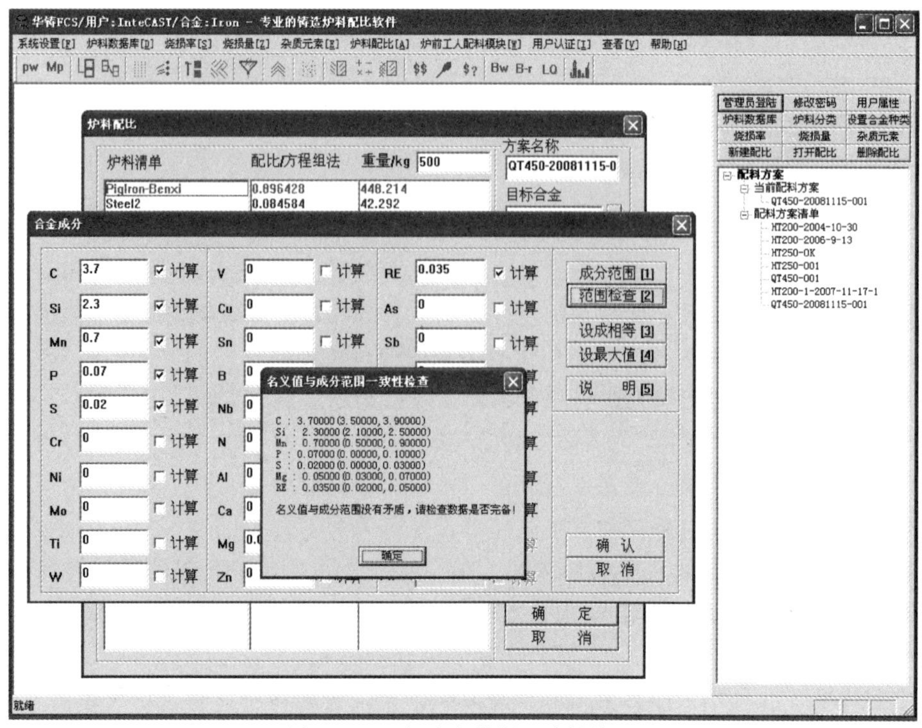

图 17-6　目标合金数据一致性检查

1. 目标合金成分的名义值与受控成分范围是如何设定的？

答：用户可以直接导入合金库的数据记录来设定。如果受控范围比标准范围窄，则可以在此基础上做相应修改，也可以在合金库中事先添加受控范围值的牌号，在配比时直接调用即可。

2. 如何进行目标合金名义值与受控成分范围数据一致性检查？

答：在配比前，一定要进行目标合金名义值与受控成分范围数据一致性检查，数据一致性检查可以确保用户所输入数据的正确性，否则错误的目标数据会带来错误的配比结果。图 17-6 所示是进行目标合金数据一致性检查的对话框，它是利用炉料配比界面中的【合金成分】功能下的【范围检查】按钮来实现的。

17.5　关于炉料配比的炉料成分

1. 炉料的名义值与成分波动范围是如何设定的？

答：用户可以直接导入炉料库的数据记录来设定炉料的名义值、最大值与最小值。如果炉料成分有变化，则用户可以在此基础上做相应修改，也可以事先将该炉料入库，配比时直接调用即可。

2. 炉料数据名义值与成分范围的准确性和一致性检查？

答：在配比前，一定要对每种炉料数据名义值与受控成分范围数据一致性检查，数据一致性检查可以确保用户所输入数据的正确性，否则导致错误的配比结果。图 17-7 所示是进行炉料数据一致性检查的界面，它是利用【炉料成分】功能下的【范围检查】按钮来实现的。

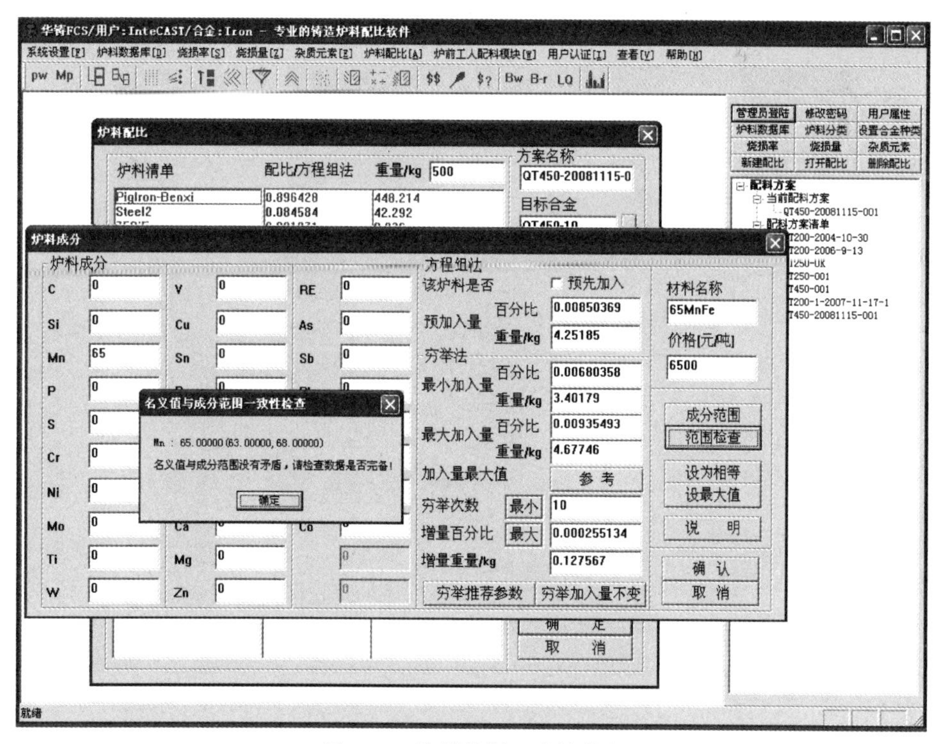

图 17-7　炉料数据一致性检查

17.6 关于解方程组法自动配比

1. 为什么华铸 FCS2018 要提供设定【预先加入】功能？如何设定【预先加入】功能？

答：由于在实际炉料配比当中，用户可能对某些炉料预先加入一定比例，比如预先加入回炉料、废钢等。为了适应这些场合，华铸 FCS2018 相应提供了【预先加入】功能。该功能的具体操作如图 17-8 所示。如果某种炉料预先加入，那么华铸 FCS2018 在炉料配比的主界面用品红色来表示该炉料预先加入。

2. 为什么配比结果会出现负数？如何处理？

答：在解方程组法自动配比的结果中可能存在某一炉料的加入量的百分比出现负数或出现比例大于 1 的情况，而实际的炉料配比不可能出现。出现这种情况的原因是炉料数多，配比有多解，而此时的解只是一个特解。这种情况的解决方法之一是可以事先限定某些炉料的加入量或限定某种炉料不被加入，不加入并不是要求用户删除该种炉料，而是把预先加入量设为零即可。

3. 为什么配比结果没有出现负数，但是配比结果仍不满足要求？

答：此时的情况大多是由于炉料的成分范围过宽或目标成分的范围过窄，导致不存在仅仅由这些炉料组成的满足成分要求的配比。此时要检查炉料录入的数据是否正确，以及目标成分值与成分范围是否正确。

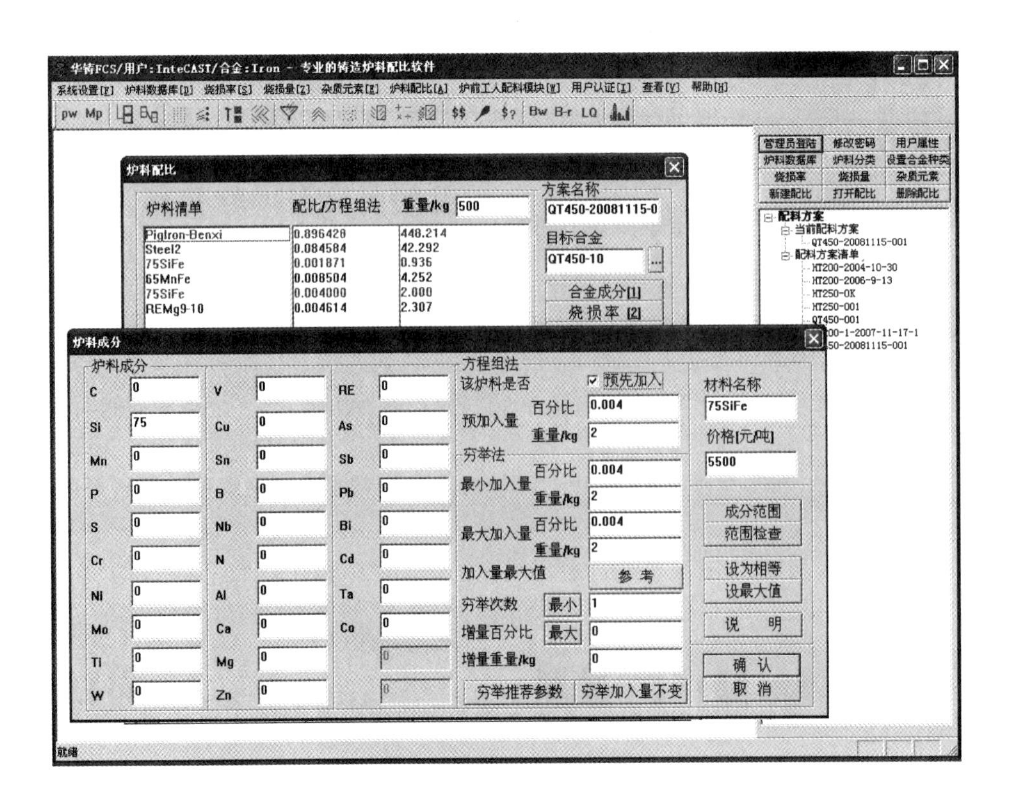

图 17-8 设定预先加入量

17.7　关于穷举法与最小成本法自动配比

1. 如何有效地设定穷举法的相关参数？穷举步长对结果有何影响？为什么会出现没有满足要求的配比？

答：穷举法相关参数包括最大加入量、最小加入量、穷举次数、穷举步长。最大、最小加入量限定了该炉料的加入范围，如某一炉料的最大、最小加入量相等就表示在穷举的时候该炉料加入量是固定的。由图 17-9 所示的穷举法参数设定可以看到，应设定最小穷举次数与穷举步长。

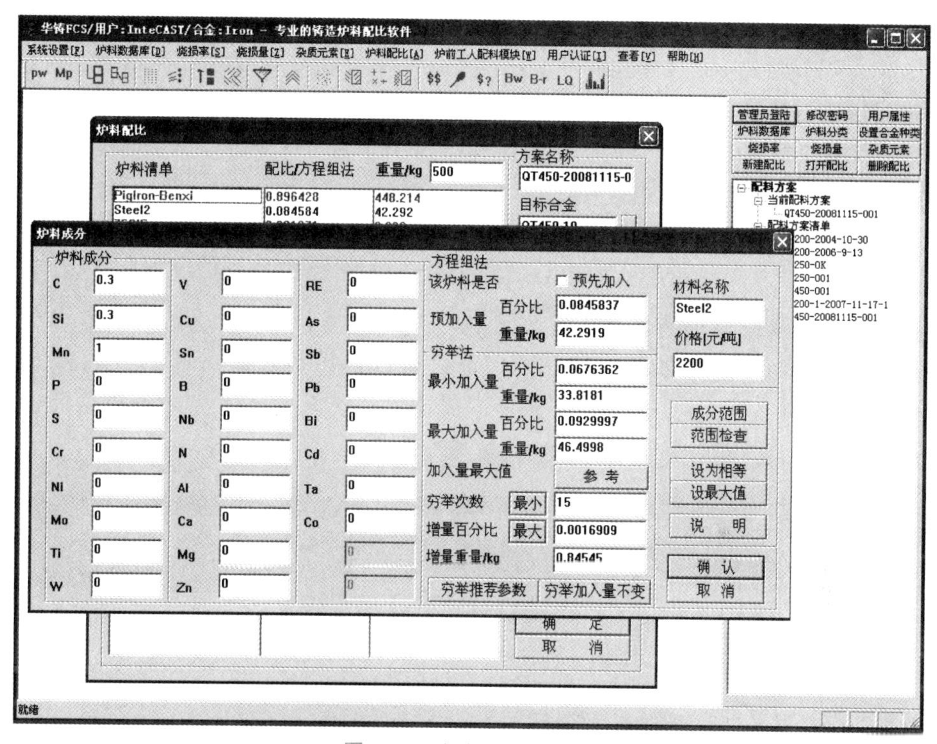

图 17-9　穷举法参数设定

合适的穷举步长是穷举法的关键所在，因为如果穷举步长太小，穷举次数增大，所需时间大大增加；另一方面如果穷举步长太大，就找不到满足要求的解。前面提到，如果炉料的成分范围太大、目标成分太窄或炉料选择的不合理，会导致没有满足要求的配比。对穷举法来说，可能存在这种情况，即满足要求的配比存在，但是由于某种炉料穷举步长太大而错过了这些满足要求的配比。此时要把穷举次数增大、穷举步长缩短。

2. 如何处理计算时间与穷举次数的关系？

答：穷举次数越大，计算时间越长。一般来讲，穷举次数控制在 10 次左右。用户一般可以先导入穷举法推荐参数，如果解方程组法自动配比有满足要求的解而穷举没有，则说明穷举次数小了，用户可以适当增加穷举次数。另外，用户可以根据解方程组法的解来缩短最大、最小加入量，这样会达到增大穷举次数同样的效果，因为从根本上说，这样就是缩短了穷举步长。

3. 如何利用成本不同的炉料来实现最低成本配比？需要注意哪些事项？

答：最小成本法自动配比可以帮助用户找到成本最低的配比方案，尤其是用户可以导入多种成本不同的炉料，自动找到成本最低的配比。在采用最低成本配比的时要注意，目标合金成分的受控范围要合适；另外，同样炉料的成分范围不应该太宽，如果太宽，则有可能没有满足要求的配比。

4. 在利用穷举法时候，炉料列表中的第一种炉料的最大、最小值有何要求？

答：第一种炉料的最大、最小加入量的范围不能太小，否则可能找不到符合配比要求的配比，尤其是最大、最小加入量不能相等。

17.8 关于手动配比

1. 如何进行有效的手动配比？

答：用户可以利用自己的经验来设定各种炉料的重量，华铸 FCS2018 的手动配比功能可以实时地计算出配比结果，同时告诉用户该手动配比是否满足成分要求。另外，用户可以导入解方程组法自动配比的结果，在此基础上调整炉料的加入量，找到一种成本相对较低的合适配比。

2. 如何判断手动配比已满足要求？

答：如图 17-10 和图 17-11 所示，用户一方面可以通过颜色来查看配比是否满足要求，如果配比结果某一项是红色，则说明该元素不满足成分要求；另一方面可以通过【配比检查】按钮，来查看手动配比的结果是否满足要求。

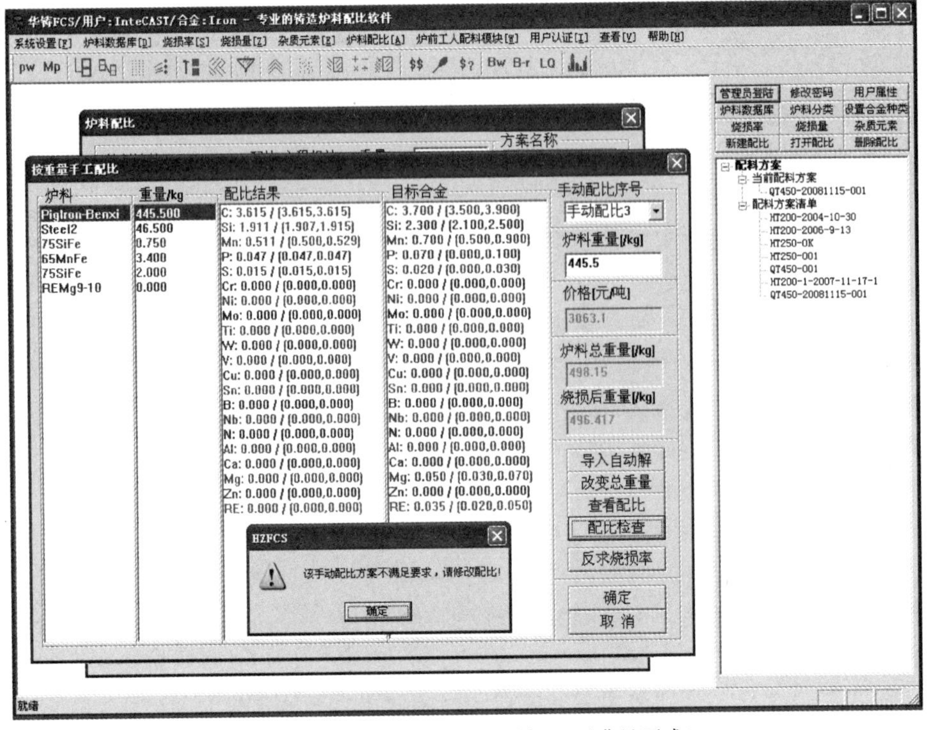

图 17-10　手动配比的结果判断（不满足要求）

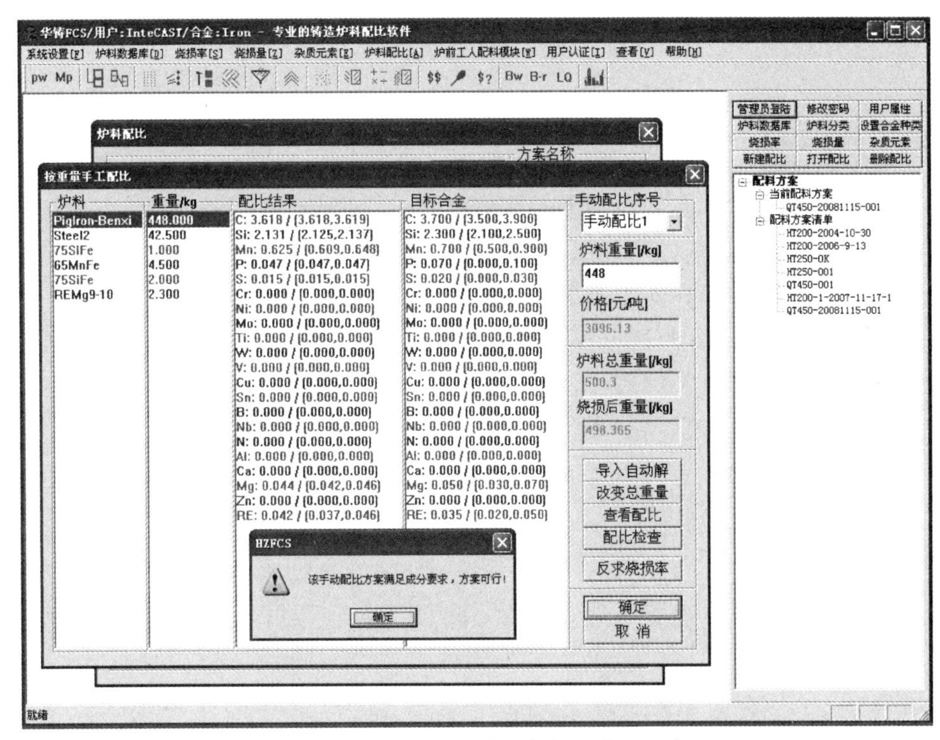

图 17-11　手动配比的结果判断（满足要求）

17.9　关于炉前配比

1. 为什么要根据炉前成分情况设定炉前所需加入的炉料？

答：前面在解方程组自动配比中也提到，采用解方程组法所得的结果可能存在负解，这在实际配料中是不可能出现的。解决这一问题的方法是限定炉料是否加入，所以在炉前配比时，要事先根据炉前的成分判断何种炉料不应该加入，限定这些不该加入的炉料，即可利用解方程组法确定该炉前成分要加入何种炉料以及其加入量。在炉前配比的主界面，华铸FCS2018用品红色来表示应该加入该炉料来调整炉前成分。

2. 如何进行炉前烧损率、炉前加入料烧损率以及炉料烧损量的设定？

答：炉前烧损率要根据实际情况调整炉前的时间及相关影响来确定；炉前加入料烧损率要根据实际情况来确定；炉前烧损量可以根据炉前光谱分析来反推，也可以根据炉前处理剂的加入情况来确定。总之，用户要将这些数据根据实际情况加以修正，才能确保配比结果的可靠性。

3. 如何判断炉前配比已满足要求？

答：与手动配比一样，用户一方面可以通过颜色来查看炉前配比是否满足要求，如果配比结果某一项是红色，则说明该元素不满足成分要求；另一方面可以通过【配比检查】按钮，来查看炉前配比结果是否满足要求。

参考文献

[1] 周建新. 铸造计算机炉料配比技术［M］. 北京：化学工业出版社，2009.

[2] 张明，何光新，殷黎丽，等. 冲天炉及其熔炼技术［M］. 北京：中国电力出版社，2010.

[3] 中国机械工程学会铸造分会. 铸造手册：第5卷铸造工艺［M］. 3版. 北京：机械工业出版社，2013.

[4] 陆文华. 铸铁及其熔炼［M］. 北京：机械工业出版社，1981.

[5] WANG H，ZHOU J X，WU K. Study on electromagnetic field and its application of heat transfer mechanism of cast steel in induction melting process［J］. Materials Research Innovations，2015，19（S5）：775-781.

[6] 汪洪，周建新，殷亚军，等. 螺旋电磁场下铸钢锭凝固过程宏观偏析数值模拟［J］. 特种铸造及有色合金，2015，35（10）：1043-1046.

[7] 汪洪，周建新，殷亚军. 铝合金感应熔炼过程传热行为数值模拟［J］. 特种铸造及有色合金，2015，35（8）：820-823.

[8] SUN X Y，ZHOU J X，SUN L，et al. Application of temperature forecasting in cupola melting process based on BP neural network［J］. Applied Mechanics & Materials，2013（364）：594-598.

[9] 周建新. 铸造计算机模拟仿真技术现状及发展趋势［J］. 铸造，2012，61（10）：1105-1115.

[10] ZHOU J X，SUN L，SHI Z Z，et al. The composition forecasting research for cupola melting process［J］. Applied Mechanics & Materials，2012：217-219，1636-1641.

[11] 史振忠，周建新. 冲天炉熔炼过程化学成分变化的热力学建模［J］. 铸造，2011，60（3）：243-246.

[12] 黄天佑，范琦，张立波，等. 中国铸造行业节能减排政策研究［J］. 铸造技术，2009，30（3）：399-403.

[13] XUE G X，WANG T M，SU Y Q，et al. Numerical simulation of thermal and flow fields in induction skull melting process［J］. Rare Metal Materials and Engineering，2009，38（5）：761-765.

[14] 周建新，喻聪莹，葛红洲，等. 基于Intranet的铸件炉料配比系统的研究与开发［J］. 铸造技术，2008，30（7）：927-930.

[15] 刘浩，陈立亮，周建新. 连铸坯感应加热过程数值模拟的研究［J］. 冶金自动化，2007，31（1）：23-26.

[16] 刘浩，陈立亮，周建新. 基于ANSYS的连铸坯感应加热温度场数值模拟［J］. 特种铸造及有色合金，2007，27（4）：259-261.

[17] 周建新，栾添舒，冯春亮，等. 铸造炉料配比软件系统的开发与应用［J］. 铸造，2007，56（4）：384-387.

[18] 魏伯康，林汉同. 铸铁及熔炼技术现状和发展：下［J］. 机械工人（热加工），1998（2）：1-2.

[19] 郭景杰，王同敏，苏彦庆，等. 钛的水冷铜坩埚感应熔炼温度场数值模拟［J］. 铸造，1997（9）：1-4.

[20] 汪洪，周建新，殷亚军，等. 感应熔化过程温度和流动耦合行为数值模拟［C］//周建新，赵春华，张梅，等. 第六届全国材料与热加工物理模拟及数值模拟学术会议论文集（2015）. 广州：世界图书出版广东有限公司，2015：109-115.

[21] 汪洪，周建新. 感应熔炼过程熔体传热的数值模拟［C］//中国机械工程学会铸造分会. 第十六届全国铸钢及熔炼学术年会论文集. 沈阳：中国机械工程学会铸造分会，2013：57-63.

[22] YANG D，ZHOU J X，WANG H，et al. Numerical simulation of electromagnetic field and temperature field

in medium-frequency induction furnace melting process [J]. Journal of Iron and Steel Research International, 2012 (S2): 783-786.

[23] 周建新，陈立亮，等．铸铁熔炼过程中的计算机炉料配比计算与优化 [C] //中国机械工程学会铸造分会．首届中国铸铁产业沙龙论文集．沈阳：中国机械工程学会铸造分会，2010：75-77.

[24] 史振忠，周建新．铸铁冲天炉熔炼过程化学成分变化的数学建模 [C] //先进成型技术学会．第七届先进成型与材料加工技术国际研讨会（AMPT2010）论文集．香港：先进成型技术学会，2010：23-27.

[25] 周建新，栾添舒，冯春亮，等．华铸 FCS 铸造炉料配比软件系统的开发与应用 [C] //湖北省机械工程学会铸造专业委员会．第八届 21 省（市、自治区）4 市铸造学术年会论文集．武汉：湖北省机械工程学会铸造专业委员会，2006：314-318.

[26] 汪洪．螺旋电磁场下铸造熔炼和凝固过程多物理场耦合数值模拟 [D]．武汉：华中科技大学，2015.

[27] 孙亮．冲天炉熔炼过程成分与温度预测系统的研究与开发 [D]．武汉：华中科技大学，2013.

[28] 杨冬．中频感应电炉熔炼过程中电磁场与温度场的数值模拟技术研究 [D]．武汉：华中科技大学，2012.

[29] 许威．基于连续介质模型的铸钢件宏观偏析缺陷数值模拟研究 [D]．武汉：华中科技大学，2012.

[30] 史振忠．冲天炉熔炼过程成分预测系统的研究与开发 [D]．武汉：华中科技大学，2011.

[31] 葛红洲．基于局域网的铸件炉料配比系统的研究与开发 [D]．武汉：华中科技大学，2007.

[32] 陈泱．铸造熔炼过程模拟仿真技术的研究 [D]．武汉：华中科技大学，2007.

[33] 刘浩．连铸直轧电磁感应补偿加热过程数值模拟技术的研究与开发 [D]．武汉：华中科技大学，2007.

[34] 霍真．基于 excel 的铸件炉料配比系统的研究 [D]．武汉：华中科技大学，2006.

[35] 王有成．基于 MATLAB 的铸件炉料配比系统的研究 [D]．武汉：华中科技大学，2006.

[36] 惠订．铸铁件炉料配比中元素烧损问题的研究 [D]．武汉：华中科技大学，2005.

[37] 陈邦乾．铸铁件炉料配比中元素烧损问题的研究 [D]．武汉：华中科技大学，2005.

[38] 葛红洲．铸件炉料配比系统关键算法的研究 [D]．武汉：华中科技大学，2005.

[39] 冯春亮．铸造炉料配比软件系统的开发 [D]．武汉：华中科技大学，2004.